应用型本科(农科类)“十二五”规划教材

园林计算机辅助设计

（AutoCAD 2011）

主　编　徐友军　孙春红

副主编　郭　玲　何丛芊

上海交通大學出版社

内 容 简 介

本书采用 AutoCAD 2011 中文版，以园林设计理论为基础，按照园林制图的基本流程，讲解运用 AutoCAD 进行园林制图的方法。主要内容为：园林计算机辅助设计基础知识，AutoCAD 2011 基本设置，创建二维图形，编辑园林对象，创建图形，管理图层，创建和编辑图案，创建文字，标注尺寸，园林三维设计，图形输出等，最后以一个综合实例展现 AutoCAD 在园林设计方面的实际应用。

本书可作为高等院校风景园林、园林专业的教材，也可供园林规划设计院、园林企业的设计和技术人员参考。

图书在版编目(CIP)数据

园林计算机辅助设计：AutoCAD2011 / 徐友军，孙春红主编. —上海：上海交通大学出版社，2012
应用型本科(农林类)"十二五"规划教材
ISBN 978-7-313-08559-7

Ⅰ.①园… Ⅱ.①徐…②孙… Ⅲ.①园林设计—计算机辅助设计—AutoCAD 软件—高等学校—教材 Ⅳ.①TU986.2-39

中国版本图书馆 CIP 数据核字(2012)第 196225 号

园林计算机辅助设计
徐友军　孙春红　**主编**
上海交通大学出版社出版发行
(上海市番禺路 951 号　邮政编码 200030)
电话：64071208　出版人：韩建民
上海宝山译文印刷厂印刷　全国新华书店经销
开本：787 mm×1092 mm　1/16　印张：15.5　字数：379 千字
2012 年 8 月第 1 版　2012 年 8 月第 1 次印刷
ISBN 978-7-313-08559-7/TU　定价：39.00 元

前　言

如今，已经有越来越多的高新技术深入到设计行业，在园林规划设计领域也不例外。从二维的园林规划到三维的园林空间模拟，园林设计的每一次进步都是一场革命。

目前，各院校园林计算机辅助设计课程的教学目的是计算机辅助绘图，即学习如何用计算机软件把园林设计图纸绘制表现出来，因此教学中选择的教学软件主要是一些通用的绘图软件，如 AutoCAD、3ds Max、Photoshop 等。

AutoCAD 是由美国 Autodesk 公司开发的通用计算机辅助设计软件，是目前世界上应用最广的 CAD 软件。随着时间的推移和软件的不断完善，AutoCAD 已由原先的侧重于二维绘图技术为主，发展到二维、三维绘图技术兼备而且具有网上设计的多功能 CAD 软件系统。AutoCAD 具有良好的用户界面，通过交互菜单或命令行方式便可以进行各种操作。

园林计算机辅助设计利用计算机及其图形设备帮助园林设计人员进行设计工作。在园林设计中通常要用计算机对不同园林设计方案进行大量的计算、分析和比较，以决定最优方案；设计人员通常用园林规划草图开始设计，将草图变为规范设计图或施工图的繁重工作可以通过计算机辅助设计完成；由计算机自动产生的设计结果，可以快速作出图形，使设计人员及时对园林设计作出判断和修改；利用计算机对园林设计元素进行编辑、放大、缩小、平移和旋转等。对园林规划图形数据进行管理和综合运用，在园林设计行业越来越普遍。

本教材采用 AutoCAD 2011 中文版进行编写，以园林设计理论为基础，按照园林制图的基本流程，结合实际讲解如何使用 AutoCAD 进行园林制图。

参与本教材编写的有南京金陵科技学院园艺学院园林系常俊丽、郭玲老师，浙江工业大学何丛芊老师，还有部分学生也参与整理编排工作，在此感谢！

由于作者水平有限，书中存在的错误或不当之处，敬请读者批评指正。

目 录

第1章　园林计算机辅助设计基础知识

本章主要介绍园林计算机辅助设计基本概念、常用软件、设计表现方法、发展趋势及CAD在园林运用；图形与图像基础知识；像素和图像分辨率；色彩模式；常用的图形文件格式；相关的输入与输出设备等内容。

教学目标：了解与园林计算机辅助设计相关的基础知识。

教学重点和难点：计算机辅助设计CAD在园林设计中的应用。

1.1　计算机辅助园林设计概述

1.1.1　园林计算机辅助设计的概念

园林计算机辅助设计是利用计算机及其图形设备帮助设计人员进行园林设计工作，在设计中使用计算机对不同园林设计方案进行计算、分析和比较，以决定最优方案，充分利用计算机技术在各设计环节综合应用，如园林设计基地基础数据的获取、设计图纸绘制、工程量计算、造价概预算等。计算机辅助设计发展较成熟的一些行业，辅助设计在向集成化和智能化方向发展，能将园林方案设计、施工图绘制、工程概预算等环节形成一个相互关联的有机整体，可有效地降低设计人员的劳动时间，在园林行业快速发展的今天，园林计算机辅助设计应该有更大的作为。

1.1.2　园林计算机辅助设计常用软件

园林计算机辅助设计常用软件主要是AutoCAD、3ds Max和Photoshop，结合各软件的优势和特点相互配合使用。

AutoCAD运用设计方便快捷，便于修改，同时尺寸精确，是平面图、立面图绘制的首选软件，通常施工图由其完成，AutoCAD 2011还有较强三维功能，也可以在园林计算机辅助设计中发挥一定的作用。

3ds Max在三维建模方面相对AutoCAD增强三维路径放样、截面变形放样、面片建模等功能，可弥补AutoCAD的不足，对复杂建模时功能较强。该软件也是专业的三维动画制作软件，具有建模、渲染、动画合成等功能，有丰富的材质、贴图、灯光和合成器。其粒子系统在模拟喷泉、流水等对象时表现良好，能模拟出真实的园林景观，该软件是制作园林效果图和动画的主要软件。

Photoshop是应用广泛的图象处理软件。在绘制彩色平(立)面图方面，可以将CAD文件导入 Photoshop 软件里进行重新设计与修饰，完成带有材质的平（立）面图；在效果图后期处理方面可以用来编辑加工 3ds Max 所需的材质贴图，在渲染后的图像上加背景和人物、汽车等配景，校正图象色彩以及烘托气氛。在方案阶段可直接借用现有的亭台楼阁、奇石堆山、流水喷泉等材质以替代建模，缩短提交方案的时间。对于透视要求不高的场景，甚至可以直接利用现有材质通过粘贴绘制出一幅效果图。

鉴于以上所说的现阶段园林设计三种常用软件优化配置是：AutoCAD 进行平面设计；3ds Max 代替 AutoCAD 进行 3D 建模设计；Photoshop 进行后期的效果处理，就会做出一套合适的平面图、立面图、剖面图、效果图。

1.1.3 园林计算机辅助设计表现方法

园林计算机辅助设计的表现手法主要有三类：一是快速计算机辅助设计草图表现；二是艺术化的效果图表现；三是相当严谨的技术图纸表示。三类表现方法用在不同的设计阶段以适应不同的设计要求。

1）快速计算机辅助设计草图表现

快速计算机辅助设计草图表现一般使用 CAD、Photoshop 等软件，在设计的构思阶段用来记录设计思维。它是设计思维快速闪动的轨迹记录，也是进行方案深入的基础。其表现一般快速、自由、流畅，具有一定的随意性，内容只要能够体现设计思路和初步内容即可。

2）艺术化的效果图表现

园林计算机辅助设计非常重视设计的艺术效果，为了把设计效果更直观地呈现出来，通常采用真实性和艺术性高度结合的“效果图形式”，这种表现形式具有较强的说服力、感染力、冲击力。在设计流程上大致可分为建立三维模型、场景渲染、图像后期处理三个部分，整个过程要组合使用多种软件。从软件的性能、来源、参考资料、通用性等方面考虑，对于用计算机制图的园林设计师，较为优化合理的组合是：用 AutoCAD 总体设计、3ds Max 建模，再进行材质贴图和渲染，最终用 Photoshop 进行图象后期处理。

3）严谨的技术图纸表示

园林计算机辅助设计除运用以上两种表现方式外，还要采用相当严谨的技术图纸表示，如果说前两种是为设计造型的效果表现，那第三类表现方法是为设计的实现提供依据。随着计算机辅助设计的发展，CAD 制图已经大大提高了技术图纸表示的效率。其遵循规范的制图标准，将设计的整体布局到细节大样，都表达得清清楚楚。其图面形式主要有平面图、立面图、剖面图、节点大样等，一般以施工图来统称。

1.1.4 计算机辅助园林设计的发展趋势

随着我国 CAD 应用工程的推进，计算机辅助园林设计在今后几年里将表现出如下特征：设计软件国产化、专业化，如天正、杭州家园科技有限公司开发的规划园林设计软件 HCAD 等在 AutoCAD 上二次开发的建筑和园林设计软件，已具有一定的园林设计功能，如何与园林设计师相结合是以后的主要问题。三维动画电子演示方案将进一步取代效果图，可模拟在设计场地中穿行的视觉效果。虚拟现实（VR）技术将得到一定程度的应用，由于园林设计中植物材料大量采用真实材质贴图，VR 技术的应用在很大程度上取决于图形工作站的普及或计算机性能的提高。

1.1.5　计算机辅助设计CAD在园林设计中的应用

使用计算机辅助园林设计最重要的是时刻记住自己使用软件画图的目的是什么。我们进行园林设计，不管是什么专业、什么阶段，实际上都是要将某些设计思想或者是设计内容反映到设计文件图纸中。图纸是一种直观、准确、醒目、易于交流的表达形式，所以设计完成内容，不管是最终文件，还是作为条件提交给其他专业的过程文件，一定要能够很好地表达自己的设计思想、设计内容。

要达到上述目标，利用计算机进行园林设计具有三个特征：清晰、准确、高效。

1）清晰

要表达的东西必须清晰，好的图纸，看上去一目了然。一眼看上去，就能分得清哪是墙、哪是窗、哪是留洞、哪是管线、哪是设备；尺寸标注、文字说明等清清楚楚，互不重叠；除了图纸打印出来很清晰以外，在显示器上显示时也必须清晰，这除了能清楚地表达设计思路和设计内容外，也是提高绘图速度的基石。

2）准确

计算机绘图精确、规范，它的点线位置和尺寸精准，绘图中经过简单设置便可很容易地按行业规范进行绘制和出图。3 000 mm宽的游园道路不能随意画成5 000 mm宽；留洞不能尺寸上标注的是900 mm×2 000 mm，而实际上量的是1 050 mm×2 050 mm；更常见的错误是细节误差，分明是2 000 mm长的一条线，量出来却是1 999.77 mm，制图准确不仅是为了好看，更重要的是可以直观地反映一些图面问题。绘制做到尺寸精确无误，也能提高绘图速度，在图纸修改时，便捷性和准确性明显显现。

3）高效

计算机绘图不仅图面要清晰、准确，在绘图过程中还要强调高效。既能够高效绘图，提高设计者的效率，节约时间，也便于后期修改图纸。

清晰、准确、高效是CAD软件使用的三个基本点。在CAD软件中，除了一些最基本的绘图命令外，其他的各种编辑命令、各种设置定义，可以说都是围绕着清晰、准确、高效这三方面来编排的。在学习CAD中的各项命令、各种设置时，都要思考一下，它们能在这三个方面起到哪些作用；在使用时应该注重什么；在什么情况和条件下，使用这些命令最为合适。

1.2　图形与图像基础知识：矢量图与位图

电脑矢量图又称电脑图形，是以数学的向量方式来记录图像的内容，以线条和色块为主。矢量图形是由对象组成，对象是独立的数学意义上的线段和形状。矢量图形放大时，只不过是在电脑中描述的参数有所改变，并且同一图形所占存储空间是一样的。在园林计算机辅助设计中，主要矢量图有CorelDRAW软件生成的.cdr格式（见图1.1）和AutoCAD软件生成的.dwg格式（见图1.2）。

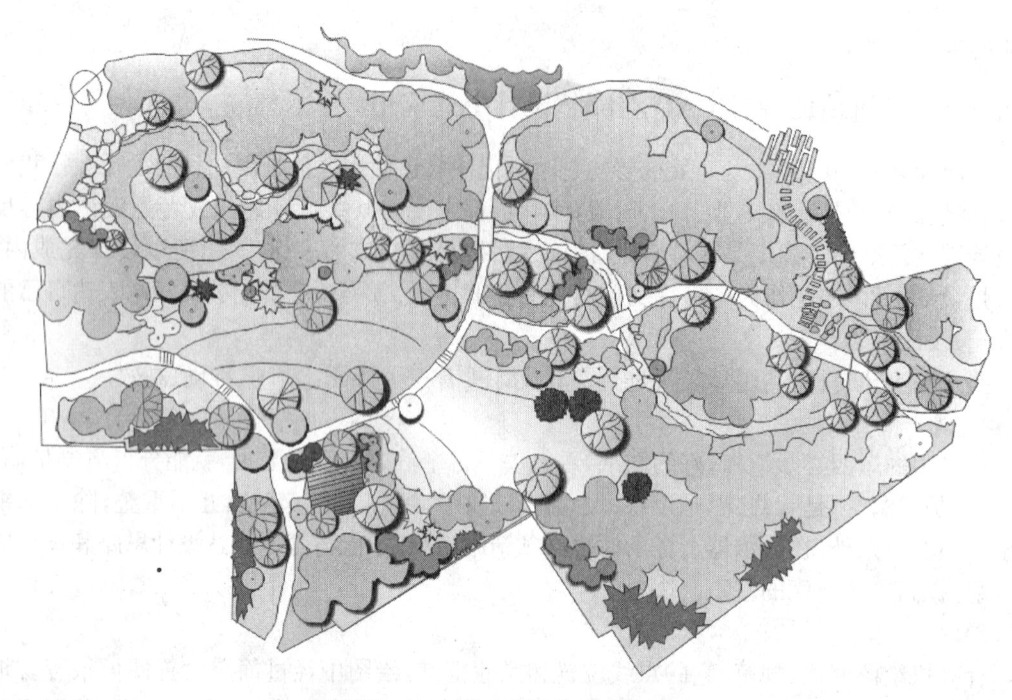

图 1.1 CorelDRAW 软件生成的图形

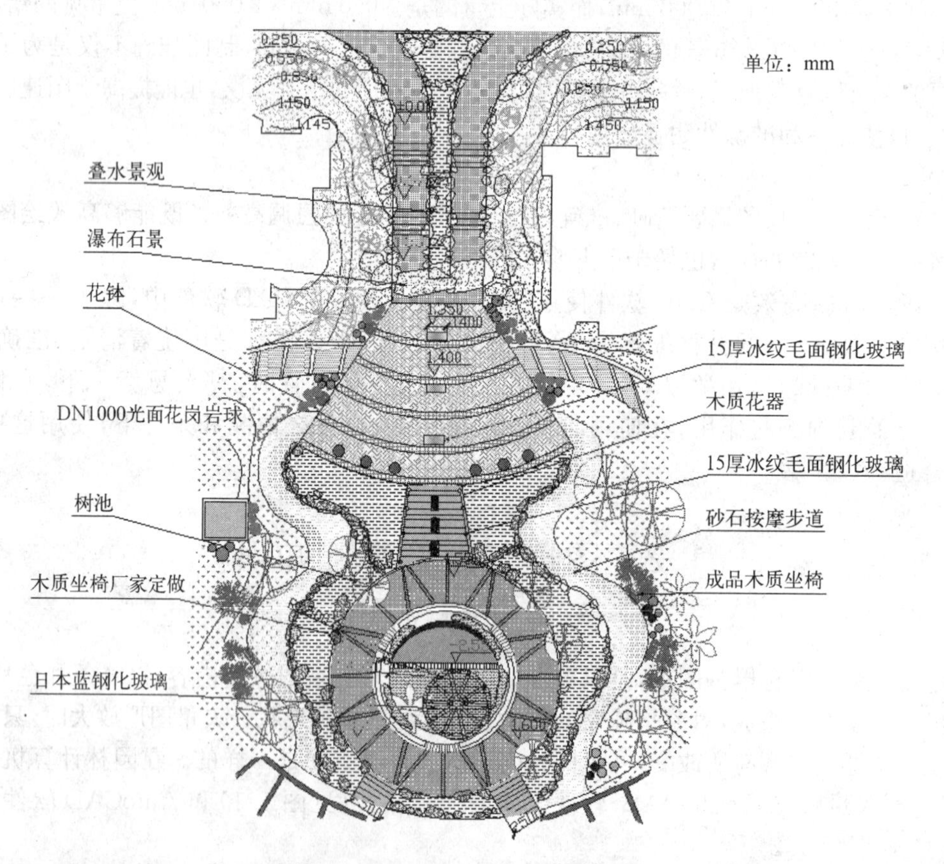

图 1.2 AutoCAD 软件生成的图形

电脑位图又称电脑图像，是由离散的点阵组成的，所以也称点阵图。它将图像分解成一个个的像素，每个像素在空间上的位置是固定的，不同的是像素的颜色值不一样。图像的特性与分辨率有关，放大图像时会降低图像的显示质量。它不能制作出3D图像，同时也不易在不同的软件间交换文件。园林设计绘图软件一般是用Adobe Photoshop软件生成各种图像格式，如图1.3所示。

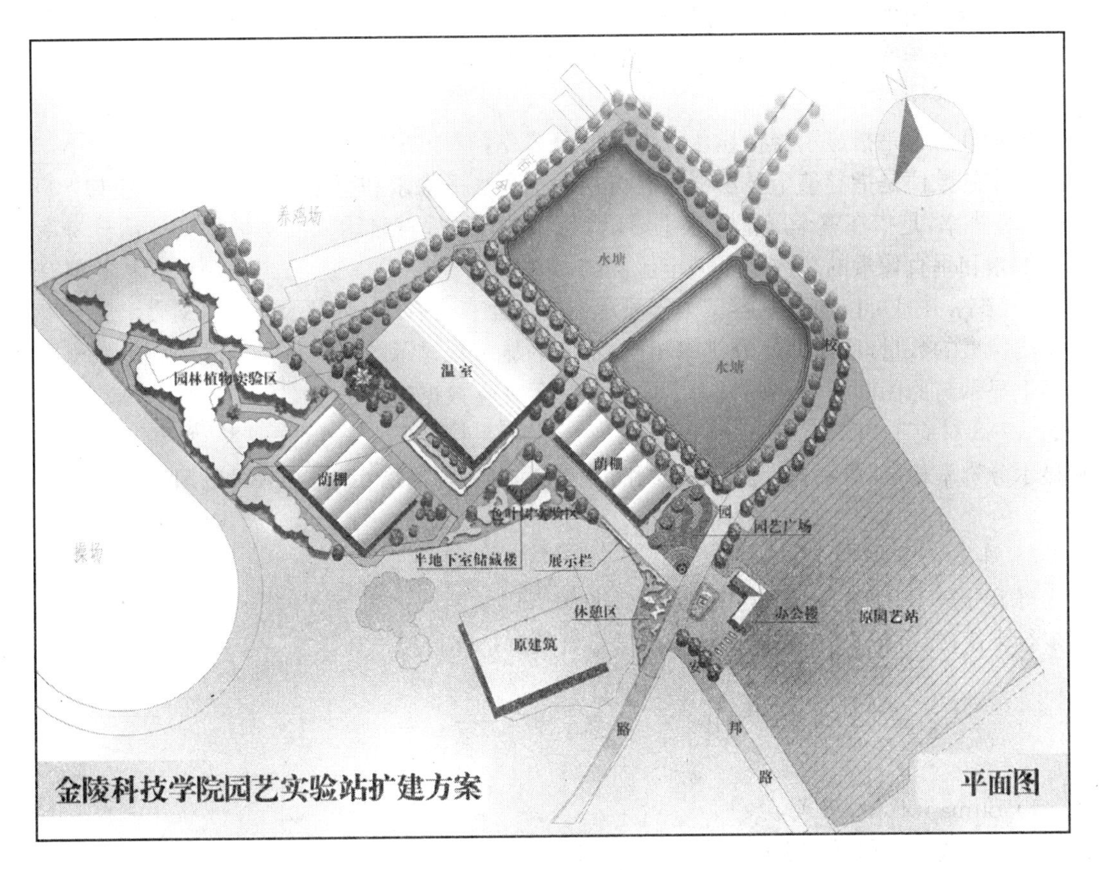

图1.3　Adobe Photoshop软件生成的JPG图片

1.3　像素和图像分辨率

像素也称为栅格，是数字图像的基本单元，同一幅图像像素的大小是固定的。像素的属性包括：像素尺寸、颜色、色深度、像素位置。像素尺寸与分辨率有关，分辨率越小，像素尺寸越大，图像的质量好坏与每英寸上像素的多少有关系。每个像素都要被赋予一个颜色值，其在图象上的水平或垂直坐标称为像素位置。

分辨率是表示平面图像精细程度的参数。它以横向和纵向点的数量来衡量图像的细节表现力，并以水平点数与垂直点数的形式表示。在一个固定的平面内，分辨率越高，意味着可使用的点数越多，图像越细致。

1）图像的分辨率

图像的分辨率指的是每英寸图像含有多少个点或像素，单位PPI。高分辨率的图像比相同大小的低分辨率的图像包含的像素多，图像信息也更多，表现细节更清楚，这是考虑输出因素确定图像分辨率的一个重要原因。由于图像的用途不一，因此要根据用途来确定分辨率；若要进行印刷，则需要 300 DPI(不同单位计算出来的分辨率是不同的)。在数字化图像中分辨率的大小直接影响到图像的质量(图像的尺寸、图像的大小、图像的分辨率三者有着很密切的关系，调整图像的尺寸和分辨率可以改变图像文件的大小)，若分辨率太高的话，运行速度慢，占用的磁盘空间大，不符合高效原则；若分辨率太低的话，影响图像细节的表达，不符合高质量原则，因此，分辨率的设定一定要适宜、恰当。

2) 显示分辨率

显示分辨率是指显示器在显示图像时的分辨率，它取决于显示器的大小及像素大小。显示分辨率的数值是指导整个显示器所有可视面积上水平像素和垂直像素的数量。例如 800×600 的分辨率，是指在整个屏幕上水平显示 800 个像素，垂直显示 600 个像素。显示分辨率的水平像素和垂直像素的总数是成一定比例的，一般为 4∶3、5∶4 或 8∶5。每个显示器都有最高的分辨率，并且可以向下兼容。由于显示器的尺寸有大有小，而显示分辨率又表示所有可视范围内像素的数量，所以即使分辨率相同，不同的显示器显示的效果也是不同的。例如要在显示屏上显示与原图同样大小的图片，可参照以下对应数据进行扫描：800×600 对应 75DPI、1024×768 对应 100DPI。Photoshop 中图像像素可直接转化为显示器像素，如果图像分辨率和显示分辨率相同，显示器上图像尺寸和实际尺寸的实际输出大小相同，可以用打印尺寸来显示它。

3) 屏幕分辨率

屏幕分辨率是指打印灰度图像或分色图像所用的网屏上每英寸的点数，用每英寸以上有多少行来衡量，单位 LPI。(显示器分布显示效果时是逐行扫描显示)

1.4 色彩模式

1) Bitmap(位图)模式

位图模式的图像只有黑色和白色像素，通常线条稿采用这种模式。只有双色调模式可以转换为位图模式，如果要将位图模式转换为其他模式，需要先将其转换为灰度模式才可以。

2) Grayscale(灰度)模式

灰度模式通常是 8 位的图像，包含 256 个灰阶。任何模式的图像都可转换为灰度模式，但原来图像中的彩色信息将丢失。所有工具和大部分的滤镜都可在此模式下使用，灰度图像可以有多个层和通道，包含一个原始的 Back(黑色)通道。

3) Duotone(双色调)模式

双色调模式不是一个单独的图像模式，而是一个目录，它包含四种不同的图像模式：单色调、双色调、三色调和四色调。一般来讲，双色调通常包括黑色(用于阴影处)和另外一种专色(用于中间调和高光)，从而使图像色调更丰富。单色调的图像和灰度图像是同样的，但是可以将黑色油墨替换成其他专色的油墨。三色调和四色调分别是使用三种和四种油墨，它们和双色调的图像类似，都是用来增加图像的动态范围。只有灰度模式的图像才可以转换色调模式。不论是以双色调、三色调还是四色调，在通道调板中都只有一个通道。

4) Imdex Color(索引颜色)模式

索引颜色模式是网上和动画中常用的图像模式，转换为索引颜色后的图像包含近 256 种颜色，通常被看做 8 位图像。索引颜色包含一个颜色表，用来定义图像中的每个颜色。只有灰度和 RGB 模式的图像可被转换为索引颜色。索引颜色的图像和位图图像一样都有许多限制，所有的滤镜都是不可用的。

5) RGB 模式

RGB 模式是根据光源来产生颜色，大部分光谱都是由红、绿、蓝色以不同的比例混合而成的，这三种原色互相叠加后便产生青、品、黄。由于红、绿、蓝三原色全部叠加起来产生白色(也就是说，所有的光都反射回来)，因而又称为加色原理，显示屏就是加色原理的例子。RGB 模式的图像有三个不同的颜色通道，用 0—255 阶来描述各像素的颜色值，当像素在三个通道中的色值相同时，产生的是灰色。当三个通道中的色值都是 255 时，产生的是白色。当三个通道中的色值都是 0 时，产生的是黑色。

6) CMYK 模式

CMYK 模式是由纸张上油墨的吸收特性来定义的。从原理上讲，纯色的青、品、黄染料结合起来可吸收所有的光并产生黑色，因此又称为减色原理。但实际上由于染料的纯度关系，三种染料所形成的是深灰色，因此必须用黑色染料才能产生真正的黑色。大家常说的四色印刷就是指 CMYK(C—青、M—品、Y—黄、K—黑)。

7) Lab 模式

Lab 模式的原型是由 CIE 协会在 1931 年制定的一个衡量颜色的标准，在 1976 年被重新定义并命名为 CIELab。此模式解决了由于使用不同的显示器或打印设备所造成的颜色复制的差异。也就是说，它不依赖于设备。

1.5　常用的图形文件格式

1) DWG 格式

DWG 格式是 AutoCAD 的图形文件，是二维或三维图形档案。它可以和多种文件格式进行转化，如 dxf、dwf 等。

2) MAX 格式

MAX 格式是 Autodesk 3ds Max 专有的三维文件格式。

3) EPS 格式

EPS 格式可用于印刷及打印，可以保存 Duotone 信息和 Alpha 通道，可以存储路径和加网信息。

4) PSD 格式

PSD 格式主要作为图像文件的一个中间过渡，用以保存图像的通道及图层等，以备以后再作修改。该格式通用性差，只有 photoshop 软件支持。

5) GIF 格式

GIF 格式是一个 8 位的图像格式，只能表达 256 级色彩，是网络传播图像常用格式。

6) JPEG 格式

JPEG 格式既是一种文件格式，又是一种压缩方法，这种压缩是有损的，损失大小不等，有的可小到人眼都分辨不出。

1.6　相关的输入与输出设备

输入设备(Input Device)是向计算机输入数据和信息的设备,是用户和计算机系统之间进行信息交换的主要装置之一。键盘、鼠标、摄像头、扫描仪、光笔、手写输入板、游戏杆、语音输入装置等都属于输入设备。输入设备是人或外部与计算机进行交互的一种装置,用于把原始数据和处理这些数据的程序输入到计算机中。计算机能够接收各种各样的数据,既可以是数值型的数据,也可以是各种非数值型的数据,如图形、图像、声音等都可以通过不同类型的输入设备输入到计算机中,进行存储、处理和输出。

输出设备(Output Device)是计算机的终端设备,用于接收计算机数据的输出显示、打印、声音、控制外围设备操作等。也就是把各种计算结果数据或信息以数字、字符、图像、声音等形式表示出来。常见的输出设备有显示器、打印机、绘图仪、影像输出系统、语音输出系统、磁记录设备等。

练习思考题

(1) 与手工制图相比,园林计算机辅助制图的特点有哪些?

(2) 常用的园林计算机辅助设计软件有哪几种?

第2章　AutoCAD 2011 基本设置

本章主要介绍设置绘图环境、图形文件管理、设置绘图单位及绘图界限、AutoCAD的坐标概念、利用绘图辅助工具精确绘图等内容。

教学目标：熟练掌握 AutoCAD 2011 基本设置。

教学重点：AutoCAD 坐标概念、利用绘图辅助工具精确绘图。

教学难点：AutoCAD 坐标概念。

2.1　AutoCAD 2011 工作界面

启动中文版 AutoCAD 2011 应用程序后，进入 AutoCAD 2011 的工作界面，AutoCAD 2011 为用户提供了“AutoCAD 经典”、“二维草图与注释”、“三维基础”、“三维建模”四种工作空间模式，还可以创建自定义工作空间模式。对于习惯于 AutoCAD 传统界面用户来说，可以采用“AutoCAD 经典”工作空间。AutoCAD 2011 经典工作模式主要由标题栏、菜单栏、工具栏、工具选项板、绘图窗口、文本窗口与命令行、状态栏、ViewCube3D 导航工具等几部分组成，如图 2.1 所示。

2.1.1　标题栏

标题栏位于应用程序窗口的最上面，用于显示当前正在运行的程序名及文件名等信息，如果是 AutoCAD 默认的图形文件，其名称为 DrawingN. dwg(N 是数字)。单击标题栏右端的按钮，可以最小化、最大化或关闭应用程序窗口。标题栏最左边是应用程序的小图标，单击它将会弹出一个 AutoCAD 窗口控制下拉菜单，可以执行最小化或最大化窗口、恢复窗口、移动窗口、关闭 AutoCAD 等操作。

2.1.2　菜单栏与快捷菜单

中文版 AutoCAD 2011 的菜单栏由“文件”、“编辑”、“视图”等菜单组成，几乎包括了 AutoCAD 中全部的功能和命令。快捷菜单又称上下文相关菜单。在绘图区域、工具栏、状态行、模型与布局选项卡以及一些对话框上右击时，将弹出一个快捷菜单，该菜单中的命令与 AutoCAD 当前状态相关。使用它们可以在不启动菜单栏的情况下快速、高效地完成某些操作。

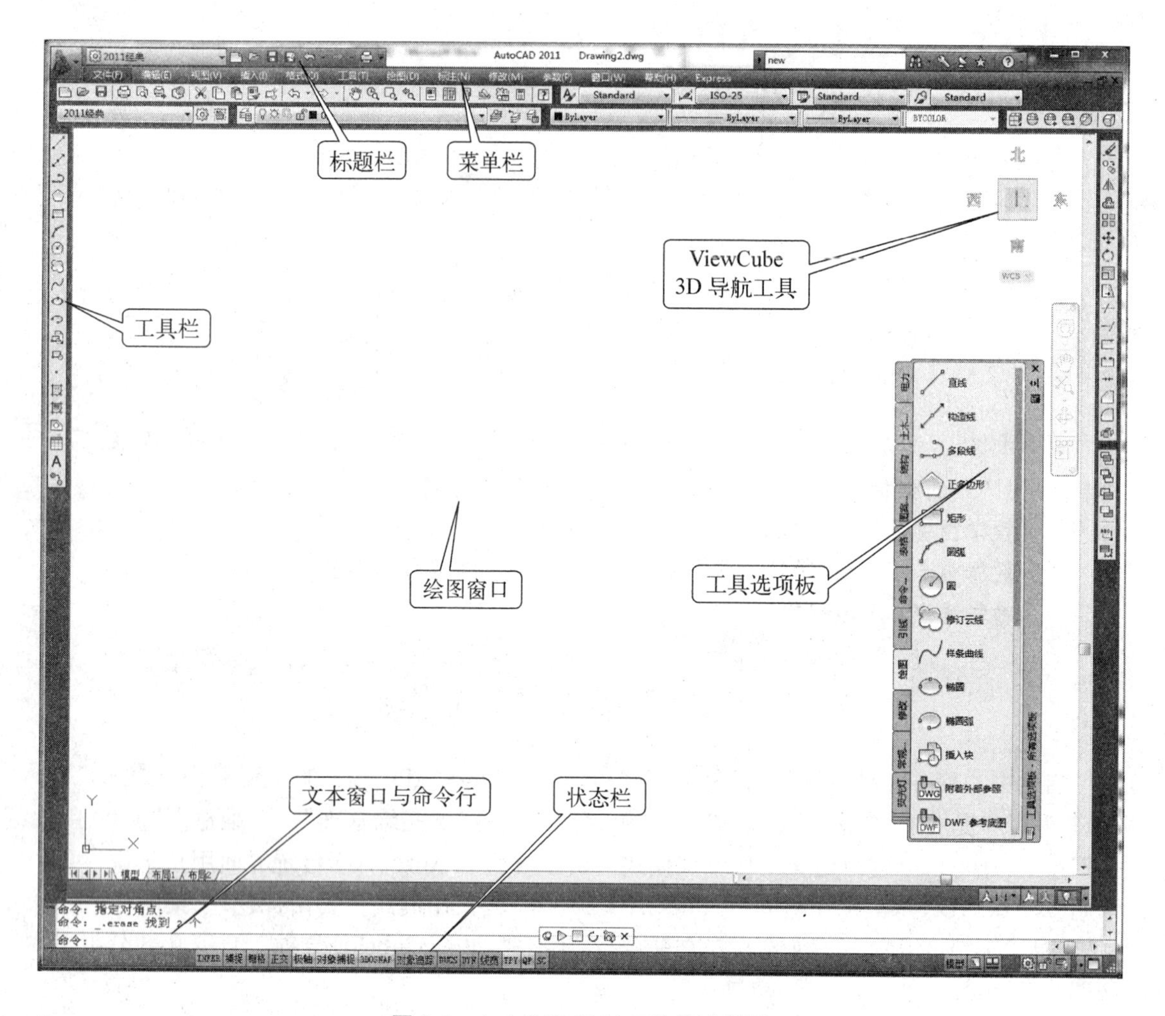

图 2.1　AutoCAD 2011 工作模式界面

2.1.3　工具选项板

中文版 AutoCAD 2011 工具选项板将块、图案填充和自定义工具整理在一个便于使用的窗口。工具选项板的选项和设置可以在"工具选项板"窗口的各个区域单击鼠标右键时显示的快捷菜单中进行操作。

操　作　卡

- 功能区："视图"选项卡 →"选项板"面板 →"工具选项板"
- 菜单："工具"→"选项板"→"工具选项板"
- 工具栏：标准
- 命令行输入：TOOLPALETTES

通过鼠标右键点击可以设置工具选项板里面的内容和操作，如图 2.2 所示。

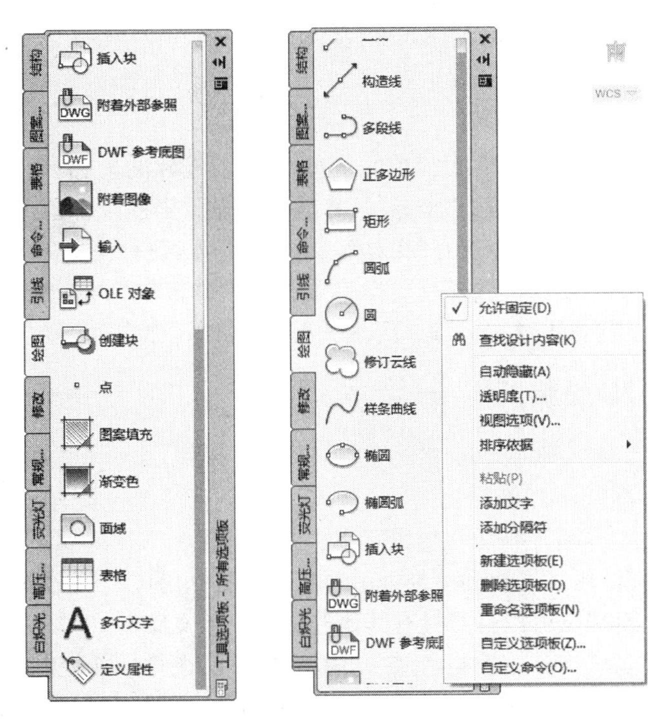

图 2.2　设置工具选项板中的内容和操作

2.1.4　工具栏

工具栏是应用程序调用命令的另一种方式，它包含许多由图标表示的命令按钮。在 AutoCAD 中，系统共提供了二十多个已命名的工具栏。默认情况下，“标准”、“属性”、“绘图”和“修改”等工具栏处于打开状态。如果要显示当前隐藏的工具栏，可在任意工具栏上右击，此时将弹出一个快捷菜单，通过选择命令可以显示或关闭相应的工具栏。

2.1.5　绘图窗口

在 AutoCAD 中，绘图窗口是用户绘图的工作区域，所有的绘图结果都反映在这个窗口中。可以根据需要关闭其周围和里面的各个工具栏，以增大绘图空间。如果图纸比较大，需要查看未显示部分时，可以单击窗口右边与下边滚动条上的箭头，或拖动滚动条上的滑块来移动图纸。

在绘图窗口中除了显示当前的绘图结果外，还显示了当前使用的坐标系类型以及坐标原点、X 轴、Y 轴、Z 轴的方向等。默认情况下，坐标系为世界坐标系（WCS）。

绘图窗口的下方有“模型”和“布局”选项卡，单击其标签可以在模型空间或图纸空间之间来回切换。

2.1.6　命令行与文本窗口

“命令行”窗口位于绘图窗口的底部，用于接收用户输入的命令，并显示 AutoCAD 提示信息。在 AutoCAD 2011 中，“命令行”窗口可以拖放为浮动窗口。

“AutoCAD 文本窗口”是记录 AutoCAD 命令的窗口，是放大的“命令行”窗口，它记录了已执行的命令，也可以用来输入新命令。在 AutoCAD 2011 中，可以选择“视图”→“显示”→“文本窗口”命令,执行TEXTSCR命令,或按F2键来打开AutoCAD文本窗口,它记录了对文档进行的所有操作。

2.1.7 状态栏

状态行用来显示AutoCAD 2011当前的状态,如当前光标的坐标、命令和按钮的说明等。在绘图窗口中移动光标时,状态行的"坐标"区将动态地显示当前坐标值。坐标显示取决于所选择的模式和程序中运行的命令,共有"相对"、"绝对"和"无"三种模式。

状态栏中还包括如INFER、"捕捉"、"栅格"、"正交"、"极轴"、"对象捕捉"、"对象追踪"、3DOSNAP、DUCS、DYN、"线宽"、TPY、QP、SC"模型"(或"图纸")等多个功能按钮。

2.1.8 ViewCube 3D导航工具

在AutoCAD 2011中,ViewCube 3D导航工具提供了视口当前方向的视觉反馈,可以调整视图方向以及在标准视图与等距视图间进行切换。默认情况下会显示在活动视口的右上角;如果处于非活动状态,则会叠加在场景之上。将光标置于ViewCube上方时,它将变成活动状态。使用鼠标左键,可以切换到一种可用的预设视图中、旋转当前视图或者更换到模型的"主栅格"视图中。右键单击可以打开具有其他选项的上下文菜单。另外,"面板"选项板集成了"三维制作控制台"、"三维导航控制台"、"光源控制台"、"视觉样式控制台"和"材质控制台"等选项组,从而为用户绘制三维图形、观察图形、创建动画、设置光源、为三维对象附加材质等操作提供了非常便利的环境。

2.2 图形文件管理

在AutoCAD 2011中,图形文件管理主要包括创建新的图形文件、打开已有的图形文件、关闭图形文件以及保存图形文件等操作。

2.2.1 创建新图形文件

操 作 卡

菜单:"文件"→"新建"

工具:标准

命令行输入:NEW

AutoCAD 2011创建新图形文件比较方便,打开创建新图形对话框进行如下设置。

1) NEW命令的行为由STARTUP系统变量确定

1　NEW显示"创建新的图形"对话框。

0　NEW显示"选择模板"对话框(标准文件选择对话框)。

2) "创建新图形"对话框,定义新图形的设置

"从头开始"将使用英制或公制默认设置创建新图形。"使用样板"将使用所选图形样板中所定义的设置创建新图形。"使用向导"将使用"快速"向导或"高级"向导中指定的设置创建新图形,包含以下内容,如图2.3所示。

图 2.3　创建新图形对话框

从草图开始　使用默认的“英制”或“公制”设置创建空图形。

使用样板　基于图形样板文件创建图形。样板图形存储图形的所有设置，还可能包含预定义的图层、标注样式和视图。样板图形通过文件扩展名 .dwt 区别于其他图形文件。它们通常保存在 template 目录中。可以通过将图形文件的扩展名改为.dwt 来生成其他样板图形。

使用向导　使用逐步指南来设置图形。可以从以下两个向导中选择：“快速设置”向导和“高级设置”向导。

快速设置：显示“快速设置”向导，从中可以指定新图形的单位和区域。“快速设置”向导还可以将诸如文字高度和捕捉间距等设置修改成合适的比例。

高级设置：显示“高级设置”向导，从中可以指定新图形的单位、角度、角度测量、角度方向和区域。“高级设置”向导还可以将诸如文字高度和捕捉间距等设置修改成合适的比例。

向导说明：显示选定向导的说明。

3）标准文件选择对话框

标准文件选择对话框操作与打开操作类似，如图 2.4 所示。

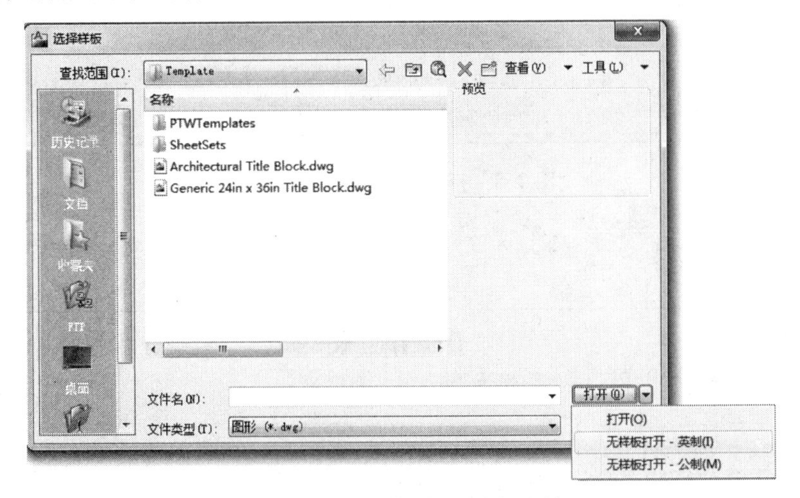

图 2.4　打开对话框创建新文档

2.2.2　打开图形文件

操　作　卡

- 菜单："文件"→"打开"
- 工具栏：标准
- 命令行输入：OPEN

选择需要打开的图形文件，在右面的"预览"框中将显示出该图形的预览图像。默认情况下，打开的图形文件的格式为.dwg，如图2.5所示。

(1) 打开：根据特定文件选择对话框的用途，打开选定的文件，或输入前一个对话框中的选定文件夹的路径。某些文件选择对话框可能会包括附加选项，可单击"打开"按钮旁边的箭头来访问这些选项。

(2) 以只读方式打开：以只读模式打开一个文件。用户不能用原始文件名来保存对文件的修改。

(3) 局部打开：显示"局部打开"对话框。可以打开和加载局部图形，包括特定视图或图层中的几何图形。仅可为AutoCAD 2004或更高版本格式的图形使用PARTIALOPEN命令。

(4) 局部打开只读文件：以只读模式打开指定的图形部分。

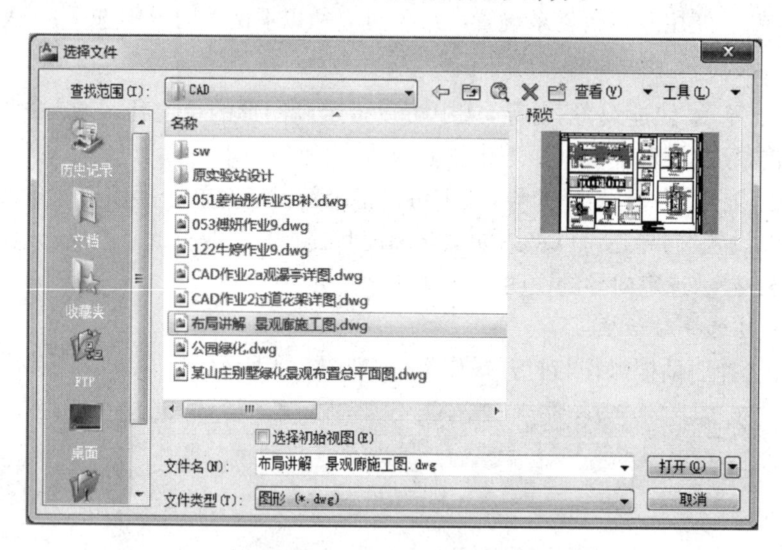

图2.5　打开"选择文件"对话框

2.2.3　保存图形文件

操　作　卡

- 菜单："文件"→"另存为"
- 工具栏：标准
- 命令行输入：SAVEAS

在 AutoCAD 中,可以使用多种方式将所绘图形以文件形式存入磁盘。例如,可以选择“文件”→“保存”命令(QSAVE),或在“标准”工具栏中单击“保存”按钮,以当前使用的文件名保存图形;也可以选择“文件”→“另存为”命令(SAVEAS),将当前图形以新的名称保存。在第一次保存创建的图形时,系统将打开“图形另存为”对话框。默认情况下,文件以“AutoCAD 2010 图形(*.dwg)”格式保存,也可以在“文件类型”下拉列表框中选择其他格式,如 AutoCAD 2007/LT2007 图形(*.dwg)、AutoCAD 图形标准(*.dws)等格式,如图 2.6 所示。

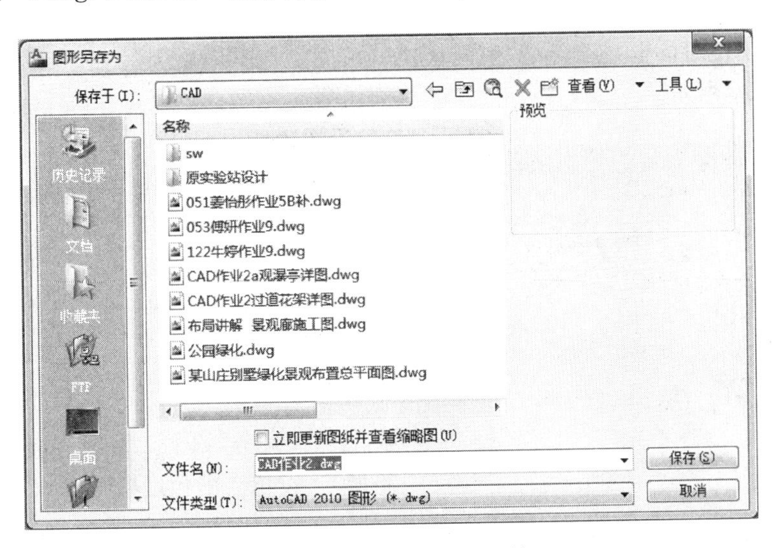

图 2.6 “图形另存为”对话框

2.2.4 关闭图形文件

操 作 卡

菜单:“文件”→“退出”

命令行输入:QUIT

选择“文件”→“关闭”命令(CLOSE),或在绘图窗口中单击“关闭”按钮,可以关闭当前图形文件。如果当前图形没有存盘,系统将弹出 AutoCAD 警告对话框,询问是否保存文件。此时,单击“是(Y)”按钮或直接按 Enter 键,可以保存当前图形文件并将其关闭;单击“否(N)”按钮,可以关闭当前图形文件但不存盘;单击“取消”按钮,取消关闭当前图形文件操作,既不保存也不关闭。如果当前所编辑的图形文件没有命名,那么单击“是(Y)”按钮后,AutoCAD 会打开“图形另存为”对话框,要求用户确定图形文件存放的位置和名称。

2.3 设置绘图单位及绘图界限

2.3.1 设置绘图单位

用 AutoCAD 绘图之前首先要设置图形的单位,不同的单位其显示的格式是不同的,一般园林设计可以采用1∶1的比例因子，依照真实大小来绘制。打印出图时，可将图形按图纸大小在布局或打印选项中按比例进行缩放。

操　作　卡

菜单："格式"→"单位"

命令行输入：UNITS

打开图形单位对话框，在"类型"栏内选择单位类型，在"精度"栏内选择精度，即可定义绘图单位，如图2.7所示。

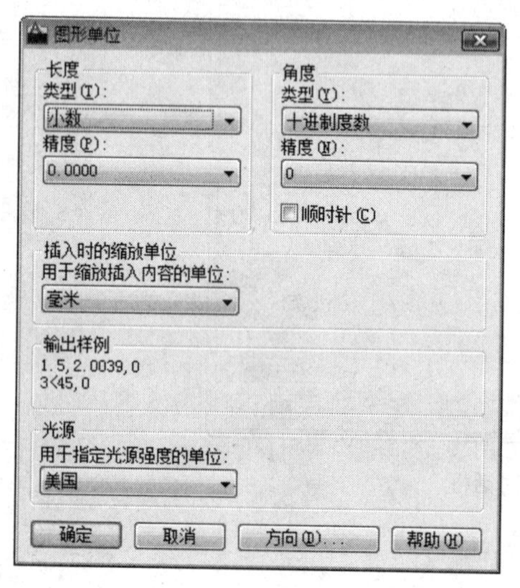

图2.7　图形单位对话框

参数设置说明：

(1) 长度：指定测量的当前单位及当前单位的精度。

(2) 类型：设置测量单位的当前格式。

(3) 精度：设置线性测量值显示的小数位数或分数大小。

(4) 角度：指定当前角度格式和当前角度显示的精度。

类型　设置当前角度格式。

精度　设置当前角度显示的精度。

顺时针　以顺时针方向计算正的角度值。默认的正角度方向是逆时针方向。当提示用户输入角度时，可以点击所需方向或输入角度，而不必考虑"顺时针"设置。

(5) 插入比例：控制插入到当前图形中的块和图形的测量单位。当源块或目标图形中的"插入比例"设定为"无单位"时，将使用"选项"对话框的"用户系统配置"选项卡中的"源内容单位"和"目标图形单位"设置。

(6) 输出样例：显示用当前单位和角度设置的例子。

(7) 光源：控制当前图形中光度控制光源的强度测量单位。

(8) 方向：显示"方向控制"对话框。

2.3.2　设置图形界限

操　作　卡

菜单："格式"→"图形界限"

命令行输入：LIMITS

图形界限将直接影响图纸的空间范围。执行命令或命令行输入，在命令行窗口中出现提示的信息，分别指定模型空间的左下角点和右上角点便可指定图纸的范围，然后选择开(ON)/关(OFF)命令来控制绘图界限设置是否打开，如图2.8所示。

```
命令: ' limits
重新设置模型空间界限:
指定左下角点或 [开(ON)/关(OFF)] <0.0000,0.0000>:
```

图 2.8　图形界限命令行设置参数

2.4　AutoCAD 坐标系统

AutoCAD 的图形空间是一个三维空间，可以在任意位置构建三维模型。使用三维坐标系对 AutoCAD 的三维空间进行度量时，用户可使用多种形式的三维坐标。

坐标系图标位于 CAD 绘图工作区的左下角，它主要用来显示当前使用的坐标系以及坐标方向，可以根据需要关闭或打开。坐标系包括世界坐标系 WCS 和用户坐标系 UCS。

AutoCAD 的三维坐标系由三个通过同一点且彼此垂直的坐标轴构成，这三个坐标轴分别称为 X 轴、Y 轴和 Z 轴，交点为坐标系的原点，也就是各个坐标轴的坐标零点。从原点出发，沿坐标轴正方向上的点用正的坐标值度量，而沿坐标轴负方向上的点用负的坐标值度量。因此，在 AutoCAD 的三维空间中，任意一点的位置可以由三维坐标轴上的坐标(x, y, z)确定。

进行三维建模时，常常需要使用精确的坐标值确定三维点。在 AutoCAD 中可使用多种形式的三维坐标，包括直角坐标形式、极坐标形式以及这几种坐标类型的相对形式。直角坐标、极坐标都是对三维坐标系的一种描述，其区别是度量的形式不同，但彼此相互等效。也就是说，AutoCAD 三维空间中的任意一点，可以分别使用直角坐标、极坐标的描述，其作用完全相同，在实际操作中可以根据具体情况任意选择某种坐标形式。

2.4.1　世界坐标系和用户坐标系

1) 世界坐标系(WCS)

在 AutoCAD 的每个图形文件中，都包含一个唯一的、固定不变的、不可删除的基本三维坐标系，这个坐标系被称为世界坐标系(WCS, World Coordinate System)。WCS 为文件中所有的图形对象提供了一个统一的度量。

当使用其他坐标系时，可以直接使用世界坐标系的坐标，而不必更改当前坐标系。使用方式是在坐标前加“@”号，表示该坐标为世界坐标。例如，无论在哪个坐标系中，坐标(@10, 10, 10)都表示世界坐标系的点(10, 10, 10)。

2) 用户坐标系(UCS)

在一个图形文件中，除了 WCS 之外，AutoCAD 还可以定义多个用户坐标系(UCS, User Coordinate System)。顾名思义，用户坐标系是可以由用户自行定义的一种坐标系。在 AutoCAD 的三维空间中，可以在任意位置和方向指定坐标系的原点、XOY 平面和 Z 轴，从而得到一个新的用户坐标系。

2.4.2　直角坐标系和极坐标系

直角坐标系又称为笛卡儿坐标系。直角坐标是以原点为基点定位所有的点。输入点的(x, y, z)坐标，在二维图形中，$z=0$ 可省略。可以在命令行中输入“100,200”来定义点在 XY 平面上的位置。

极坐标是通过相对于极点的距离和角度来定义的，其格式为：距离<角度。角度以 X 轴正向为度量基准，逆时针为正，顺时针为负。绝对极坐标以原点为极点。如输入“100<45”，表示距原点 100，方向 45°的点，如图 2.9 所示。

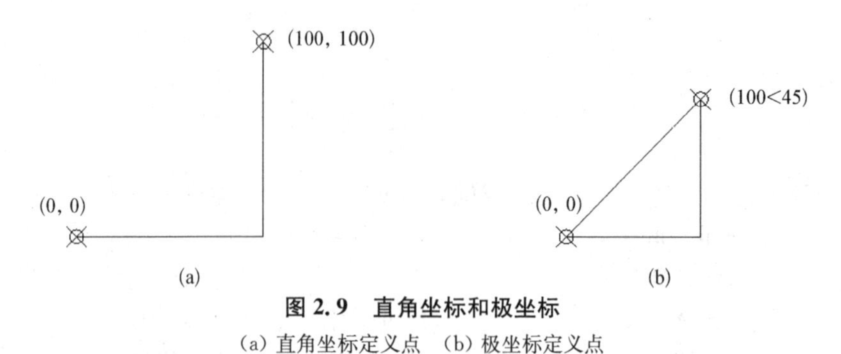

图 2.9　直角坐标和极坐标

(a) 直角坐标定义点　(b) 极坐标定义点

2.4.3　绝对坐标和相对坐标

绝对极坐标也是从(0, 0)出发的位移，但它给定的是距离和角度。其中距离和角度用“<”分隔，且规定 X 轴正向为 0°，Y 轴正向为 90°，如 8.03<64、6<30 等。

相对坐标，在连续指定两个点的位置时，第二点以第一点为基点所得到的相对坐标形式。相对坐标可以用直角坐标、极坐标表示，但要在坐标前加“@”符号，如图 2.10 所示。

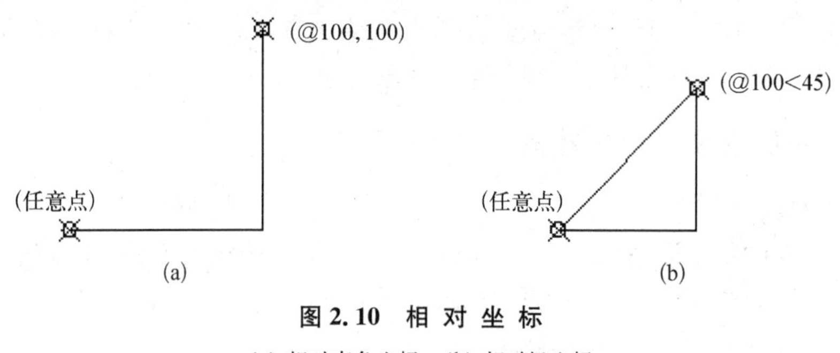

图 2.10　相 对 坐 标

(a) 相对直角坐标　(b) 相对极坐标

2.5　利用绘图辅助工具精确绘图

2.5.1　精确绘图辅助工具

操　作　卡

菜单：“工具”→“草图设置”

快捷菜单：在状态栏上的“捕捉”、“栅格”、“极轴”、“对象捕捉”、“对象追踪”、“动态”或“快捷特性”上单击鼠标右键并选择“设置”

1) “捕捉和栅格”选项卡

指定捕捉和栅格设置，如图 2.11 所示。

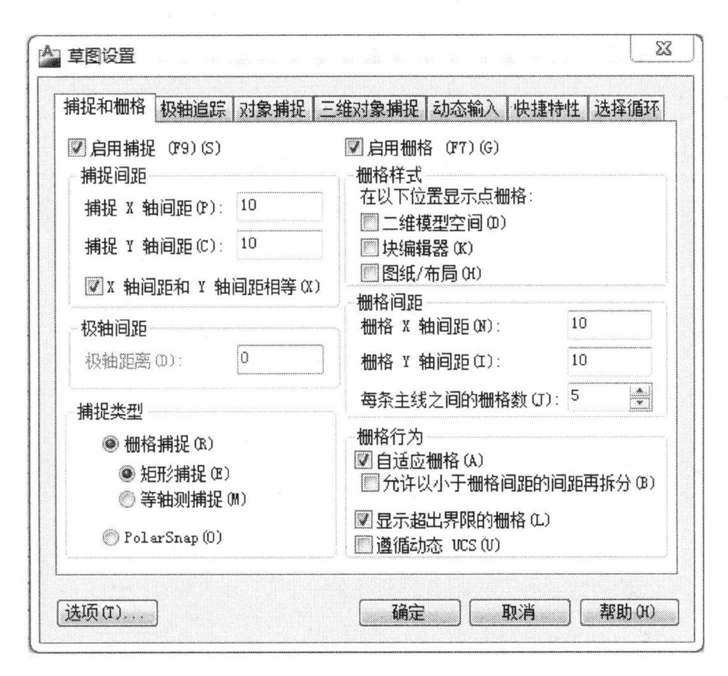

图 2.11　捕捉和栅格选项卡

（1）启用捕捉：打开或关闭捕捉模式。可以通过单击状态栏上的“捕捉”或按 F9 键，启用捕捉绘图区，如图 2.12 所示。

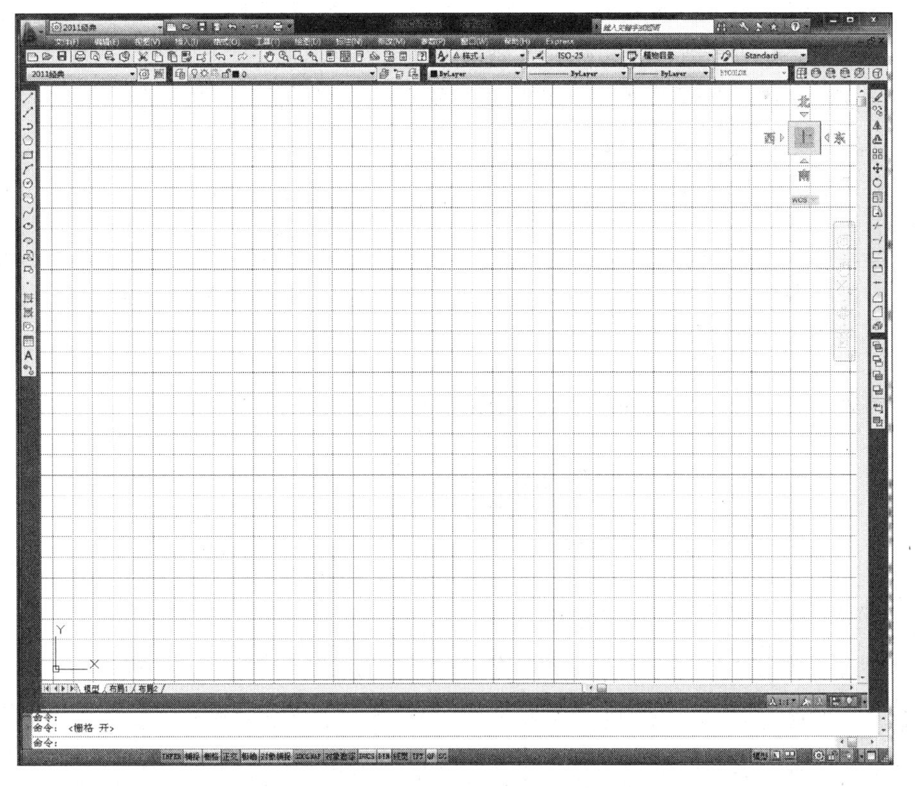

图 2.12　启用捕捉绘图区出现网格辅助线

(2) 捕捉间距：控制捕捉位置的不可见矩形栅格，以限制光标仅在指定的 X 和 Y 间隔内移动。

捕捉 X 轴间距　指定 X 方向的捕捉间距。间距值必须为正实数。

捕捉 Y 轴间距　指定 Y 方向的捕捉间距。间距值必须为正实数。

X 和 Y 间距相等　为捕捉间距和栅格间距强制使用同一 X 和 Y 间距值。捕捉间距可以与栅格间距不同。

(3) 极轴间距：控制增量距离。

(4) 捕捉类型：设定捕捉样式和捕捉类型。

栅格捕捉　设定栅格捕捉类型。如果指定点，光标将沿垂直或水平栅格点进行捕捉。

矩形捕捉　将捕捉样式设定为标准"矩形"捕捉模式。当捕捉类型设定为"栅格"并且打开"捕捉"模式时，光标将捕捉矩形和栅格。

等轴测捕捉　将捕捉样式设定为"等轴测"捕捉模式。当捕捉类型设定为"栅格"并且打开"捕捉"模式时，光标将捕捉等轴测和栅格。

PolarSnap　将捕捉类型设定为"PolarSnap"。如果启用了"捕捉"模式并在极轴追踪打开的情况下指定点，光标将沿在"极轴追踪"选项卡上相对于极轴追踪起点设置的极轴对齐角度进行捕捉。

2) "启用栅格"选项卡

打开或关闭栅格。也可以通过单击状态栏上的"栅格"或按 F7 键。

(1) 栅格样式：在二维上设定栅格样式。

二维模型空间　将二维模型空间的栅格样式设定为点栅格。

块编辑器　将块编辑器的栅格样式设定为点栅格。

图纸/布局　将图纸和布局的栅格样式设定为点栅格。

(2) 栅格间距：控制栅格的显示，有助于直观显示距离。

栅格 X 间距　指定 X 方向上的栅格间距。如果该值为 0，则栅格采用"捕捉 X 轴间距"的数值集。

栅格 Y 间距　指定 Y 方向上的栅格间距。如果该值为 0，则栅格采用"捕捉 Y 轴间距"的数值集。

每条主线的栅格数　指定主栅格线相对于次栅格线的频率。

(3) 栅格行为：控制将 GRIDSTYLE 设定为 0 时，所显示栅格线的外观。

自适应栅格　缩小时，限制栅格密度。

显示超出界线的栅格　显示超出 LIMITS 命令指定区域的栅格。

跟随动态 UCS　更改栅格平面以跟随动态 UCS 的 XY 平面。

3) "极轴追踪"选项卡

控制自动追踪设置，如图 2.13 所示。

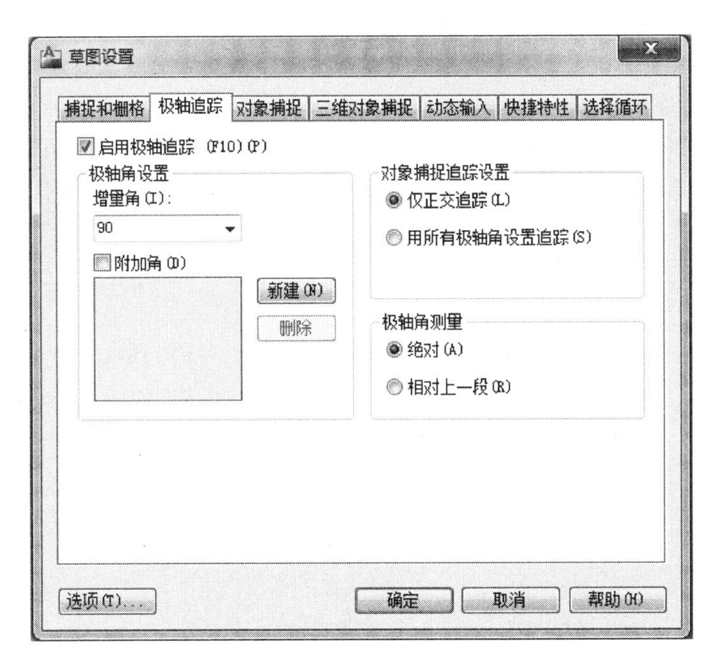

图 2.13　极轴追踪选项卡

(1) 启用极轴追踪：打开或关闭极轴追踪。也可以通过按 F10 键来打开或关闭极轴追踪。

(2) 极轴角设置：设定极轴追踪的对齐角度。

增量角　设定用来显示极轴追踪对齐路径的极轴角增量。可以输入任何角度，也可以从列表中选择 90、45、30、22.5、18、15、10 或 5 这些常用角度。

附加角　对极轴追踪使用列表中的任何一种附加角度。附加角度是绝对的，而非增量的。

角度列表　如果选定“附加角”，将列出可用的附加角度。要添加新的角度，需单击“新建”。

新建　最多可以添加 10 个附加极轴追踪对齐角度。

删除　删除选定的附加角度。

(3) 对象捕捉追踪设置：设定对象捕捉追踪选项。

仅按正交方式追踪　当对象捕捉追踪打开时，仅显示已获得的对象捕捉点的正交(水平/垂直)对象捕捉追踪路径。

用所有极轴角设置追踪　将极轴追踪设置应用于对象捕捉追踪。使用对象捕捉追踪时，光标将从获取的对象捕捉点起沿极轴对齐角度进行追踪。单击状态栏上的“极轴”和“对象追踪”也可以打开或关闭极轴追踪和对象捕捉追踪。

(4) 极轴角测量：设定测量极轴追踪对齐角度的基准。

绝对　根据当前用户坐标系(UCS)确定极轴追踪角度。

相对上一段 根据上一个绘制线段确定极轴追踪角度。

4) “对象捕捉”选项卡

控制对象捕捉的设置。使用执行对象捕捉设置(也称为对象捕捉),可以在对象上的精确位置指定捕捉点。选择多个选项后,将应用选定的捕捉模式,以距离靶框中心最近的点为捕捉点。按 TAB 键可以在这些选项之间循环,如图 2.14 所示。

图 2.14 对象捕捉选项卡

(1) 启用对象捕捉:打开或关闭执行对象捕捉。当对象捕捉打开时,在“对象捕捉模式”下选定的对象捕捉处于活动状态。

(2) 启用对象捕捉追踪:打开或关闭对象捕捉追踪。使用对象捕捉追踪,在命令指定点时,光标可以沿基于其他对象捕捉点的对齐路径进行追踪。要使用对象捕捉追踪,必须打开一个或多个对象捕捉。

(3) 对象捕捉模式:列出可以在执行对象捕捉时打开的对象捕捉模式。

端点 捕捉到圆弧、椭圆弧、直线、多行、多段线线段、样条曲线、面域或射线最近的端点,或捕捉宽线、实体或三维面域的最近角点。

中点 捕捉到圆弧、椭圆、椭圆弧、直线、多行、多段线线段、面域、实体、样条曲线或参照线的中点。

中心点 捕捉到圆弧、圆、椭圆或椭圆弧的中心点。

节点 捕捉到点对象、标注定义点或标注文字原点。

象限 捕捉到圆弧、圆、椭圆或椭圆弧的象限点。

交点 捕捉到圆弧、圆、椭圆、椭圆弧、直线、多行、多段线、射线、面域、样条曲线或参照线的交点。"延伸交点"不能用作执行对象捕捉模式。

延伸　当光标经过对象的端点时，显示临时延长线或圆弧，以便用户在延长线或圆弧上指定点。

插入点　捕捉到属性、块、形或文字的插入点。

垂足　捕捉圆弧、圆、椭圆、椭圆弧、直线、多线、多段线、射线、面域、实体、样条曲线或构造线的垂足。当正在绘制的对象需要捕捉多个垂足时，将自动打开"递延垂足"捕捉模式。可以把直线、圆弧、圆、多段线、射线、参照线、多行或三维实体的边作为绘制垂直线的基础对象。可以用"递延垂足"在这些对象之间绘制垂直线。当靶框经过"递延垂足"捕捉点时，将显示 AutoSnap 工具提示和标记。

切点　捕捉到圆弧、圆、椭圆、椭圆弧或样条曲线的切点。当正在绘制的对象需要捕捉多个垂足时，将自动打开"递延垂足"捕捉模式。可以使用"递延切点"来绘制与圆弧、多段线圆弧或圆相切的直线或构造线。当靶框经过"递延切点"捕捉点时，将显示标记和 AutoSnap 工具提示。

最近点　捕捉到圆弧、圆、椭圆、椭圆弧、直线、多行、点、多段线、射线、样条曲线或参照线的最近点。

外观交点　捕捉不在同一平面但在当前视图中看起来可能相交的两个对象的视觉交点。"延伸外观交点"不能用作执行对象捕捉模式。"外观交点"和"延伸外观交点"不能和三维实体的边或角点一起使用。

平行　将直线段、多段线线段、射线或构造线限制为与其他线性对象平行。指定线性对象的第一点后，请指定平行对象捕捉。与在其他对象捕捉模式中不同，用户可以将光标和悬停移至其他线性对象，直到获得角度。然后，将光标移回正在创建的对象。如果对象的路径与上一个线性对象平行，则会显示对齐路径，用户可将其用于创建平行对象。

全部选择　打开所有对象捕捉模式。

全部清除　关闭所有对象捕捉模式。

5)"三维对象捕捉"选项卡

控制三维对象的执行对象捕捉设置。使用执行对象捕捉设置(也称为对象捕捉)，可以在对象上的精确位置指定捕捉点。选择多个选项后，将应用选定的捕捉模式，以返回距离靶框中心最近的点。按 TAB 键以在这些选项之间循环，如图 2.15 所示。

(1) 打开三维对象捕捉：打开和关闭三维对象捕捉。当对象捕捉打开时，在"三维对象捕捉模式"下选定的三维对象捕捉处于活动状态。

(2) 三维对象捕捉模式：列出三维对象捕捉模式。

顶点　捕捉到三维对象的最近顶点。

边中点　捕捉到面边的中点。

面中心　捕捉到面的中心。

节点　捕捉到样条曲线上的节点。

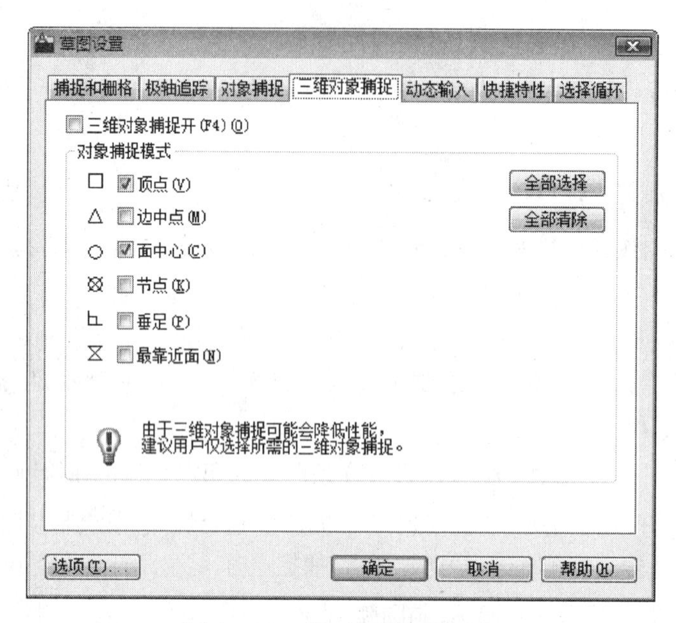

图 2.15　三维对象捕捉选项卡

垂足　捕捉到垂直于面的点。

最靠近面　捕捉到最靠近三维对象面的点。

全部选择　打开所有三维对象捕捉模式。

全部清除　关闭所有三维对象捕捉模式。

6）"动态输入"选项卡

控制指针输入、标注输入、动态提示以及绘图工具提示的外观，如图 2.16 所示。

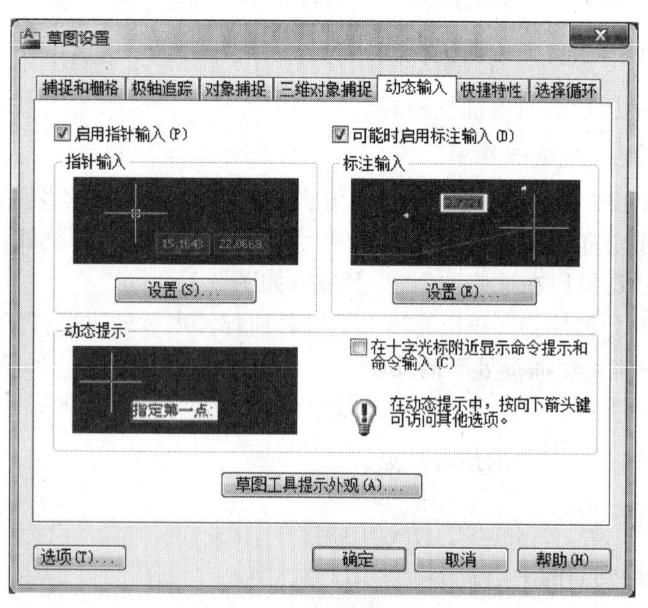

图 2.16　动态输入选项卡

(1) 启用指针输入：打开指针输入。如果同时打开指针输入和标注输入，则标注输入在可用时将取代指针输入。

(2) 指针输入：工具提示中的十字光标位置的坐标值将显示在光标旁边。命令提示用户输入点时，可以在工具提示（而非命令窗口）中输入坐标值。

预览区域　显示指针输入的样例。

设置　显示“指针输入设置”对话框。

(3) 启用标注输入：打开标注输入。标注输入不适用于某些提示输入第二个点的命令。

(4) 标注输入：当命令提示用户输入第二个点或距离时，将显示标注和距离值与角度值的工具提示。标注工具提示中的值将随光标移动而更改。可以在工具提示中输入值，而不用在命令行上输入值。

预览区域　显示标注输入的样例。

设置　显示“标注输入的设置”对话框。

(5) 动态提示：需要时将在光标旁边显示工具提示，以完成操作。可以在工具提示中输入值，而不用在命令行上输入值。

预览区域　显示动态提示的样例。

在十字光标旁边显示命令提示和命令行输入　显示“动态输入”工具提示中的提示。

(6) 设计工具提示外观：显示“工具提示外观”对话框。

7) “快捷特性”选项卡

指定用于显示“快捷特性”选项板的设置，如图 2.17 所示。

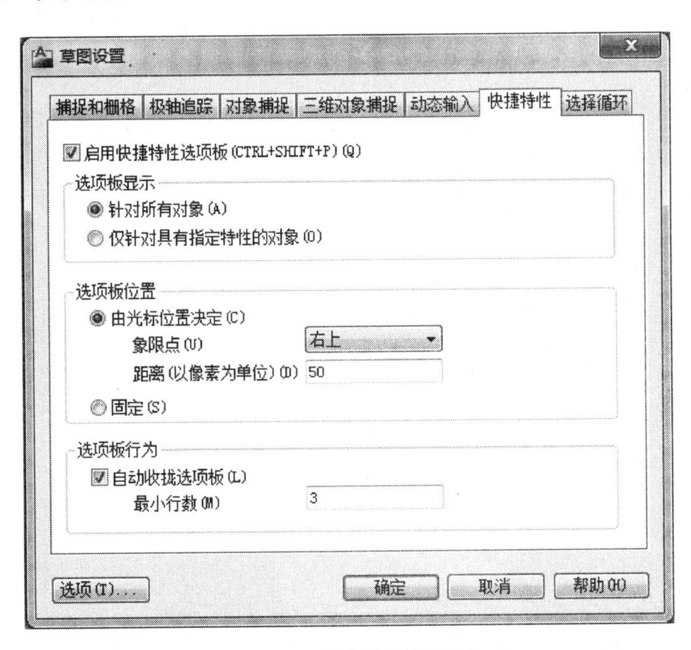

图 2.17　快捷特性选项卡

(1) 启用“快捷特性”选项板：可以根据对象类型启用或禁用“快捷特性”选项板。还可以通过单击状态栏中的“快捷特性”打开或关闭“快捷特性”选项板。

(2) 选项板显示：设定“快捷特性”选项板的显示设置。

所有对象 将“快捷特性”选项板设定为对选择的任何对象显示。

仅具有指定特性的对象 将“快捷特性”选项板设定为仅为已在自定义用户界面(CUI)编辑器中定义为显示特性的对象显示。

(3) 选项板位置：设定“快捷特性”选项板的显示位置。

由光标位置决定 将“选项板位置”模式设定为“由光标位置决定”。在“由光标位置决定”模式下,“快捷特性”选项板将显示在相对于所选对象的位置。

象限 指定显示“快捷特性”选项板的相对位置。可以选择以下四个象限之一：右上、左上、右下或左下。

距离(以像素为单位) 当在“选项板位置”模式下选中光标时设定距离(以像素为单位)。可以在范围 0 至 400 之间指定值(仅限整数值)。

静态 将位置模式设定为“静态”。

(4) 选项板行为：设定“快捷特性”选项板的行为。

自动收拢选项板 使“快捷特性”选项板在空闲状态下仅显示指定数量的特性。

最小行数 设定“快捷特性”选项板要以收拢的空闲状态显示的最小行数。可以指定 1 至 30 之间的值(仅限整数值)。

8) “选择循环”选项卡

“选择循环”允许选择重叠的对象。可以配置“选择循环”列表框的显示设置,如图 2.18 所示。

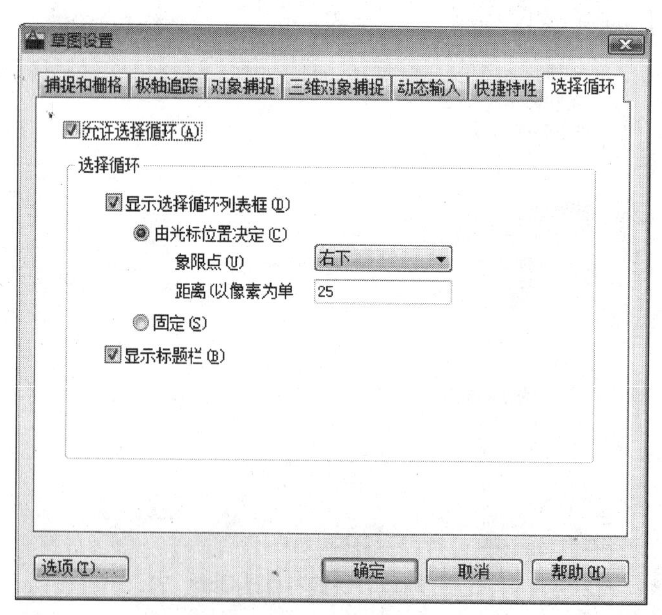

图 2.18 选择循环选项卡

(1) 允许选择循环：选择循环开关。

(2) 显示选择循环列表框：显示“选择循环”列表框。

由光标位置决定 相对于光标移动列表框。

象限 指定光标将列表框定位到的象限。

距离(以像素为单位) 指定光标与列表框之间的距离。

静态 列表框不随光标一起移动，仍在原来的位置。若要更改列表框的位置，请单击并拖动。

(3) 显示标题栏：标题栏的开关。若要节省屏幕空间，可关闭标题栏。

9) 正交模式

操　作　卡

工具栏：状态栏 →正交

可通过单击状态栏上的“正交”按钮或结合<F8>键启用/关闭正交功能。使用正交功能可将光标限制在水平或垂直方向上移动，以便于精确地创建和修改对象，该功能取决于当前的捕捉对象、UCS 或栅格和捕捉设置。此外，使用该功能，不仅可以创建垂直和水平对象，还可以增强平行性或创建自现有对象的常规偏移。

在三维视图中，正交模式也定义为平行于 UCS 的 Z 轴，并且工具提示将根据沿 Z 轴的方向显示有角度的+Z 或−Z。

2.5.2 查询对象的特性

操　作　卡

功能区：“常用”选项卡 →“实用工具”面板→“测量”下拉列表 →“距离”

菜单：“工具”“查询”→“距离”

工具栏：查询

命令行输入：MEASUREGEOM

操作提示列表：

输入选项 [距离(D)/半径(R)/角度(A)/面积(AR)/体积(V)] <距离>：指定距离、半径、角度、面积或体积

提示说明：

信息以当前单位格式显示在命令提示下和工具提示中。

(1) 距离：测量指定点之间的距离。以下信息显示在命令提示处和工具提示中：

多点：计算基于现有直线段和当前橡皮带线的最新总距离。总长将随光标移动进行更新，并显示在工具提示中。

(2) 半径：测量指定圆弧或圆的半径和直径。

(3) 角度：测量指定圆弧、圆、直线或顶点的角度。

圆弧 测量圆弧的角度。

圆 测量圆中指定的角度。角度会随光标的移动进行更新。

直线 测量两条直线之间的角度。

顶点 测量顶点的角度。

(4) 面积：测量对象或定义区域的面积和周长。

指定角点 计算由指定点所定义的面积和周长。

增加面积 打开"加"模式，并在定义区域时即时保持总面积。

减少面积 从总面积中减去指定的面积。命令提示下和工具提示中将显示总面积和周长。

(5) 体积：测量对象或定义区域的体积。

对象 测量对象或定义区域的体积。

增加体积 打开"加"模式，并在定义区域时保存最新总体积。

减去体积 打开"减"模式，并从总体积中减去指定体积。

2.5.3 绘图次序

操 作 卡

功能区："常用"选项卡 →"修改"面板 →"前置"

菜单："工具"→"绘图次序"

工具栏：绘图次序

命令行输入：DRAWORDER

快捷菜单：选择对象，单击鼠标右键，然后单击"绘图次序"，如图2.19所示

更改图像和其他对象的绘制顺序。

操作提示列表：

选择对象：使用对象选择方法

输入对象排序选项［对象上(A)/对象下(U)/最前(F)/最后(B)］<最后>：输入选项或按 Enter 键

提示说明：

(1) 对象上：将选定对象移动到指定参照对象的上面。

(2) 对象下：将选定对象移动到指定参照对象的下面。

(3) 最前：将选定对象移动到图形中对象顺序的顶部。

(4) 最后：将选定对象移动到图形中对象顺序的底部。

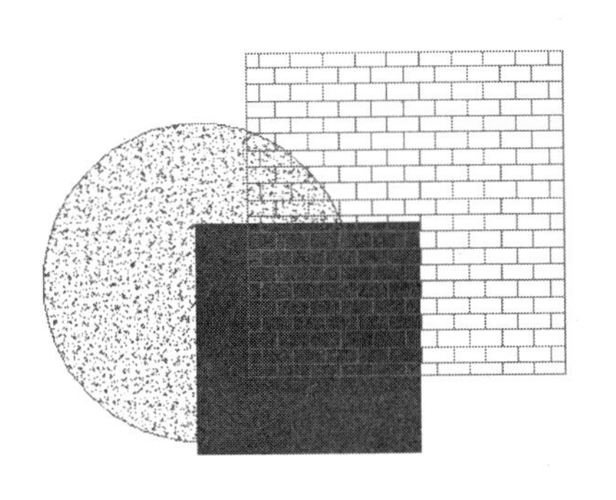

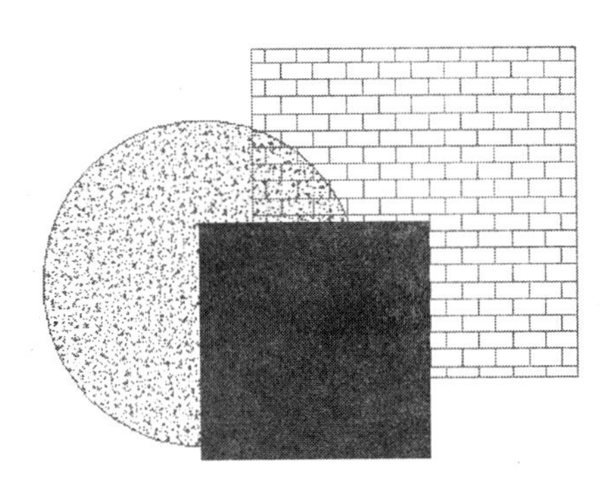

图 2.19　绘图程序顺序显示

2.5.4　重画与重生成图形

操　作　卡

- 菜单："视图"→"重画"
- 菜单："视图"→"重生成"
- 命令行输入：REDRAWALL、REGEN

当 BLIPMODE 打开时，将从所有视口中删除编辑命令留下的点标记。

重生成(REGEN)在当前视口中重生成整个图形并重新计算所有对象的屏幕坐标。同时还可以重新生成图形数据库的索引，以优化显示和对象选择性能，如图2.20所示。

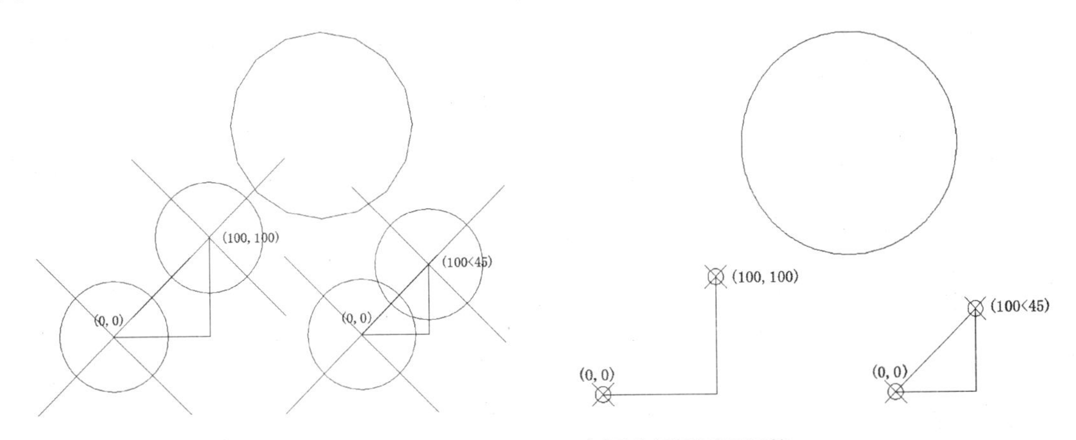

图 2.20　左边没有 REGEN，点屏幕显示圆不规整，右边使用 REGEN 刷新就正常显示

2.5.5　缩放

操　作　卡

- 功能区："视图"选项卡 →"导航"面板 →"实时"
- 菜单："视图"→"缩放"→"实时"

工具栏：标准

命令行输入：ZOOM

快捷菜单：没有选定对象时，在绘图区域单击鼠标右键并选择“缩放”选项进行实时缩放

可以通过放大和缩小操作更改视图的比例，类似于使用相机进行缩放。使用 ZOOM 不会更改图形中对象的绝对大小。它仅更改视图的比例。

操作提示列表：

指定窗口角点，输入比例因子(nX 或 nXP)，或［全部(A)/中心点(C)/动态(D)/范围(E)/上一个(P)/比例(S)/窗口(W)/对象(O)］<实时>。

提示说明：

(1) 全部：缩放以显示所有可见对象和视觉辅助工具。模型使用由所有可见对象计算的较大范围或所有可见对象和某些视觉辅助工具的范围填充窗口。视觉辅助工具可能是模型的栅格、小控件或其他内容。

(2) 中心点：缩放以显示由中心点和比例值/高度所定义的视图。高度值较小时增加放大比例。高度值较大时减小放大比例。

(3) 动态：使用矩形视图框进行平移和缩放。视图框表示视图，可以更改它的大小或在图形中移动。移动或调整大小时，可将其中的视图平移或缩放，以充满整个视口。要更改视图框的大小，单击后调整其大小，然后再次单击以接受视图框的新大小。若要使用视图框进行平移，请将其拖动到所需的位置，然后按 Enter 键。

(4) 范围：缩放以显示所有对象的最大范围。计算模型中每个对象的范围，并使用这些范围来确定模型应填充窗口的方式。

(5) 上一个：缩放显示上一个视图。最多可恢复此前的 10 个视图。

(6) 比例：使用比例因子缩放视图以更改其比例。

(7) 窗口：缩放显示矩形窗口指定的区域。使用光标，可以定义模型区域以填充整个窗口。

(8) 对象：缩放以便尽可能大地显示一个或多个选定的对象并使其位于视图的中心。可以在启动 ZOOM 命令前后选择对象。

(9) 实时：交互缩放以更改视图的比例。光标将变为带有加号(+)和减号(−)的放大镜。若要退出缩放，按 Enter 键或 Esc 键。

2.5.6　平移视图

操　作　卡

功能区：“视图”选项卡 →“导航”面板 →“平移”

菜单：“视图”→“平移”→“实时”

工具栏：标准

命令行输入：PAN

快捷菜单：不选定任何对象，在绘图区域单击鼠标右键然后选择“平移”

操作提示列表：

按 Esc 或 Enter 键退出，或单击鼠标右键显示快捷菜单。

如果在命令提示下输入 PAN，PAN 将显示命令提示，用户可以指定用于平移图形显示的位移。

将光标放在起始位置，然后按下鼠标键。将光标拖动到新的位置。还可以按下鼠标滚轮或鼠标中键，然后拖动光标进行平移。

2.5.7　三维导航立方体视图

ViewCube 工具是在二维模型空间或三维视觉样式中处理图形时显示的导航工具。使用 ViewCube 工具，可以在标准视图和等轴测视图间切换，如图 2.21 所示。

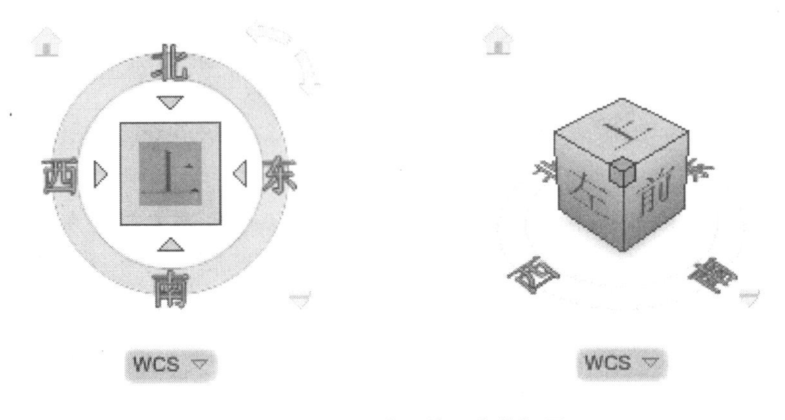

图 2.21　三维导航立方体视图

ViewCube 工具是一种可单击、可拖动的常驻界面，用户可以用它在模型的标准视图和等轴测视图之间进行切换。ViewCube 工具显示后，将在窗口一角以不活动状态显示在模型上方。ViewCube 工具在视图发生更改时可提供有关模型当前视点的直观反映。将光标放置在 ViewCube 工具上后，ViewCube 将变为活动状态。可以拖动或单击 ViewCube，来切换到可用预设视图之一、滚动当前视图或更改为模型的主视图。

(1) 控制 ViewCube 的外观：ViewCube 工具以不活动状态或活动状态显示。当 ViewCube 工具处于不活动状态时，默认情况下它显示为半透明状态，这样便不会遮挡模型的视图。当 ViewCube 工具处于活动状态时，它显示为不透明状态，并且可能会遮挡模型当前视图中对象的视图。除控制 ViewCube 工具在不活动时的不透明度级别，还可以控制 ViewCube 工具的以下特性：大小、位置、UCS 菜单的显示、默认方向、指南针显示。

(2) 使用指南针：指南针显示在 ViewCube 工具的下方并指示为模型定义的北向。可以单击指南针上的基本方向字母以旋转模型，也可以单击并拖动其中一个基本方向字母或指南针圆环以绕轴心点以交互方式旋转模型。

(3) 操作步骤：

① 在当前视口中显示或隐藏 ViewCube 工具的步骤：

(1) 在命令提示下，输入 options，然后按 Enter 键。
(2) 在“选项”对话框 →“三维建模”选项卡 →“显示 ViewCube 或 UCS 图标”中。
在二维模型空间中，选中该复选框以在二维模型空间的所有视口和图形中显示 ViewCube 工具；/在三维模型空间中，选中该复选框以在三维模型空间的所有视口和图形中显示 ViewCube 工具。
(3) 依次单击“视图”选项卡 →“窗口”面板 →“用户界面”下拉菜单“ViewCube”。
(4) 选中或取消选中该复选框以在当前视口中隐藏或显示 ViewCube。

② 在所有视口和图形中显示或隐藏 ViewCube 工具的步骤：

(1) 在命令提示下，输入 OPTIONS，然后按 Enter 键。
(2) 在“选项”对话框 →“三维建模”选项卡→“显示 ViewCube 或 UCS 图标”中。
在二维模型空间中，选中或取消选中该复选框以在二维模型空间的所有视口和图形中隐藏或显示 ViewCube 工具；/在三维模型空间中，选中或取消选中该复选框以在三维模型空间的所有视口和图形中隐藏或显示 ViewCube 工具。

③ 控制 ViewCube 工具位置的步骤：

(1) 依次单击“视图”选项卡 →“窗口”面板 →“用户界面”下拉菜单→ “ViewCube”。在命令提示下，输入 NAVVCUBE。
(2) 在 ViewCube 工具上单击鼠标右键，然后单击“ViewCube 设置”。
(3) 在“ViewCube 设置”对话框的“显示”中，从“屏幕位置”下拉列表中选择其中一个可用位置。
(4) 单击“确定”。

④ 控制 ViewCube 工具的大小的步骤：

(1) 依次单击“视图”选项卡 →“窗口”面板 →“用户界面”下拉菜单 “ViewCube”。在命令提示下，输入 NAVVCUBE。
(2) 在 ViewCube 工具上单击鼠标右键，然后单击“ViewCube 设置”。
(3) 在“ViewCube 设置”对话框“显示”的“ViewCube 大小”中，选择或清除“自动”。如果已清除“自动”，请向左或向右拖动“ViewCube 大小”滑块。向左拖动滑块会减小 ViewCube 工具的大小，而向右拖动滑块会增加 ViewCube 工具的大小。
(4) 单击“确定”。

⑤ 控制 ViewCube 工具不活动时的不透明度的步骤：

(1) 依次单击“视图”选项卡→“窗口”面板→“用户界面”下拉菜单“ViewCube”。在命令提示下，输入 NAVVCUBE。

(2) 在 ViewCube 工具上单击鼠标右键，然后单击“ViewCube 设置”。

(3) 在“ViewCube 设置”对话框的“显示”下，向左或向右拖动“不活动时的不透明度”滑块。向左拖动滑块会增加 ViewCube 工具的透明度，而向右拖动滑块会增加 ViewCube 工具的不透明度。

(4) 单击“确定”。

⑥ 显示 ViewCube 工具的指南针的步骤：

(1) 依次单击“视图”选项卡→“窗口”面板→“用户界面”下拉菜单“ViewCube”。在命令提示下，输入 NAVVCUBE。

(2) 在 ViewCube 工具上单击鼠标右键，然后单击“ViewCube 设置”。

(3) 在“ViewCube 设置”对话框中，选择“在 ViewCube 下方显示指南针”。指南针显示在 ViewCube 工具下方，用于指示模型中的北向。

(4) 单击“确定”。

练习思考题

(1) 在绘制图形中如何设置对象捕捉？

(2) 如何查询多个封闭对象面积？

第3章　AutoCAD 创建二维图形园林对象

在 AutoCAD 2011 中文版中创建二维图形是绘图基础，使用“绘图”菜单中的命令，可以绘制点、直线、圆、圆弧和多边形等简单园林平面、立面二维图形，结合园林制图基本知识熟练地掌握其绘制方法和技巧，本章通过小游园设计绘制过程掌握 CAD 基本工具的综合运用。

教学目标：通过本章的学习，应掌握在 AutoCAD 2011 中绘制园林二维图形对象的基本方法，绘制点、直线、射线、构造线和多线，矩形和正多边形，以及圆、圆弧、椭圆和椭圆弧对象的绘制方法。

教学重点：AutoCAD 2011 中绘制各种基本绘图工具运用，掌握二维图形对象的基本绘制方法。

教学难点：多线的设置与运用。

3.1 创建直线

“直线”是各种绘图中最常用、最简单的一类图形对象，只要指定了起点和终点即可绘制一条直线。在 AutoCAD 2011 中，可以用二维坐标(x, y)或三维坐标(x, y, z)来指定端点，也可以混合使用二维坐标和三维坐标。如果输入二维坐标，AutoCAD 2011 将会用当前的高度作为 Z 轴坐标值，默认值为 0。

操　作　卡

功能区：“常用”选项卡 →“绘图”面板 →“直线”

菜单：“绘图”→“直线”

工具栏：绘图

命令行输入：LINE

操作提示列表：

指定第一个点：指定点或按 Enter 键从上一条绘制的直线或圆弧继续绘制

指定下一点或 [关闭(C)/放弃(U)]：

提示说明：

(1) 继续：从最近绘制的直线的端点延长它。如最近绘制的对象是一条圆弧，则它的端点将定义为新直线的起点，并且新直线与该圆弧相切。

(2) 关闭：以第一条线段的起始点作为最后一条线段的端点，形成一个闭合的线段环。在绘制了一系列线段(两条或两条以上)之后，可以使用“闭合”选项。

(3) 放弃：删除直线序列中最近绘制的线段。多次输入 u 按绘制次序的逆序逐个删除线段。

示例：

小游园整体框架设计绘制，按要求绘制 17 000×17 200 设计范围。

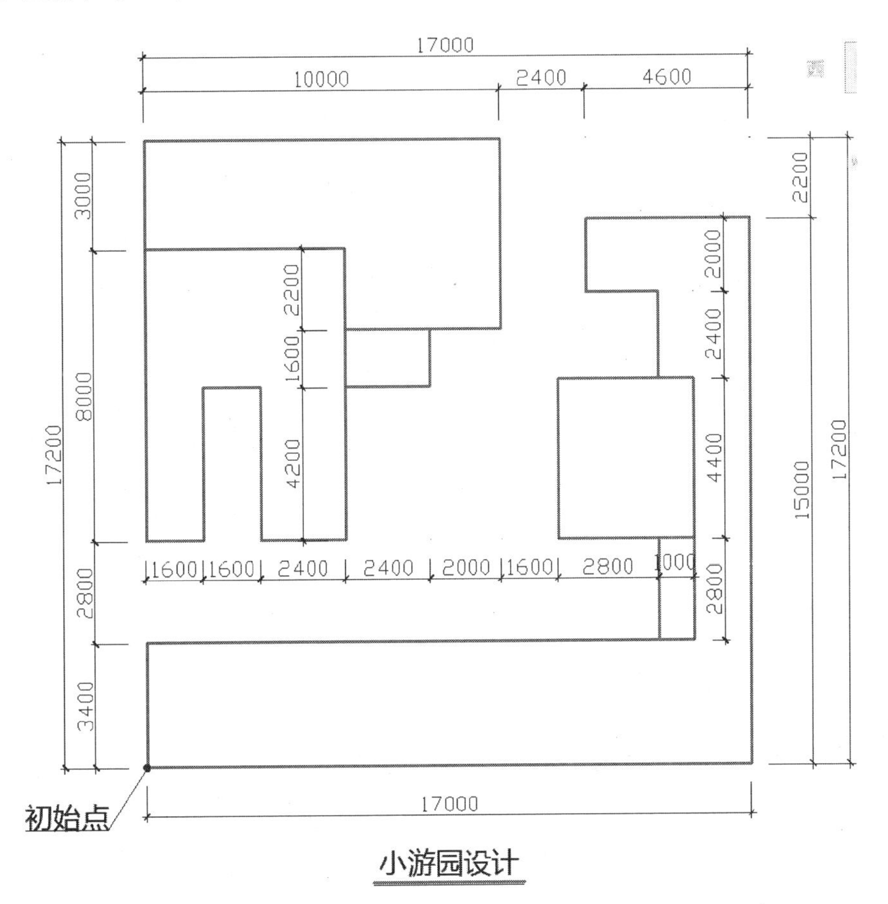

图 3.1　小游园设计详细尺寸

(1) 新建对应图层：“边框”、“文字标释”、“尺寸标注”、“辅助性”等需要的图层，在以后的绘制过程中可以再补充需要的图层。

(2) 在状态栏打开“极轴”命令。

(3) 命令行输入快捷命令 LINE(L) 在绘图区任意选一点，这点作为初始点。

(4) 利用水平极轴线沿着正 X 方向输入 17 000，沿 Y 正方向输入 15 000，沿 X 反方向输入 4 600 和 2 400，沿 Y 正方向输入 2 200，沿 X 反方向输入 10 000，沿 Y 反方向输入 11 000、2 800 和 3 400，回到初始点得到规划外轮廓。

(5) 利用极轴或正交的方式输入如图标注的尺寸(见图 3.1)，绘制完成得到如图 3.2 所示的小游园设计外轮廓图。

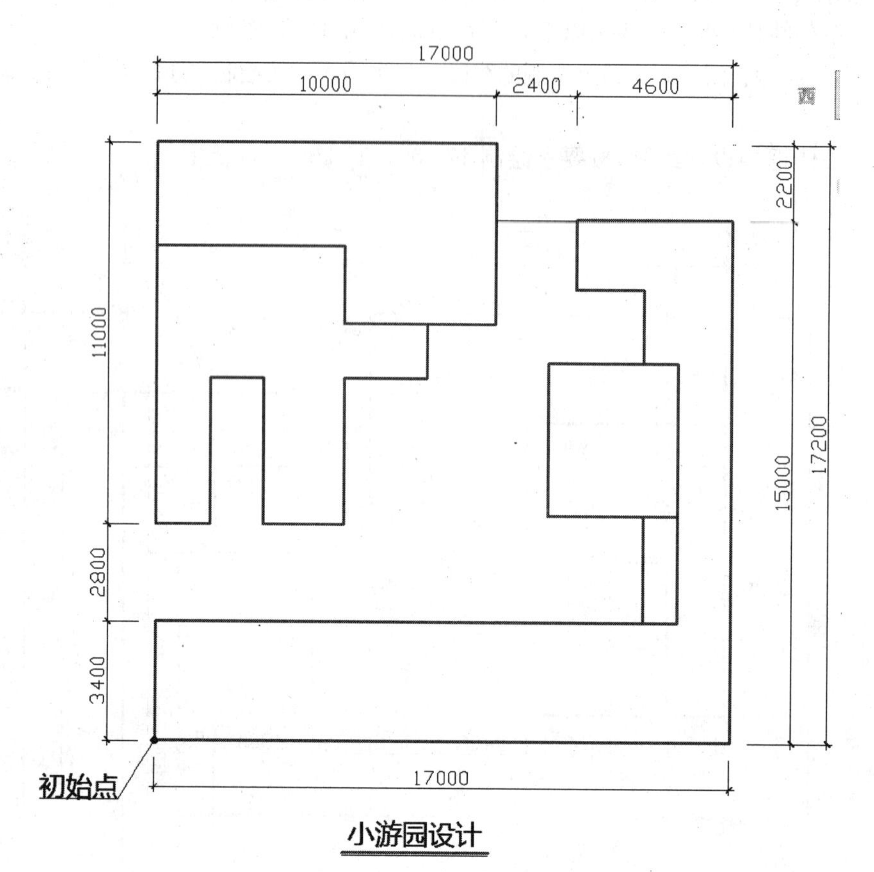

图 3.2 小游园设计外轮廓图

3.2 创建射线

操 作 卡

- 功能区："常用"选项卡 →"绘图"面板 →"射线"
- 菜单："绘图"→"射线"
- 命令行输入：RAY

射线为一端固定，另一端无限延伸的直线。射线一般在园林制图主要用于绘制辅助线。

操作提示列表：

指定起点：指定点(1)

指定通过点：指定射线要通过的点(2)

示例：

绘制小游园设计中需要的辅助定位线。

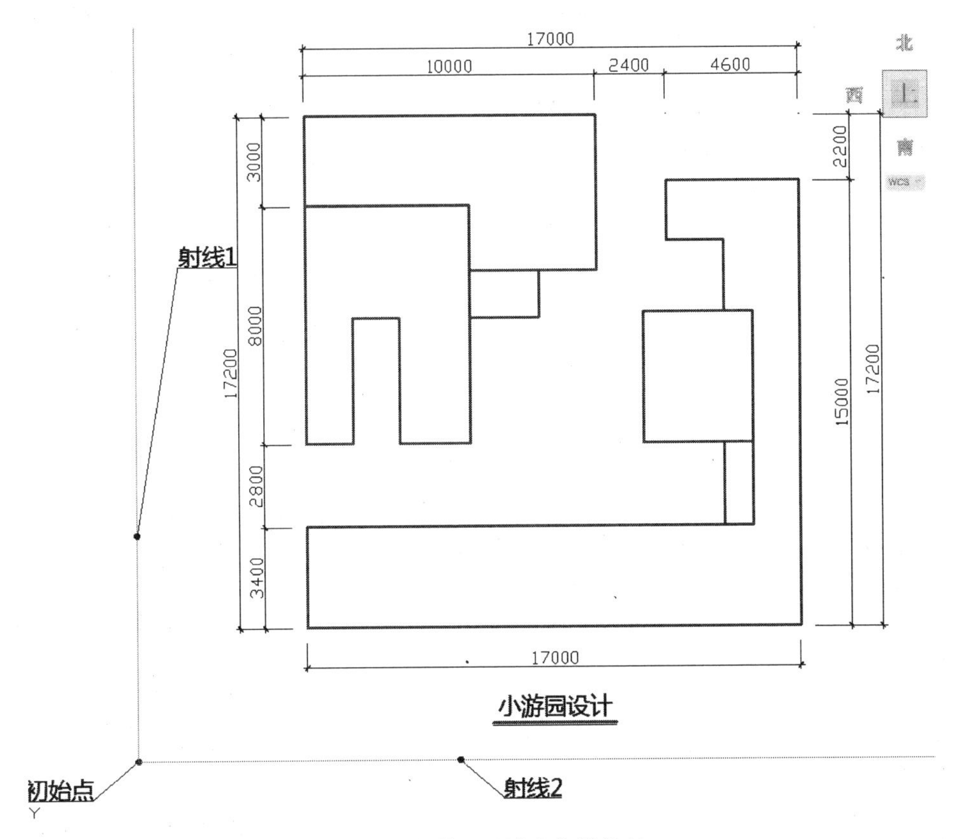

图 3.3　小游园设计定位线绘制

(1) 新建辅助性图层 2，设颜色为 9 号。
(2) 命令：RAY 指定起点(初始点)。
(3) 指定通过点：射线 1 点。
(4) 指定通过点：射线 2 点。
(5) 射线绘制结束，如图 3.3 所示，定位线可以通过以后偏移工具或阵列工具进行操作完成。

3.3　创建构造线

操　作　卡

- 功能区："常用"选项卡→"绘图"面板→"构造线"
- 菜单："绘图"→"构造线"
- 工具栏：绘图
- 命令行输入：XLINE

可以使用无限延伸的线(例如构造线)来创建构造和参考线,并且其可用于修剪边界。

操作提示列表:

指定点或[水平(H)/垂直(V)/角度(A)/二等分(B)/偏移(O)]

提示说明:

(1) 点:用无限长直线所通过的两点定义构造线的位置。将创建通过指定点的构造线。

(2) 水平:创建一条通过选定点的水平参照线。

(3) 垂直:创建一条通过选定点的垂直参照线。

(4) 角度:以指定的角度创建一条参照线。

构造线角度　指定放置直线的角度。

参照　指定与选定参照线之间的夹角。此角度从参照线开始按逆时针方向测量。

(5) 二等分:创建一条参照线,它经过选定的角顶点,并且将选定的两条线之间的夹角平分。此构造线位于由三个点确定的平面中。

(6) 偏移:创建平行于另一个对象的参照线。

(7) 偏移距离:指定构造线偏离选定对象的距离。

(8) 通过:创建从一条直线偏移并通过指定点的构造线。

示例:

运用构造线工具绘制间距 2 000 mm 的定位辅助线。

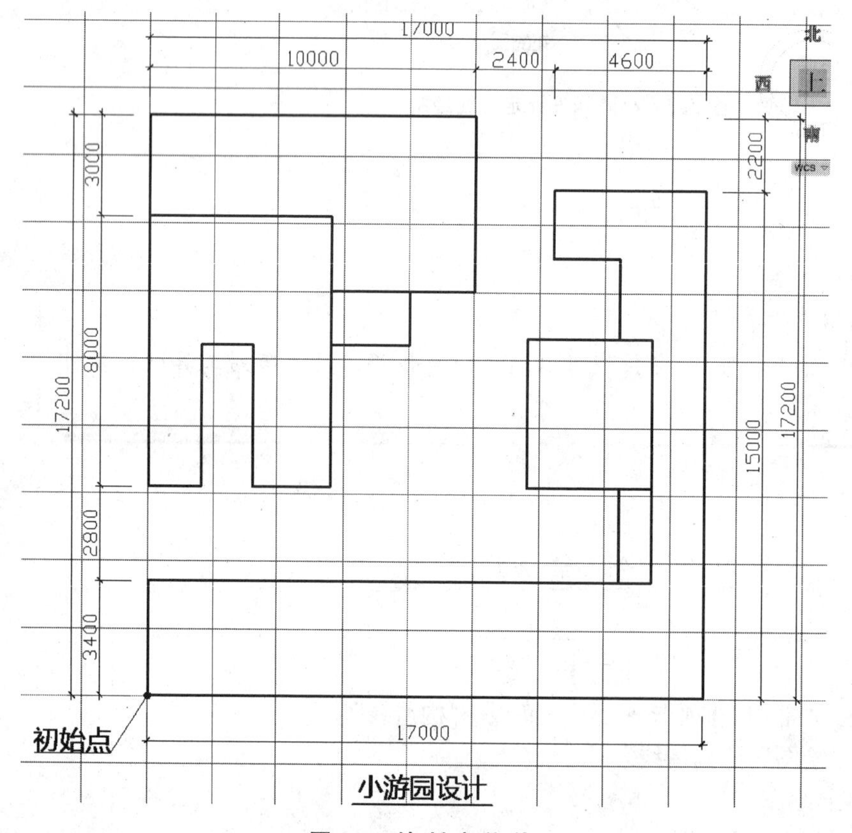

(1) 命令:XLINE
指定点或[水平(H)/垂直(V)/角度(A)/二等分(B)/偏移(O)]:初始点

(2) 指定通过点:极轴 X 方向任意点

(3) 指定通过点:极轴 Y 方向任意点

(4) 指定通过点:空格键结束

图 3.4　绘制定位线

(5) 命令：XLINE 指定点或［水平(H)/垂直(V)/角度(A)/二等分(B)/偏移(O)］：O
(6) 指定偏移距离或［通过(T)］＜通过＞：2000
(7) 选择直线对象：X 轴构造线
(8) 指定向哪侧偏移：选择左边或右边
(9) ……
(10) 超过设计范围即可
(11) 指定向哪侧偏移：Y 轴构造线
(12) 选择直线对象：选择左边或右边
(13) ……
(14) 超过设计范围即可
(15) 定位线绘制完成如图 3.4 所示，如果暂时不需要可以隐藏该图层

3.4　创建多段线

在 AutoCAD 中，“多段线”是一种非常有用的线段对象，它是由多段直线段或圆弧段组成的一个组合体，既可以一起编辑，也可以分别编辑，还可以具有不同的宽度。

操　作　卡

- 功能区：“常用”选项卡 →“绘图”面板 →“多段线”
- 菜单：“绘图”→“多段线”
- 工具栏：绘图
- 命令行输入：PLINE

二维多段线是作为单个平面对象创建的相互连接的线段序列。可以创建直线段、圆弧段或两者的组合线段。在园林设计中也可以替代直线工具，绘出整体直线。

操作提示列表：

指定起点：指定点

当前线宽为 ＜当前值＞

指定下一个点或［圆弧(A)/关闭(C)/半宽(H)/长度(L)/放弃(U)/宽度(W)］：指定点或输入选项

提示说明：

(1) 下一点：绘制一条直线段。将显示前一个提示。

(2) 圆弧：将圆弧段添加到多段线中。

(3) 关闭：从指定的最后一点到起点绘制直线段，从而创建闭合的多段线。必须至少指定两个点才能使用该选项。

(4) 半宽：指定从宽多段线线段的中心到其一边的宽度。

(5) 长度：在与上一线段相同的角度方向上绘制指定长度的直线段。如果上一线段是圆弧，将绘制与该圆弧段相切的新直线段。

(6) 放弃：删除最近一次添加到多段线上的直线段。

(7) 宽度：指定下一条直线段的宽度。

示例 1：

在小游园设计中创建方向箭头。

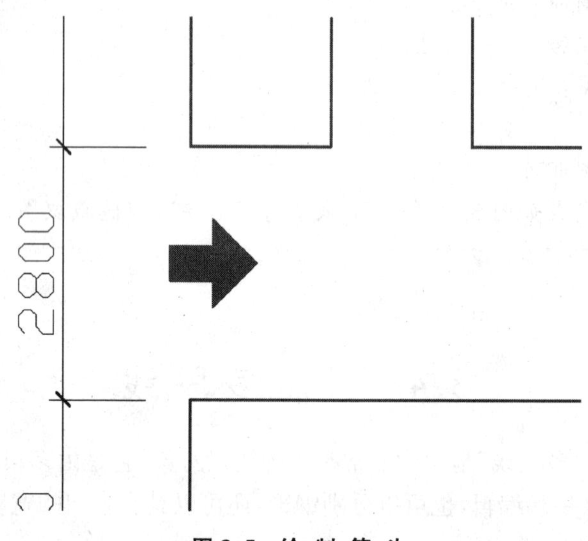

图 3.5 绘制箭头

(1) 新建"箭头"图层，设置颜色为红色
(2) 命令：PLINE
(3) 指定起点：任意点
(4) 当前线宽为 0.0000
(5) 指定下一点或[圆弧(A)/半宽(H)/长度(L)/放弃(U)/宽度(W)]：W
(6) 指定起点宽度 <0.0000>：200
(7) 指定端点宽度 <200.0000>：200
(8) 指定下一点或[圆弧(A)/半宽(H)/长度(L)/放弃(U)/宽度(W)]：250
(9) 指定下一点或[圆弧(A)/闭合(C)/半宽(H)/长度(L)/放弃(U)/宽度(W)]：W
(10) 指定起点宽度 <200.0000>：500
(11) 指定端点宽度 <500.0000>：0
(12) 指定下一点或[圆弧(A)/闭合(C)/半宽(H)/长度(L)/放弃(U)/宽度(W)]：250
(13) 箭头绘制结束，如图 3.5 所示

示例 2：

绘制小游园中一块鹅软石铺装地块。

(1) 选择边框图层作为当前图层，打开极轴
(2) 命令：PLINE
(3) 指定起点：捕捉端点A
(4) 当前线宽为 0.0000
(5) 指定下一个点或［圆弧(A)/半宽(H)/长度(L)/放弃(U)/宽度(W)］：300
(6) 指定下一点或［圆弧(A)/闭合(C)/半宽(H)/长度(L)/放弃(U)/宽度(W)］：A
(7) 指定圆弧的端点或［角度(A)/圆心(CE)/闭合(CL)/方向(D)/半宽(H)/直线(L)/半径(R)/第二个点(S)/放弃(U)/宽度(W)］：鼠标控制点

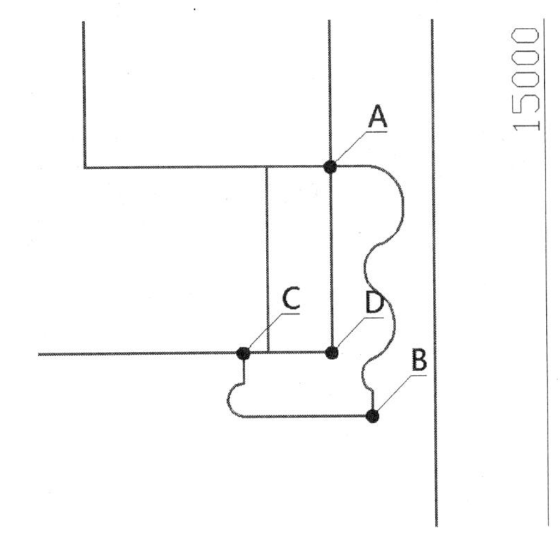

图3.6 绘制多段线外轮廓

(8) 指定圆弧的端点或［角度(A)/圆心(CE)/闭合(CL)/方向(D)/半宽(H)/直线(L)/半径(R)/第二个点(S)/放弃(U)/宽度(W)］：鼠标控制点
(9) 指定圆弧的端点或［角度(A)/圆心(CE)/闭合(CL)/方向(D)/半宽(H)/直线(L)/半径(R)/第二个点(S)/放弃(U)/宽度(W)］：鼠标控制点
(10) 指定圆弧的端点或［角度(A)/圆心(CE)/闭合(CL)/方向(D)/半宽(H)/直线(L)/半径(R)/第二个点(S)/放弃(U)/宽度(W)］：鼠标控制点
(11) 指定圆弧的端点或［角度(A)/圆心(CE)/闭合(CL)/方向(D)/半宽(H)/直线(L)/半径(R)/第二个点(S)/放弃(U)/宽度(W)］：L
(12) 指定下一点或［圆弧(A)/闭合(C)/半宽(H)/长度(L)/放弃(U)/宽度(W)］：鼠标控制点B
(13) 指定下一点或［圆弧(A)/闭合(C)/半宽(H)/长度(L)/放弃(U)/宽度(W)］：1000
(14) 指定下一点或［圆弧(A)/闭合(C)/半宽(H)/长度(L)/放弃(U)/宽度(W)］：a
(15) 指定圆弧的端点或［角度(A)/圆心(CE)/闭合(CL)/方向(D)/半宽(H)/直线(L)/半径(R)/第二个点(S)/放弃(U)/宽度(W)］：鼠标控制点
(16) 指定圆弧的端点或［角度(A)/圆心(CE)/闭合(CL)/方向(D)/半宽(H)/直线(L)/半径(R)/第二个点(S)/放弃(U)/宽度(W)］：L
(17) 指定下一点或［圆弧(A)/闭合(C)/半宽(H)/长度(L)/放弃(U)/宽度(W)］：捕捉垂直点C
(18) 指定下一点或［圆弧(A)/闭合(C)/半宽(H)/长度(L)/放弃(U)/宽度(W)］：捕捉端点C
(19) 指定下一点或［圆弧(A)/闭合(C)/半宽(H)/长度(L)/放弃(U)/宽度(W)］：C
(20) 绘制完成鹅软石铺装边框外轮廓，如图所示3.6

3.5 创 建 圆

操 作 卡

- 功能区："常用"选项卡 →"绘图"面板 →"圆"下拉式菜单
- 菜单："绘图"→"圆"
- 工具栏：绘图
- 命令行输入：CIRCLE

操作提示列表：

指定圆的圆心或［三点(3P)/两点(2P)/相切、相切、半径(T)］：指定点或输入选项

提示说明：

(1) 圆心：基于圆心和直径(或半径)绘制圆。

(2) 三点(3P)：基于圆周上的三点绘制圆。

(3) 相切，相切，相切：创建相切于三个对象的圆。

(4) 两点(2P)：基于圆直径上的两个端点绘制圆。

(5) 切点、切点、半径：基于指定半径和两个相切对象绘制圆。有时会有多个圆符合指定的条件。程序将绘制具有指定半径的圆，其切点与选定点的距离最近。

示例：

小游园设计中圆形花架设计，以圆心、直径方式绘制圆。

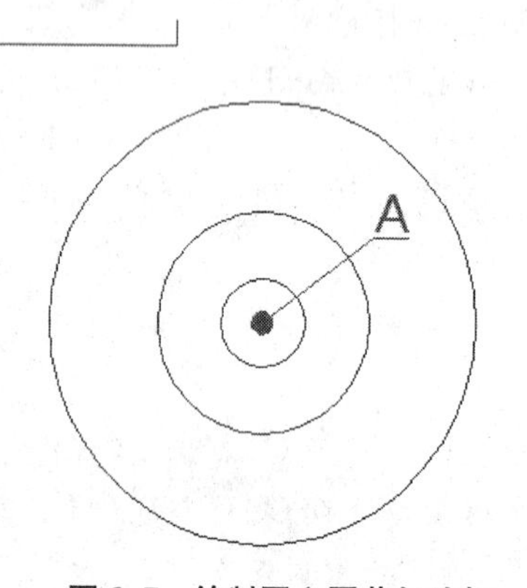

图 3.7 绘制同心圆花架边框

(1) 新建"建筑小品"图层，设置颜色为 185 号，打开对象捕捉设置圆心

(2) 命令：CIRCLE 指定圆的圆心：A 点为同心点

(3) 指定圆的半径或［直径(D)］：200、500、1000，利用对象捕捉同一圆心

(4) 绘制完成同心圆如图 3.7 所示

3.6 创建椭圆或椭圆弧

操 作 卡

- 功能区："常用"选项卡→"绘图"面板→"圆心"
- 菜单："绘图"→"椭圆"→"圆心"
- 工具栏：绘图
- 命令行输入：ELLIPSE

椭圆上的前两个点确定第一条轴的位置和长度。第三个点确定椭圆的圆心与第二条轴的端点之间的距离。

操作提示列表：

指定椭圆的轴端点或［Arc(A)/Center(C)/Isocircle(I)］：指定点或输入选项

提示说明：

(1) 轴端点：根据两个端点定义椭圆的第一条轴。第一条轴的角度确定了整个椭圆的角度。第一条轴既可定义椭圆的长轴也可定义短轴。

另一条半轴长度　使用从第一条轴的中点到第二条轴的端点的距离定义第二条轴。

旋转　通过绕第一条轴旋转圆来创建椭圆，绕椭圆中心移动十字光标并单击，输入值越大，椭圆的离心率就越大。输入 0 将定义圆。

(2) 圆弧：创建一段椭圆弧。第一条轴的角度确定了椭圆弧的角度。第一条轴可以根据其大小定义长轴或短轴。椭圆弧上的前两个点确定第一条轴的位置和长度。第三个点确定椭圆弧的圆心与第二条轴的端点之间的距离。第四个点和第五个点确定起点和端点角度。

轴端点　定义第一条轴的起点。

旋转　通过绕第一条轴旋转定义椭圆的长轴短轴比例，该值(从 0 度到 89.4 度)越大，短轴对长轴的比例就越大。89.4 度到 90.6 度之间的值无效，因为此时椭圆将显示为一条直线，这些角度值的倍数将每隔 90 度产生一次镜像效果。

起点角度　定义椭圆弧的第一端点，"起点角度"选项用于从参数模式切换到角度模式，模式用于控制计算椭圆的方法。

参数　需要同样的输入作为"起点角度"，但通过以下矢量参数方程式创建椭圆弧：

(3) 中心点：使用中心点、第一个轴的端点和第二个轴的长度来创建椭圆。可以通过单击所需距离处的某个位置或输入长度值来指定距离。

另一条半轴长度　定义第二条轴为从椭圆弧圆心(即第一条轴的中点)到指定点的距离。

旋转　通过绕第一条轴旋转圆来创建椭圆。绕椭圆中心移动十字光标并单击。输入值越大，椭圆的离心率就越大。输入 0 则定义一个圆。

(4) 等轴测圆：在当前等轴测绘图平面绘制一个等轴测圆。

半径　用指定的半径创建一个圆。

直径　用指定的直径创建一个圆。

示例：

绘制长轴 3 000，短轴 750 的椭圆。

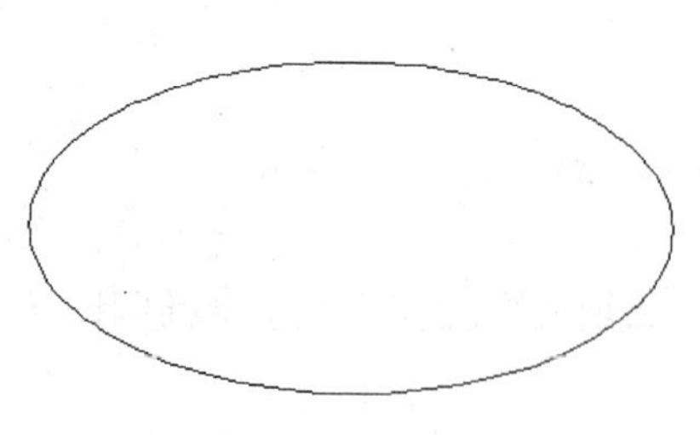

图 3.8 椭圆绘制

(1) 命令：ELLIPSE
(2) 指定椭圆的轴端点或［圆弧(A)/中心点(C)］：任意选一点
(3) 指定轴的另一个端点：3000(长轴长)
(4) 指定另一条半轴长度或［旋转(R)］：750(指定另一轴长)
(5) 结束完成，如图 3.8 所示

3.7 创建圆弧

操 作 卡

功能区："常用"选项卡 →"绘图"面板 →"圆弧"
菜单："绘图"→"圆弧"
工具栏：绘图
命令行输入：ARC

操作提示列表：

指定圆弧的起点或［圆心(C)］：指定点、输入 c 或按 ENTER 键

提示说明：

命令提示，下面操作标号如图 3.9 所示：

(1) 起点：指定圆弧的起点。注意如果未指定点就按 Enter 键，最后绘制的直线或圆弧的端点将会作为起点，并立即提示指定新圆弧的端点。这将创建一条与最后绘制的直线、圆弧或多段线相切的圆弧。

(2) 第二点：使用圆弧周线上的三个指定点绘制圆弧。第一个点(1)为起点；第三个点为端点(3)；第二个点(2)是圆弧周线上的一个点。

(3) 圆心：指定圆弧所在圆的圆心。

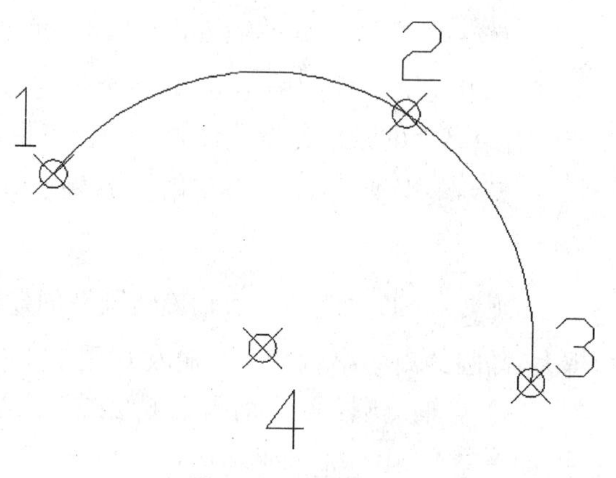

图 3.9 圆弧绘制

端点 使用圆心(4)，从起点(1)向端点逆时针绘制圆弧。端点将落在从第三点(3)到圆心的一条假想射线上。

角度 使用圆心(4)，从起点(1)按指定包含角逆时针绘制圆弧。如果角度为负，将顺时针绘制圆弧。

弦长 基于起点和端点之间的直线距离绘制劣弧或优弧。如果弦长为正值，将从起点

逆时针绘制劣弧。如果弦长为负值，将逆时针绘制优弧。

（4）端点：指定圆弧端点。

圆心 从起点（1）向端点逆时针绘制圆弧。端点将落在从圆心（4）到指定的第二点（2）的一条假想射线上。

角度 按指定包含角从起点（1）向端点（3）逆时针绘制圆弧。如果角度为负，将顺时针绘制圆弧。

方向 绘制圆弧在起点处与指定方向相切。这将绘制从起点（1）开始到端点（3）结束的任何圆弧，而不考虑是劣弧、优弧还是顺弧、逆弧。从起点确定该方向。

半径 从起点（1）向端点（3）逆时针绘制一条劣弧。如果半径为负，将绘制一条优弧。

（5）圆心：指定圆弧所在圆的圆心。

端点 从起点（1）向端点逆时针绘制圆弧。端点将落在从圆心（4）到指定点（2）的一条假想射线上。

角度 使用圆心（4），从起点（1）按指定包含角逆时针绘制圆弧。如果角度为负，将顺时针绘制圆弧。

弦长 基于起点和端点之间的直线距离绘制劣弧或优弧。如果弦长为正值，将从起点逆时针绘制劣弧。如果弦长为负值，将逆时针绘制优弧。

（6）与上一条直线、圆弧或多段线相切：在第一个提示下按 ENTER 键时，将绘制与上一条直线、圆弧或多段线相切的圆弧。

3.8 创建正多边形

操 作 卡

- 功能区：“常用”选项卡 “绘图”面板 “多边形”
- 菜单：“绘图”“多边形”
- 工具栏：绘图
- 命令行输入：POLYGON

操作提示列表：

输入侧面数 ＜当前＞：输入介于 3 和 1 024 之间的值或按 Enter 键

指定多边形的圆心或 [边(E)]：指定点(1)或输入 E

输入选项 [内接于圆(I)/外切于圆(C)] ＜当前＞：输入 I 或 C 或按 Enter 键

提示说明：

（1）正多边形圆心：定义正多边形圆心。

内接于圆 指定外接圆的半径，正多边形的所有顶点都在此圆周上。

外切于圆 指定从正多边形圆心到各边中点的距离。

(2) 边：通过指定第一条边的端点来定义正多边形。

示例：

小游园设计六角亭绘制，以边 1 500 绘制六边形，也可以通过中心点、内接圆半径来绘制多边形。

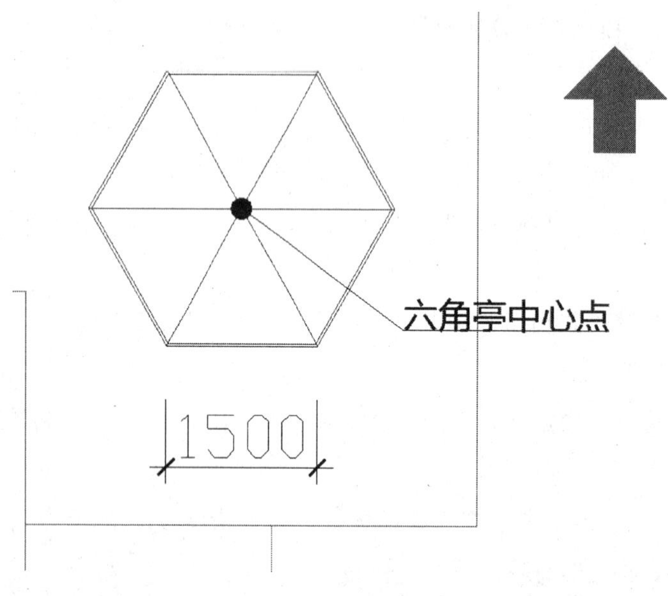

(1) 切换“建筑小品”图层为当前图层

(2) 命令：POLYGON 输入侧面数<6>：6

(3) 指定正多边形的中心点或[边(E)]：e

(4) 指定边的第一个端点：指定边的第二个端点：1500

(5) 命令：LINE 指定第一点：连接 6 个端点

图 3.10　六角亭绘制

(6) 命令：OFFSET(偏移)

(7) 当前设置：删除源=否图层=源　OFFSETGAPTYPE=0

(8) 指定偏移距离或[通过(T)/删除(E)/图层(L)]<通过>：100

(9) 选择要偏移的对象，或[退出(E)/放弃(U)]<退出>：选六边形边框

(10) 指定要偏移的那一侧上的点，或[退出(E)/多个(M)/放弃(U)]<退出>：内侧点

(11) 六角亭绘制完成，如图 3.10 所示

3.9 创建矩形

操　作　卡

- 功能区：“常用”选项卡 →“绘图”面板 →“矩形”
- 菜单：“绘图”→“矩形”
- 工具栏：绘图
- 命令行输入：RECTANG

创建矩形工具可以指定矩形参数(长度、宽度、旋转角度)并控制角的类型(圆角、倒角或直角)。

操作提示列表：

当前设置：旋转角度=0

指定第一个角点或［Chamfer(C)/Elevation(E)/Fillet(F)/Thickness(T)/Width(W)]：指定点或输入选项

提示说明：

(1) 第一个角点：指定矩形的一个角点。

另一个角点　使用指定的点作为对角点创建矩形。

面积　使用面积与长度或宽度创建矩形。如果“倒角”或“圆角”选项被激活，则区域将包括倒角或圆角在矩形角点上产生的效果。

标注　使用长和宽创建矩形。

旋转　按指定的旋转角度创建矩形。

(2) 倒角：设定矩形的倒角距离。

(3) 标高：指定矩形的标高。

(4) 圆角：指定矩形的圆角半径。

(5) 厚度：指定矩形的厚度。

(6) 宽度：为要绘制的矩形指定多段线的宽度。

示例：

绘制小游园设计中边长为 1 500 正方形木制凉亭、休闲椅和树池。

(1) 命令：RECTANG

(2) 指定第一个角点或［倒角(C)/标高(E)/圆角(F)/厚度(T)/宽度(W)]：

(3) 指定另一个角点或［面积(A)/尺寸(D)/旋转(R)]：@1500,1500

(4) 命令：LINE 指定第一点：连接端点

(5) 同样的方法可以绘制 600×1 200 长方形休息椅和 1 000×1 000 的树池。

(6) 绘制完成，如图 3.11 所示

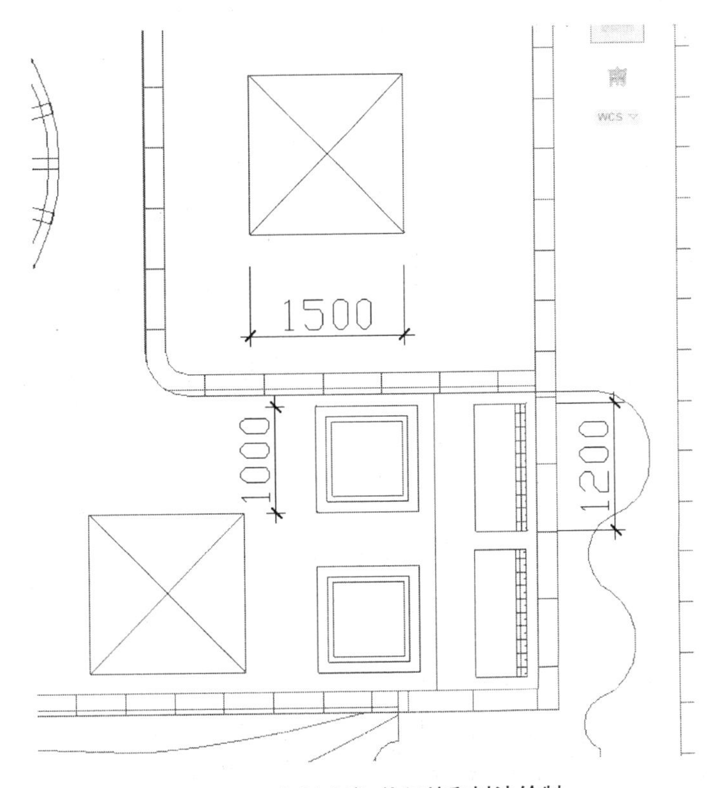

图 3.11　木制凉亭、休闲椅和树池绘制

3.10 多线的设置与创建

多线是一种由多条平行线组成的组合对象。平行线之间的间距和数目是可以调整的，多线常用于绘制园林建筑图中的墙体、道路路图等平行线对象。

3.10.1 多线样式设置

操 作 卡

菜单："格式"→"多线样式"

工具栏：自定义

命令行输入：MLSTYLE

多线样式控制元素的数目和每个元素的特性。MLSTYLE 还控制背景色和每条多线的端点封口，如图 3.12 所示。

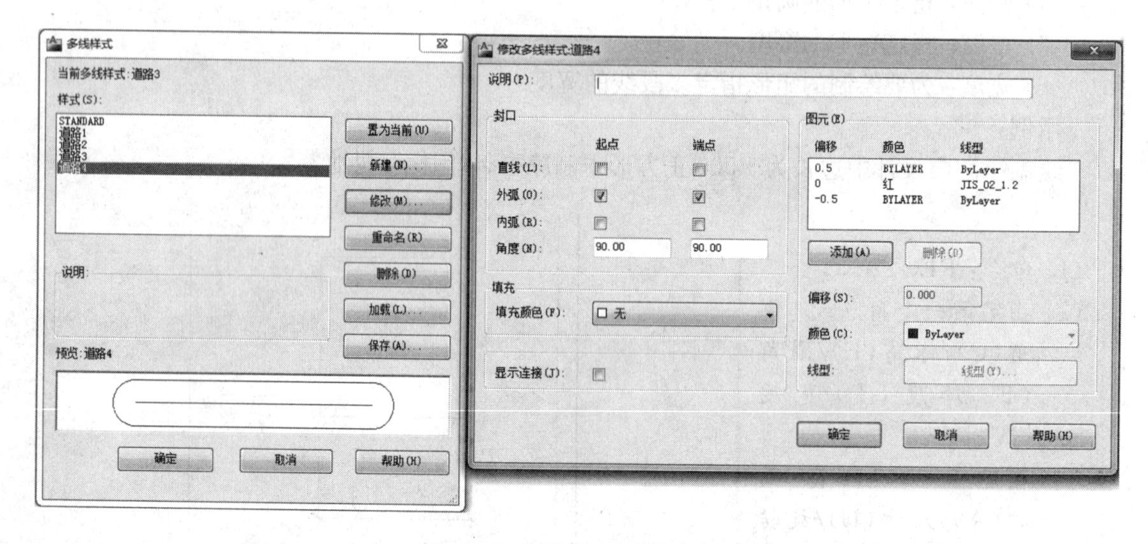

图 3.12 多线样式设置对话框

提示说明：

(1) 当前多线样式：显示当前多线样式的名称，该样式将在后续创建的多线中用到。

(2) 样式：显示已加载到图形中的多线样式列表。

(3) 说明：显示选定多线样式的说明。

(4) 预览：显示选定多线样式的名称和图像。

(5) 置为当前：设置用于后续创建的多线的当前多线样式，注意不能将外部参照中的多线样式设定为当前样式。

(6) 新建：显示"创建新的多线样式"对话框，从中可以创建新的多线样式。

(7) 修改：显示"修改多线样式"对话框，从中可以修改选定的多线样式。注意不能编辑图形中正在使用的任何多线样式的元素和多线特性。要编辑现有多线样式，必须在使用该样式绘制任何多线之前进行。

(8) 重命名：重命名当前选定的多线样式，不能重命名 STANDARD 多线样式。

(9) 删除：从“样式”列表中删除当前选定的多线样式，此操作并不能删除 MLN 文件中的样式，不能删除 STANDARD 多线样式、当前多线样式或正在使用的多线样式。

(10) 加载：显示“加载多线样式”对话框，在此可以从指定的 MLN 文件加载多线样式。

(11) 保存：将多线样式保存或复制到多线库(MLN) 文件。如果指定了一个已存在的 MLN 文件，新样式定义将添加到此文件中，并且不会删除其中已有的定义。

3.10.2　多线样式创建修改

修改多线样式对话框是设置新多线样式的特性和元素，或将其更改为现有多线样式的特征和元素，如图 3.13 所示。

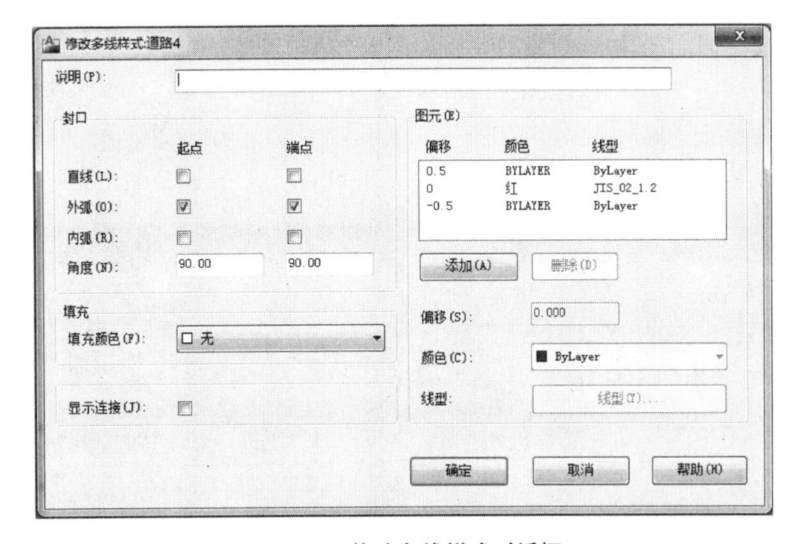

图 3.13　修改多线样式对话框

提示说明：

(1) 说明：为多线样式添加说明。

封口　控制多线起点和端点封口。

直线　显示穿过多线每一端的直线段。

外弧　显示多线的最外端元素之间的圆弧。

内弧　显示成对的内部元素之间的圆弧。

角度　指定端点封口的角度。

(2) 填充：控制多线的背景填充。

显示连接　控制每条多线线段顶点处连接的显示。接头也称为斜接。

元素　设置新的和现有的多线元素的元素特性，例如偏移、颜色和线型。

偏移、颜色和线型　显示当前多线样式中的所有元素。样式中的每个元素由其相对于

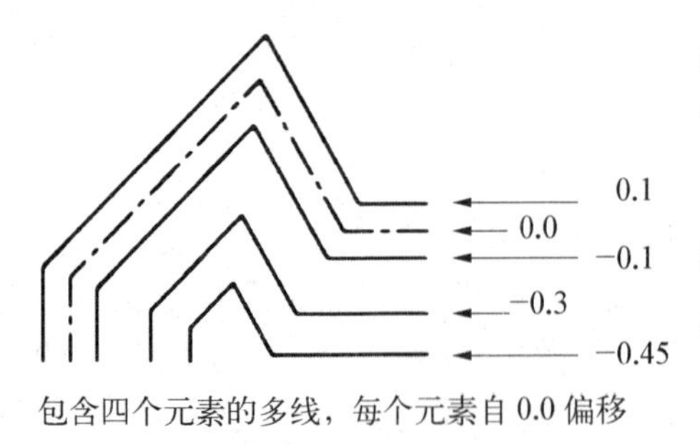

图 3.14 多线偏移设置

多线的中心、颜色及其线型定义。元素始终按它们的偏移值降序显示，如图 3.14 所示。

添加 将新元素添加到多线样式。只有为除 STANDARD 以外的多线样式选择了颜色或线型后，此选项才可用。

删除 从多线样式中删除元素。

偏移 为多线样式中的每个元素指定偏移值。

颜色 显示并设置多线样式中元素的颜色。如果选择“选择颜色”，将显示“选择颜色”对话框。

线型 显示并设置多线样式中元素的线型。如果选择“线型”，将显示“选择线型特性”对话框，该对话框列出了已加载的线型。要加载新线型，请单击“加载”。将显示“加载或重载线型”对话框。

示例：

绘制小游园设计外围简单道路，路总宽 5 000 mm。

(1) 新建“道路图层”，设置颜色为 16 号

(2) 打开多线设置，设置名称为道路 2，图形中偏移 0.5、0.3、0、−0.3、−0.5 五条线，其中 0 设置颜色为红色线型为虚线，如图 3.15 所示

(3) 命令：MLINE

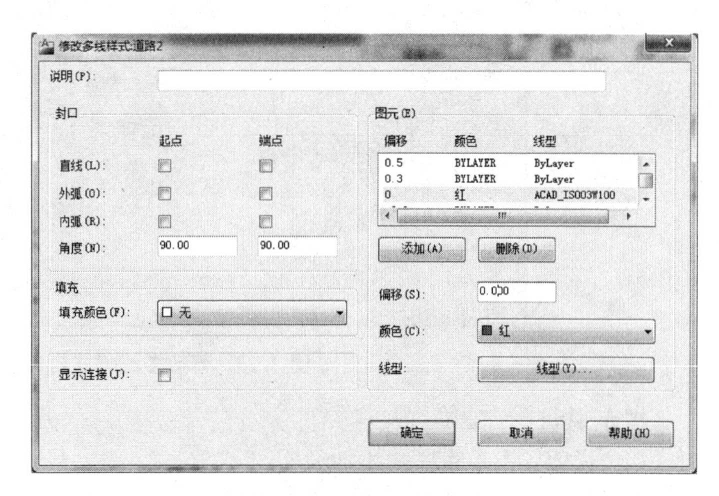

图 3.15 道路多线设置

(4) 当前设置：对正＝下，比例＝5000.00，样式＝道路 2

(5) 指定起点或[对正(J)/比例(S)/样式(ST)]：s

(6) 输入多线比例 <5000.00>：5000

(7) 当前设置：对正＝下，比例＝5000.00，样式＝道路 2

(8) 指定起点或[对正(J)/比例(S)/样式(ST)]：j

(9) 输入对正类型[上(T)/无(Z)/下(B)]<下>：b

(10) 当前设置：对正=下，比例=5000.00，样式=道路2
(11) 指定起点或[对正(J)/比例(S)/样式(ST)]：捕捉A点沿X正方向选一点
(12) 命令：MLINE
(13) 当前设置：对正=下，比例=5000.00，样式=道路2
(14) 指定起点或[对正(J)/比例(S)/样式(ST)]：j
(15) 输入对正类型[上(T)/无(Z)/下(B)]<下>：t
(16) 当前设置：对正=上，比例=5000.00，样式=道路2
(17) 指定起点或[对正(J)/比例(S)/样式(ST)]：捕捉B点沿X正方向选一点

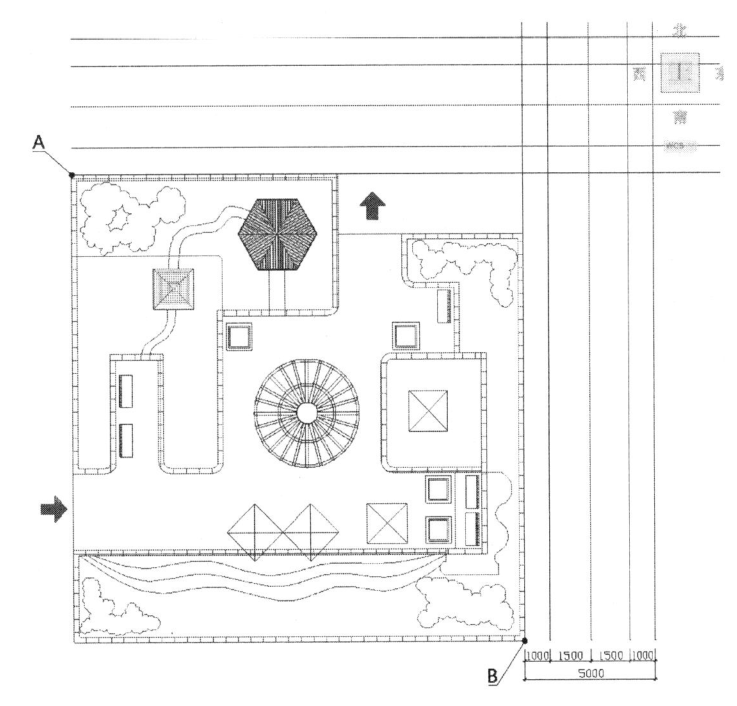

图3.16　外围道路多线图

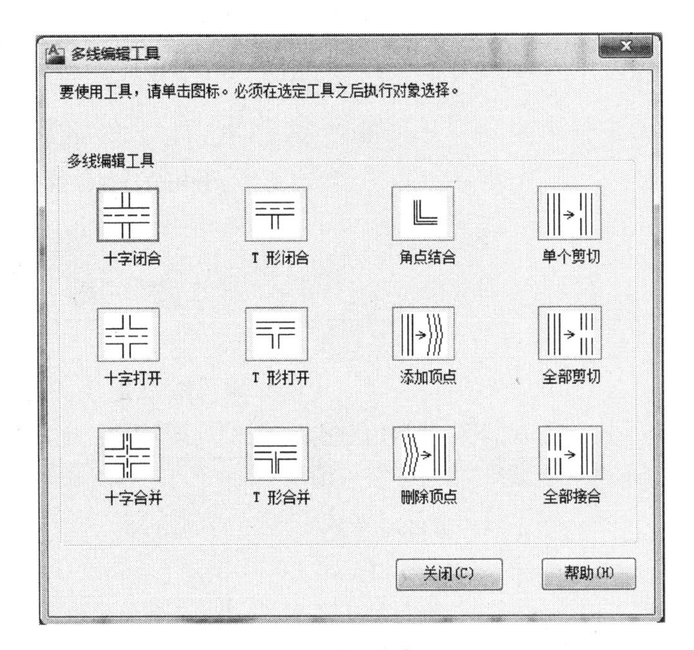

图3.17　多线编辑工具

(18) 命令完成，但十字交叉路口没有处理，如图3.16所示
(19) 点击菜单/修改/对象/多线命令，打开修改多线对话框如图3.17，选十字合并，选择两条多线，把道路交叉的部分修改如图3.18所示

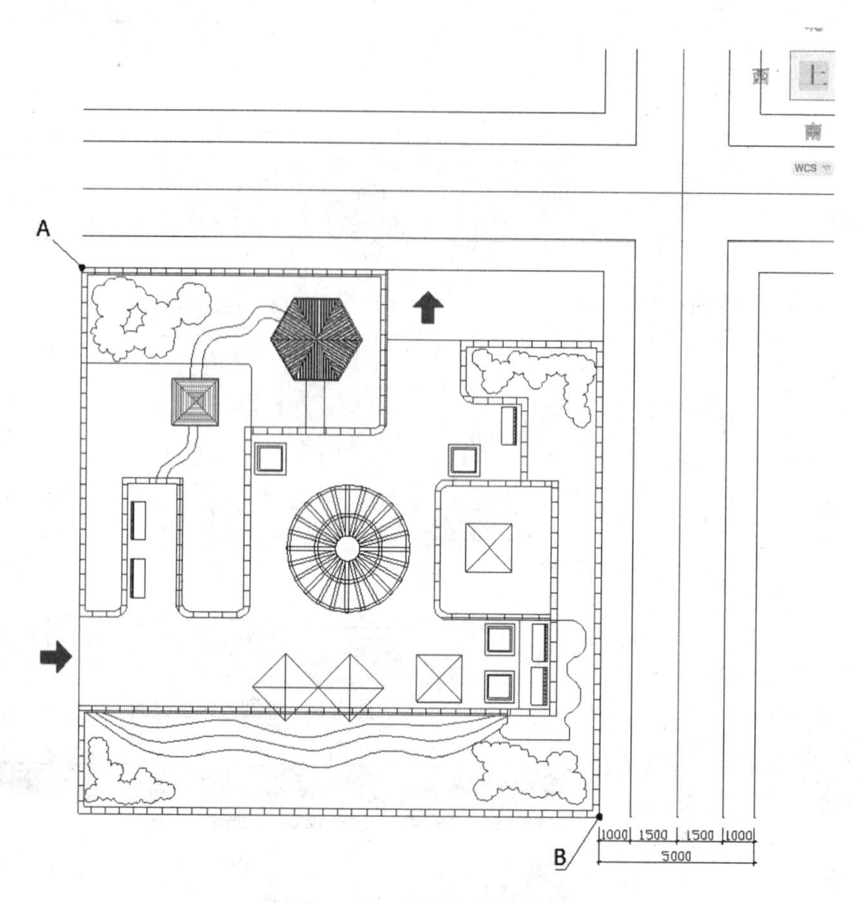

图 3.18　外围道路最终图

3.11　创建圆环

操　作　卡

- 功能区："常用"选项卡 →"绘图"面板 →"圆环"
- 菜单："绘图"→"圆环"
- 工具栏：自定义
- 命令行输入：DONUT

圆环由两条圆弧多段线组成，这两条圆弧多段线首尾相接而形成圆形。多段线的宽度由指定的内直径和外直径决定。要创建实心的圆，请将内径值指定为零。

操作提示列表：

指定圆环的内径＜当前＞：指定距离或按 Enter 键

指定圆环的外径＜当前＞：指定距离或按 Enter 键

指定圆环的圆点或＜退出＞：指定点(1)或按 Enter 键结束命令

提示说明：

如图 3.19 所示。

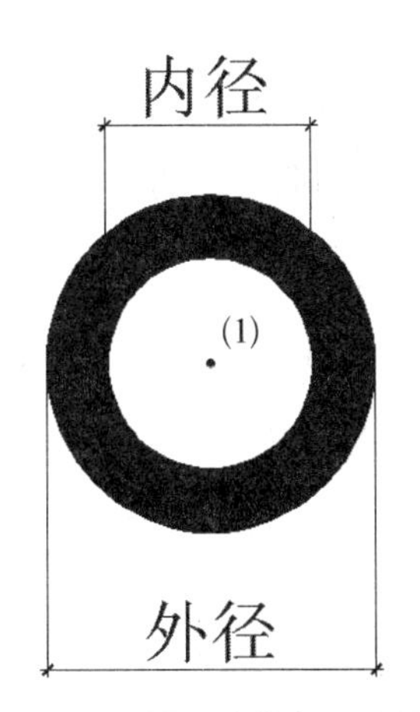

图 3.19　圆环内外径示意图

3.12　创建样条曲线

操　作　卡

- 功能区："常用"选项卡 →"绘图"面板 →"样条曲线"
- 菜单："绘图"→"样条曲线"
- 工具栏：绘图
- 命令行输入：SPLINE

可以通过两种方法在 AutoCAD 中创建样条曲线：使用拟合点或使用控制点。每种方法具有不同的选项，在园林设计中常用于自由式园路、流线型、丛栽植物、花坛、水面等。

操作提示列表：

指定第一个点或［方式(M)/阶数(K)/对象(O)］：

提示说明：

(1) 方式：控制是使用拟合点还是使用控制点来创建样条曲线。

拟合　通过指定拟合点来绘制样条曲线。

控制点　通过指定控制点来绘制样条曲线。

对象　将二维或三维的二次或三次样条曲线拟合多段线转换成等效的样条曲线并删除多段线(取决于 DELOBJ 系统变量的设置)。

下一点　输入其他曲线段，直到按 Enter 键为止。

放弃　删除最后一个指定点。

关闭　通过将最后一个点定义为与第一个点重合并使其在连接处相切，闭合样条曲线。

指定一点来定义切向矢量，或者使用“切点”和“垂足”对象捕捉模式使样条曲线与现有对象相切或垂直。

(2) 使用拟合点创建样条曲线的选项：特定于拟合点的选项会在“方式”选项设定为“拟合”时显示。

节点　指定节点参数化，它会影响曲线在通过拟合点时的形状。

起点相切　基于切向创建样条曲线。

端点相切　停止基于切向创建曲线。可通过指定拟合点继续创建样条曲线。

公差　指定距样条曲线必须经过的指定拟合点的距离。公差应用于除起点和端点外的所有拟合点。

(3) 使用控制点创建样条曲线的选项：特定于控制点的选项会在“方式”选项设定为“控制点”时显示。

阶数　设定可在每个范围中获得的最大“折弯”数；阶数可以为 1、2 或 3。控制点的数量将比阶数多 1，因此，3 阶样条曲线具有 4 个控制点，如图 3.20 所示。

示例：

绘制小游园设计中三片带状色叶灌木丛和两条鹅卵石游路边线。

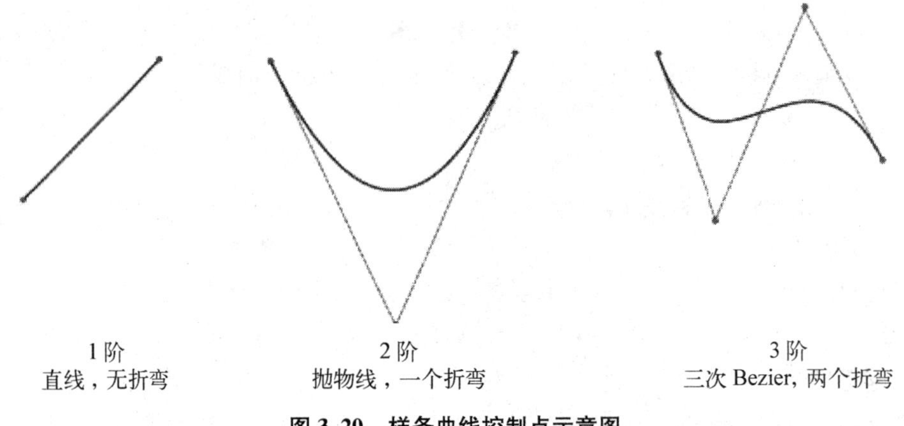

图 3.20　样条曲线控制点示意图

(1) 新建“丛栽植物 1”图层，设置颜色 94 号
(2) 命令：SPLINE
(3) 当前设置：方式＝拟合节点＝弦
(4) 指定第一个点或 [方式(M)/节点(K)/对象(O)]：
(5) 输入下一个点或 [起点切向(T)/公差(L)]：
(6) 输入下一个点或 [端点相切(T)/公差(L)/放弃(U)/闭合(C)]：对象捕捉路牙线最近点
(7) 输入下一个点或 [端点相切(T)/公差(L)/放弃(U)/闭合(C)]：鼠标控制点
(8) 输入下一个点或 [端点相切(T)/公差(L)/放弃(U)/闭合(C)]：鼠标控制点

(9) 输入下一个点或［端点相切(T)/公差(L)/放弃(U)/闭合(C)］：鼠标控制点
(10) 输入下一个点或［端点相切(T)/公差(L)/放弃(U)/闭合(C)］：鼠标控制点
(11) 输入下一个点或［端点相切(T)/公差(L)/放弃(U)/闭合(C)］：鼠标控制点
(12) 输入下一个点或［端点相切(T)/公差(L)/放弃(U)/闭合(C)］：对象捕捉路牙线最近点
(13) 其他线绘制如上步骤
(14) 命令完成，如图3.21所示

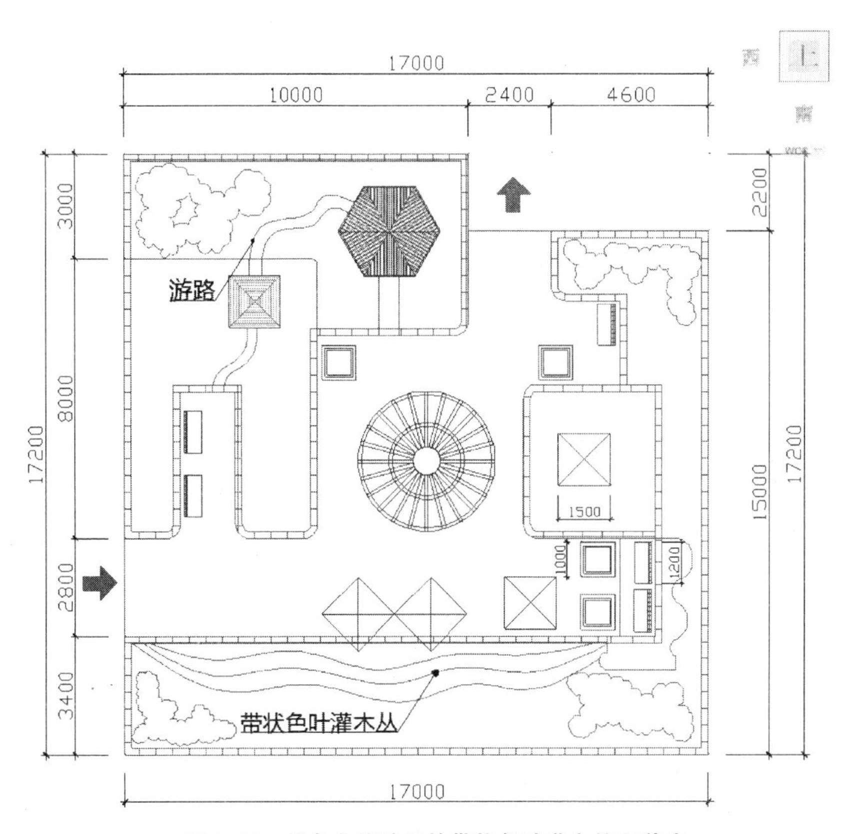

图3.21　样条曲线绘制的带状色叶灌木丛和游路

3.13　绘制修订云线

操　作　卡

功能区："常用"选项卡→"绘图"面板→"修订云线"
菜单："绘图"→"修订云线"
工具栏：绘图
命令行输入：REVCLOUD

可以通过拖动光标创建新的修订云线，也可以将闭合对象（例如椭圆或多段线）转换为修订云线。使用修订云线亮显要查看的图形部分。在 AutoCAD 2011 中，检查或用有色线条标注图形时可以使用修订云线功能标记，以提高工作效率。云线命令用于绘制云状或树状物体，在绘制建筑立面图进行艺术造型或绘制云彩、花草、树木等配景时，该命令非常实用。

操作提示列表：

最小弧长：0.500 0 最大弧长：0.500 0

指定起点或[弧长(A)/Object(O)/Style(S)] <对象>：拖动绘制修订云线、输入选项或按 Enter 键

提示说明：

(1) 弧长：指定云线中圆弧的长度。最大弧长不能大于最小弧长的三倍。

(2) 对象：指定要转换为云线的对象。

(3) 样式：指定修订云线的样式。

示例：

绘制小游园设计中丛栽植物。

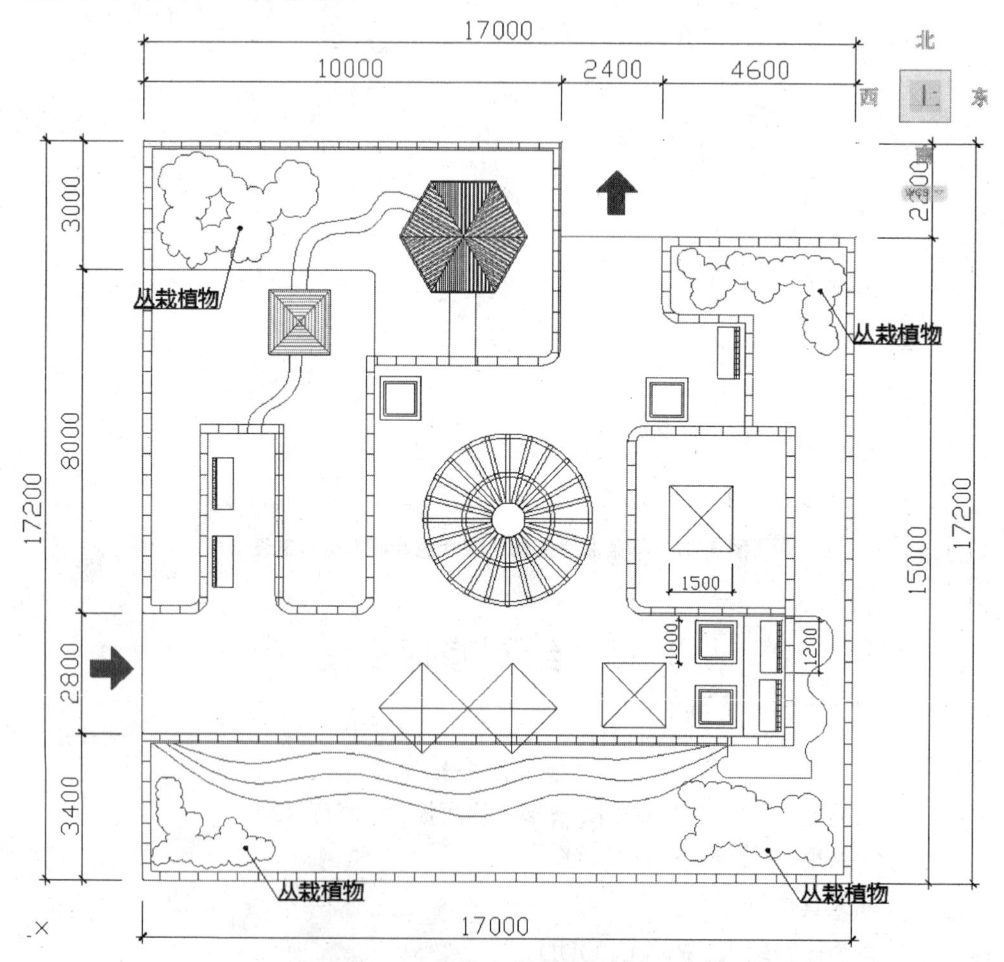

图 3.22　小游园设计中云线绘制丛栽植物

(1) 命令：_revcloud
(2) 最小弧长：300　最大弧长：400　样式：普通
(3) 指定起点或[弧长(A)/对象(O)/样式(S)] <对象>：a
(4) 指定最小弧长 <300>：200
(5) 指定最大弧长 <200>：300
(6) 指定起点或[弧长(A)/对象(O)/样式(S)] <对象>：
(7) 沿云线路径引导十字光标...
(8) 修订云线完成，如图 3.22 所示

3.14 徒手绘线

操　作　卡

功能区："曲面建模"选项卡 →"曲线"面板 →"样条曲线手画线"
命令行输入：SKETCH

绘制区域覆盖对象，与绘制云线类似，它们的共同点在于可以通过拖动鼠标指针来徒手绘制。可以徒手绘制图形、轮廓线及签名等。在 AutoCAD 2011 中文版中，SKETCH 命令没有对应的菜单或工具按钮，因此要使用该命令，必须在命令行中输入 SKETCH。

操作提示列表：

徒手画或[类型(T)/增量(I)/公差(L)]：

提示说明：

(1) 徒手画：创建徒手画。

画笔(P)　拾取按钮提笔和落笔。在用定点设备选取菜单项前必须提笔。

退出(X)　按钮 3 记录及报告临时徒手画线段数并结束命令。

结束(Q)　按钮 4 放弃从开始调用 SKETCH 命令或上一次使用"记录"选项时所有临时的徒手画线段，并结束命令。

(2) 类型：指定手画线的对象类型。有直线、多段线、样条曲线。

(3) 增量：定义每条手画直线段的长度。

(4) 公差：对于样条曲线，指定样条曲线的曲线布满手画线草图的紧密程度。

示例：

绘制一组手绘立面背景。

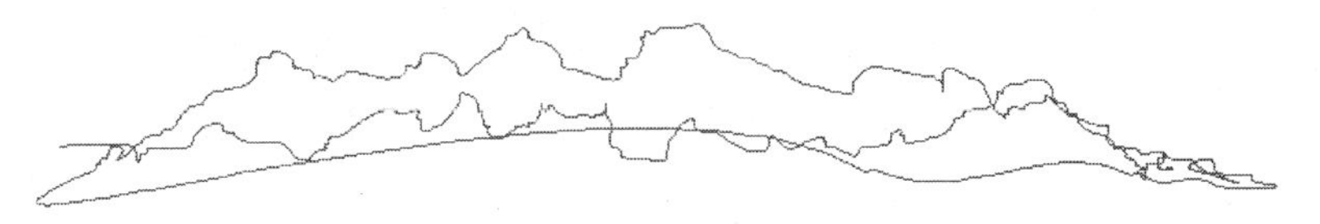

图 3.23　徒手绘线

(1) 命令：SKETCH
(2) 类型＝样条曲线增量＝1.0000　公差＝1.0000
(3) 指定草图或[类型(T)/增量(I)/公差(L)]：t
(4) 输入草图类型[直线(L)/多段线(P)/样条曲线(S)] <样条曲线>：p
(5) 指定草图或[类型(T)/增量(I)/公差(L)]：t
(6) 输入草图类型[直线(L)/多段线(P)/样条曲线(S)] <多段线>：s
(7) 指定草图或[类型(T)/增量(I)/公差(L)]：t
(8) 输入草图类型[直线(L)/多段线(P)/样条曲线(S)] <样条曲线>：s
(9) 指定草图或[类型(T)/增量(I)/公差(L)]：l
(10) 指定样条曲线拟合公差 <1.0000>：1
(11) 指定草图或[类型(T)/增量(I)/公差(L)]：
(12) 指定草图：鼠标左击控制提笔和落笔
(13) 已记录 1 条样条曲线，如图 3.23 所示

3.15 创　建　点

在 AutoCAD 2011 中，点对象可用作捕捉和偏移对象的节点或参考点。可以通过"单点"、"多点"、"定数等分"和"定距等分"4 种方法创建点对象。

3.15.1 点样式

操　作　卡

- 功能区："常用"选项卡 →"实用工具"面板 →"点样式"
- 菜单："格式"→"点样式"
- 命令行输入：DDPTYPE

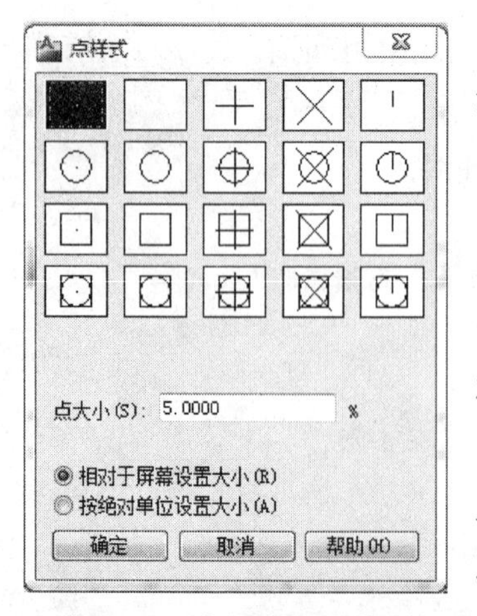

图 3.24　点样式设置对话框

(1)"点样式"对话框编辑：显示当前点样式和大小。通过选择图标来更改点样式，如图 3.24 所示。

(2) 点显示图像：指定用于显示点对象的图像。

(3) 点大小：设定点的显示大小。可以相对于屏幕设定点的大小，也可以用绝对单位设定点的大小。

相对于屏幕设定大小　按屏幕尺寸的百分比设定点的显示大小。当进行缩放时，点的显示大小并不改变。

按绝对单位设定大小　按"点大小"下指定的实际单位设定点显示的大小。进行缩放时，显示的点大小随之改变。

3.15.2 创建单点和多点

操 作 卡

- 功能区："常用"选项卡 →"绘图"面板 →"多点"
- 菜单："绘图"→"点"
- 工具栏：绘图 [·]
- 命令行输入：POINT

在自定的位置创建单点，按键盘 ESC 即取消。

3.15.3 定数等分

操 作 卡

- 功能区："常用"选项卡 →"绘图"面板 →"定数等分"
- 菜单："绘图"→"点"→"定数等分"
- 命令行输入：DIVIDE

操作提示列表：

选择要定数等分的对象：使用对象选择方法

输入线段数目或[块(B)]：输入从 2 到 32,767 之间的值或输入 b

提示说明：

(1) 线段数目：沿选定对象等间距放置点对象。如把样条曲线平均分成 5 段，如图 3.25 所示。

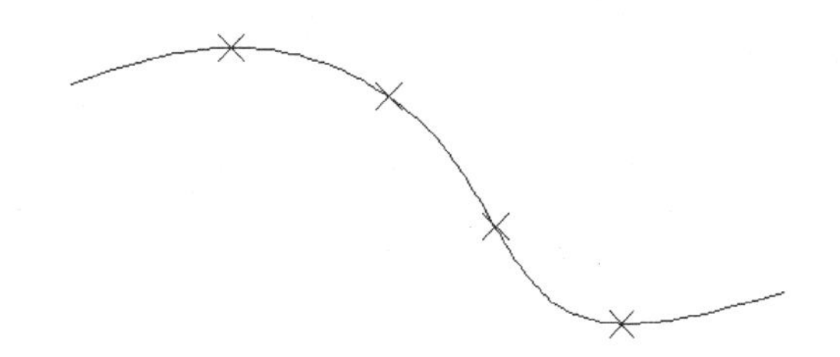

图 3.25 把样条曲线平均分成 5 段

(2) 块：沿选定对象等间距放置块。如果块具有可变属性，插入的块中将不包含这些属性。平均 9 份插入 zw1 图例，如图 2.25 所示。

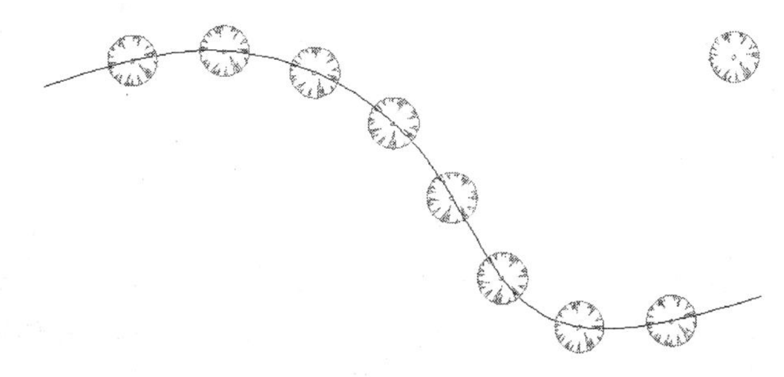

图 3.26 平均 9 份插入 zw1 图例

是 指定插入块的 X 轴方向与定数等分对象在等分点相切或对齐。

否 按其法线方向对齐块。

3.15.4 定距等分

操 作 卡
功能区：功能区："常用"选项卡 →"绘图"面板 →"定距等分"
菜单："绘图"→"点"→"定距等分"
命令行输入：MEASURE

操作提示列表：

选择要定距等分的对象：

指定线段长度或[块(B)]：指定距离或输入

提示说明：

(1) 线段长度：沿选定对象按指定间隔放置点对象，从最靠近用于选择对象的点的端点处开始放置。闭合多段线的定距等分从它们的初始顶点(绘制的第一个点)处开始。圆的定距等分从设定为当前捕捉旋转角的自圆心的角度开始。如果捕捉旋转角为零，则从圆心右侧的圆周点开始定距等分圆。间距 10 单位等分一点，如图 3.27 所示。

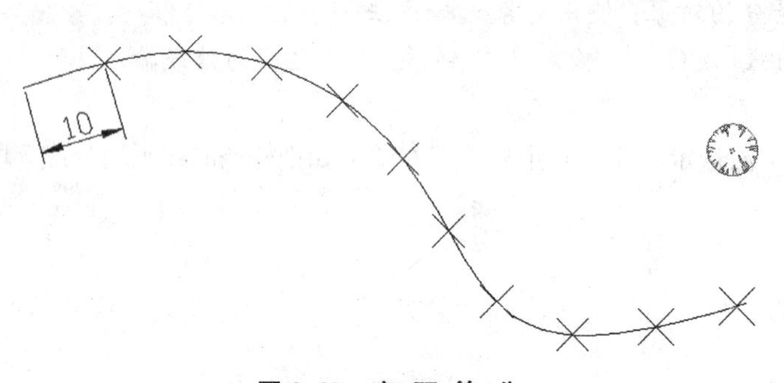

图 3.27 定 距 等 分

(2) 块：沿选定对象按指定间隔放置块。间距 10 单位等分 ZW1 图例如图 3.28 所示。

示例：

小游园设计中沿路树间隔 2 000 栽植行道树。

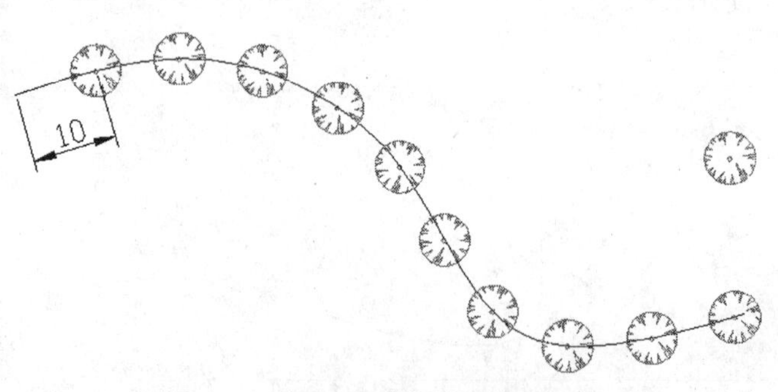

图 3.28 间距 10 单位等分 ZW1 图例

(1) 新建"行道树"图层，颜色设置 72

(2) 创建新道路块名称为 01，便于命令输入

(3) 命令：MEASURE

(4) 选择要定距等分的对象：

(5) 指定线段长度或[块(B)]：b

(6) 输入要插入的块名：01
(7) 是否对齐块和对象？[是(Y)/否(N)] <Y>：N(此处注意选否，投影方向才一致)
(8) 指定线段长度：2000
(9) 其他道路如上操作
(10) 命令完成，如图3.29所示

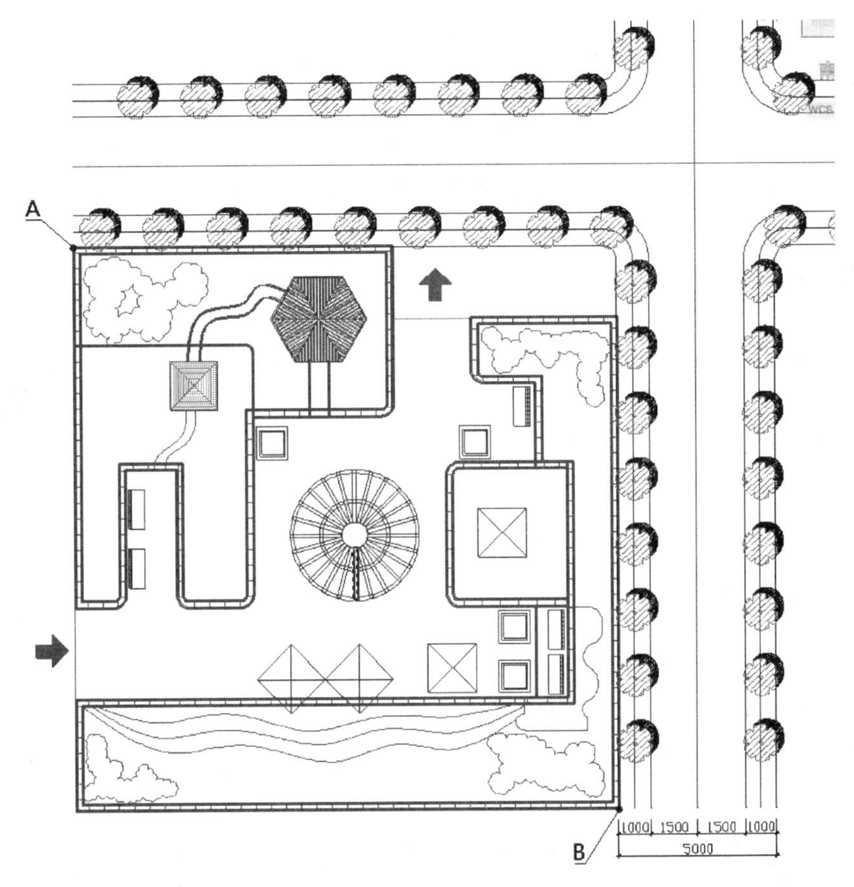

图3.29　等距行道树绘制

(3) 对齐块和对象。

是　块将围绕其插入点旋转，这样其水平线就会与测量的对象对齐并相切绘制。

否　始终使用0旋转角度插入块。

指定线段长度后，将按照指定间隔插入块。如果块具有可变属性，插入的块中将不包含这些属性。

练习思考题

(1) 上机练习基本工具命令，熟悉基本操作流程。
(2) 结合制图绘制简单空间平面图。

第4章　AutoCAD编辑图形

AutoCAD 2011 编辑图形能够合理地构造和组织图形，保证绘图的准确性和便捷性，简化绘图操作。本章介绍图形编辑的常用工具及方法，包括对象的选择、复制、移动、拉伸、缩放、旋转、倒角与圆角、夹点编辑、编辑多段线和编辑样条曲线等，结合园林制图基本知识熟练地掌握其绘制方法和技巧。

教学目标：通过本章的学习，应掌握在 AutoCAD 2011 中对基本图形进行编辑修改操作。

教学重点：AutoCAD 2011 中修改工具栏、夹点编辑、编辑多段线和编辑样条曲线。

教学难点：夹点编辑、编辑多段线和编辑样条曲线。

4.1 删除对象

操 作 卡

功能区："常用"选项卡 →"修改"面板 →"删除"

菜单："修改"→"删除"

工具栏：修改

命令行输入：ERASE

快捷菜单：选择要删除的对象，在绘图区域中单击鼠标右键，然后单击"删除"

通常操作"删除"命令后，用户需要选择要删除的对象，然后按回车键或 Space 键结束对象选择，同时将删除已选择的对象。如果用户在"选项"对话框下的"选择集"选项卡中，选中"选择集模式"选项组中的"先选择后执行"复选框，那么就可以先选择对象，然后单击"删除"按钮将其删除，如图 4.1 所示。

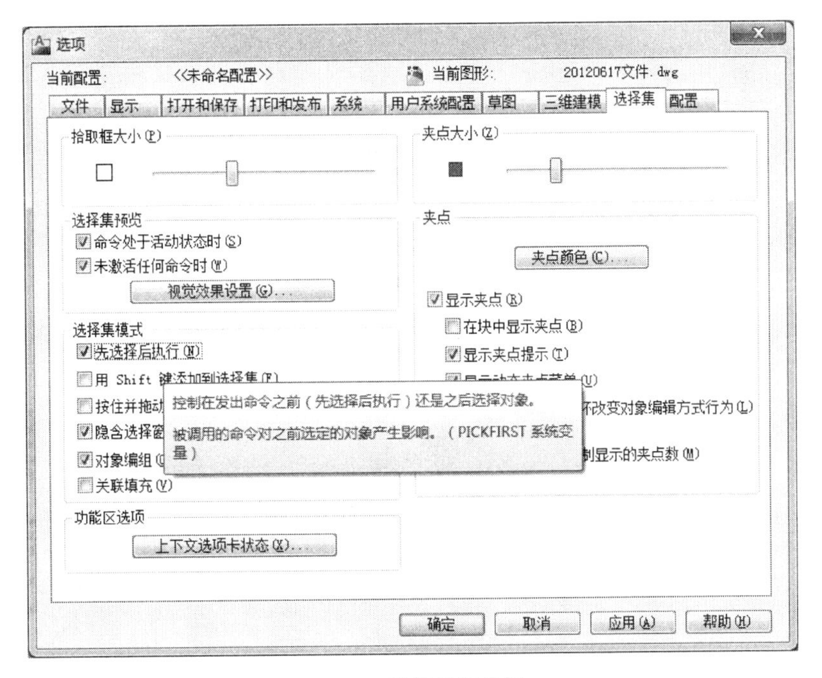

图 4.1　选择执行设置

4.2　复 制 对 象

操　作　卡

- 功能区："常用"选项卡 →"修改"面板 →"复制"
- 菜单："修改"→"复制"
- 工具栏：修改
- 命令行输入：COPY
- 快捷菜单：选择要复制的对象，在绘图区域中单击鼠标右键，单击"复制选择"

复制对象是指在指定方向上按指定距离复制对象。使用 COPYMODE 系统变量，可以控制是否自动创建多个副本，在园林设计比较常用的工具，主要可以多次拷贝相同的园林设计要素，如植物等，如图 4.2 所示。

操作提示列表：

选择对象：使用对象选择方法并在完成选择后按 Enter 键

指定基点或[位移(D)/模式(O)/多个(M)]<位移>：指定基点或输入选项

提示说明：

(1) 位移：使用坐标指定相对距离和方向。指定的两点定义一个矢量，指示复制的对象移动的距离和方向。如果在"指定第二个点"提示下按 Enter 键，则第一个点将被认为是相对 X，Y，Z 位移。例如，如果指定基点为(2，3)并在下一个提示下按 Enter 键，对象将被复制到距其当前位置在 X 方向上 2 个单位、在 Y 方向上 3 个单位的位置。

示例：

小游园设计中复制各种植物图例。

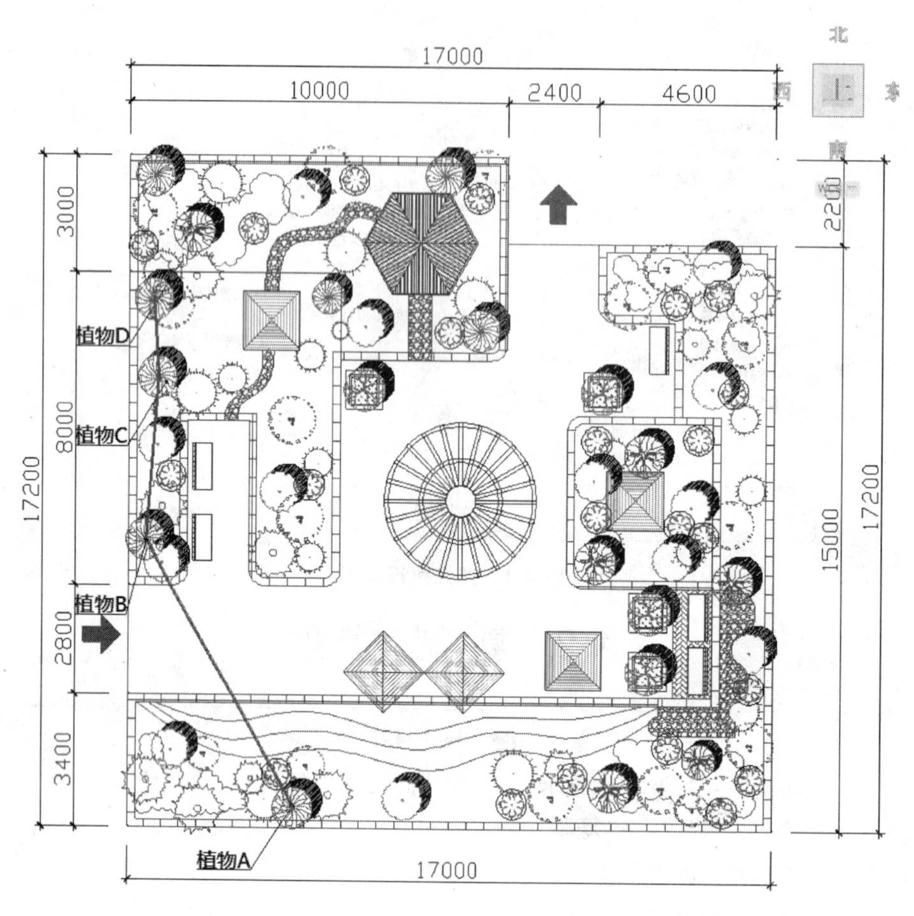

图 4.2 复制多个植物图例素材

(1) 新建设置对应的各植物图层，插入植物图块
(2) 命令：COPY
(3) 选择对象：指定对角点：找到 1 个
(4) 选择对象：选择对应的植物图例
(5) 当前设置：复制模式＝多个
(6) 指定基点或[位移(D)/模式(O)] <位移>：指定第二个点或 <使用第一个点作为位移>：选择植物图例周边任意点
(7) 指定第二个点或[退出(E)/放弃(U)] <退出>：植物 A 点
(8) 指定第二个点或[退出(E)/放弃(U)] <退出>：植物 B 点
(9) 指定第二个点或[退出(E)/放弃(U)] <退出>：植物 C 点

(10) 指定第二个点或[退出(E)/放弃(U)] <退出>：植物 D 点
(11) 指定第二个点或[退出(E)/放弃(U)] <退出>：植物 E 点
(12) …………
(13) 其他植物图例如上操作复制即可，复制完成如图 4.2 所示

(2) 模式：控制命令是否自动重复(COPYMODE 系统变量)。
(3) 多个：替代“单个”模式设置。在命令执行期间，将 COPY 命令设定为自动重复。

4.3　镜形镜像

操　作　卡

功能区：“常用”选项卡 →“修改”面板 →“镜像”
菜单：“修改”→“镜像”
工具栏：修改
命令行输入：MIRROR

图形镜像是创建选定对象的镜像副本，可以利用镜像复制一些对称的园林设计，如图 4.3 所示。

操作提示列表：

选择对象：使用对象选择方法，然后按 Enter 完成选择
指定镜像线的第一点：指定点(1)
指定镜像线的第二点：指定点(2)
要删除源对象吗？[是(Y)/否(N)] <否>：输入 Y 或 N，或按 Enter 键

提示说明：

(1) 是：将镜像的图像放置到图形中并删除原始对象。
(2) 否：将镜像的图像放置到图形中并保留原始对象。

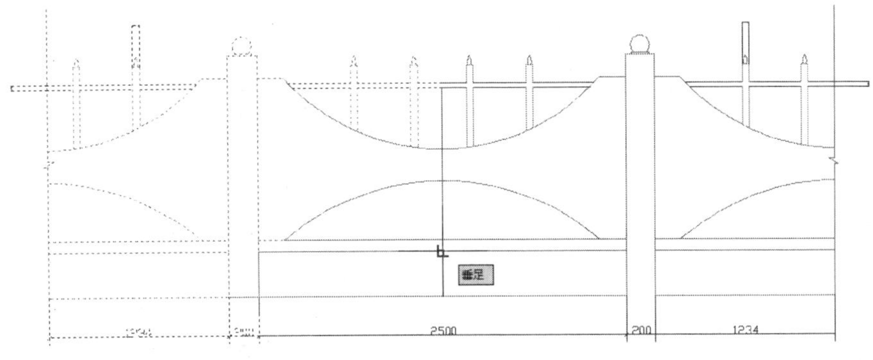

护栏设计立面图

图 4.3　利用镜像功能对称护栏立面图

示例：

小游园设计中镜像六角亭平面填充图案和正方形木制亭填充，如图 4.4 所示。

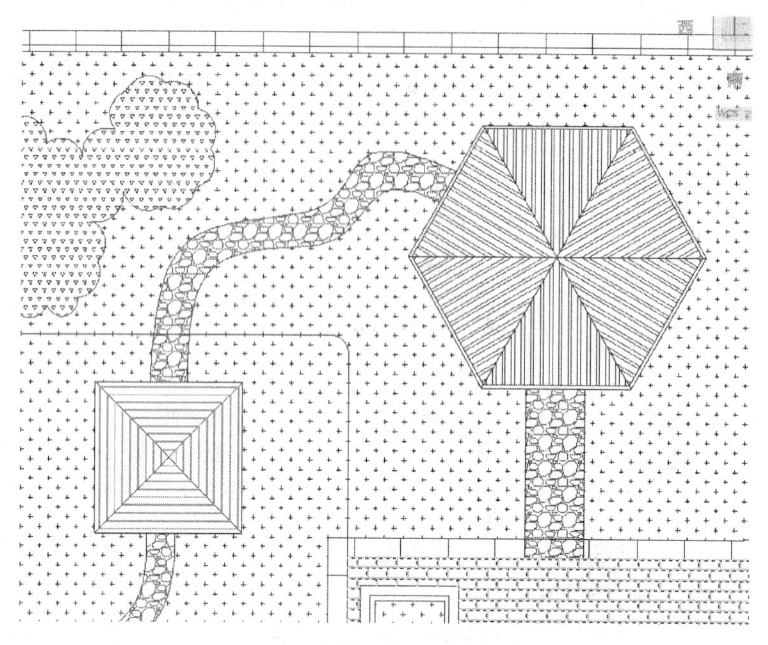

图 4.4 六角亭和四角亭填充图案图

(1) 新建“建筑小品填充”图层，颜色设置 44

(2) 把填充图案分解再创建成块名称任意，绘制的直线可以直接创建成块，如图 4.5 所示左

(3) 命令：MIRROR

(4) 选择对象：找到 1 个，刚才创建的块对象

(5) 选择对象：指定镜像线的第一点：G 指定镜像线的第二点：C

(6) 要删除源对象吗？[是(Y)/否(N)] <N>：N

(7) 如图 4.5 所示

(8) 依次如上操作，亭平面填充完成，如图 4.5 所示右

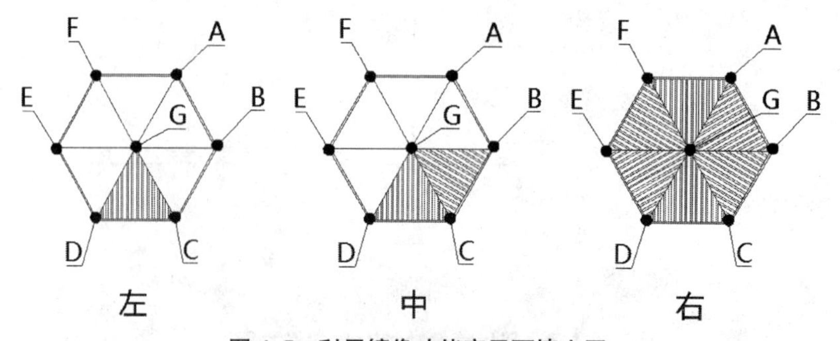

图 4.5 利用镜像功能亭平面填充图

4.4 偏移对象

操　作　卡

功能区：“常用”选项卡 →“修改”面板 →“偏移”

菜单：“修改”→“偏移”

工具栏：修改

命令行输入：OFFSET

创建同心圆、平行线和平行曲线。可以在指定距离或通过一个点偏移对象。偏移对象后，可以使用修剪和延伸这种有效的方式来创建包含多条平行线和曲线的图形，在园林设计里面，只要出现的双线一般都可以用偏移来完成(如图 4.6 所示)，但不是唯一某些也可以用复制、镜像、多线来达到这种效果。

操作提示列表：

当前设置：删除源＝当前值图层＝当前值 OFFSETGAPTYPE＝当前值

指定偏移距离或[通过(T)/删除(E)/图层(L)] <当前值>：指定距离、输入选项或按 Enter 键

提示说明：

(1) 偏移距离：在距现有对象指定的距离处创建对象。

退出　退出 OFFSET 命令。

多个　输入“多个”偏移模式，这将使用当前偏移距离重复进行偏移操作。

放弃　恢复前一个偏移。

(2) 通过：创建通过指定点的对象。

(3) 删除：偏移源对象后将其删除。

(4) 图层：确定将偏移对象创建在当前图层上还是源对象所在的图层上。

示例：

小游园设计中对设计外轮廓向内偏移 100 设计为软质铺装和硬质铺装过渡路牙，单轮廓线生成双线，如图 4.6 所示。

(1) 切换到边框图层
(2) 命令：OFFSET
(3) 当前设置：删除源＝否图层＝源　OFFSETGAPTYPE＝0
(4) 指定偏移距离或[通过(T)/删除(E)/图层(L)] <通过>：100
(5) 如上操作绘制如图 4.6 所示内容

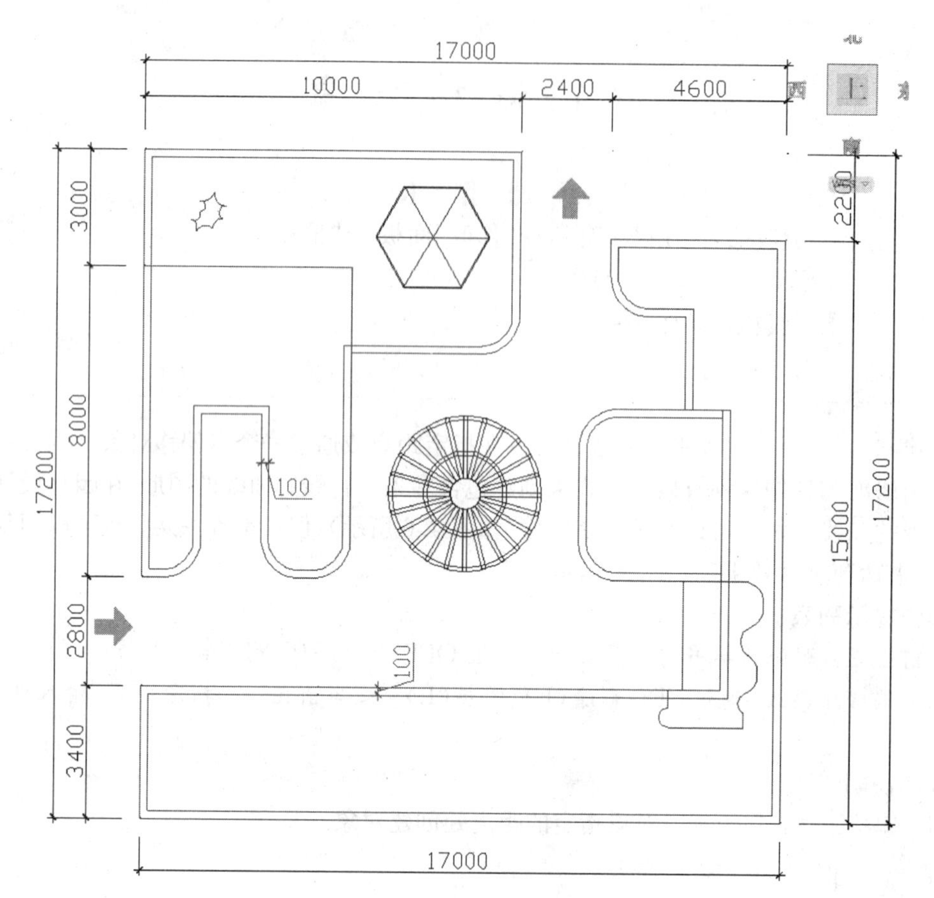

图 4.6　利用偏移制作花坛、道路

4.5　阵列命令

操　作　卡

功能区："常用"选项卡 →"修改"面板 →"阵列"

菜单："修改"→"阵列"

工具栏：修改

命令行输入：ARRAY

创建按图形中对象的多个副本对象。

(1) 矩形阵列：创建选定对象的副本的行和列阵列。行数：指定阵列中的行数；列数：指定阵列中的列数；偏移距离和方向：可以在此指定阵列偏移的距离和方向，3 行 4 列进行阵列植物图例如图 4.7 所示。

(2) 环形阵列：通过围绕指定的圆心复制选定对象来创建阵列。圆心：指定环形阵列的圆心。输入 X 和 Y 坐标值，或选择"拾取圆心"以使用定点设备指定圆心，环形阵列花架如图 4.8 所示。

(3) 拾取圆心：临时关闭"阵列"对话框，以便用户使用定点设备在绘图区域中指定圆心；方法和值指定用于定位环形阵列中的对象的方法和值。

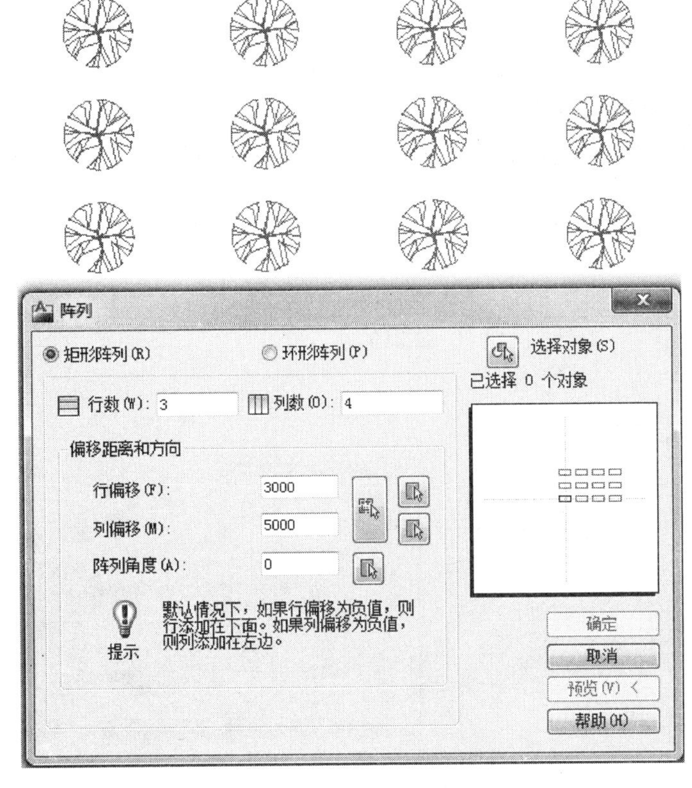

图 4.7 矩 形 阵 列

(4) 方法：设定定位对象所用的方法。此设置控制哪些“方法和值”字段可用于指定值。例如，如果方法为“要填充的项目和角度总数”，则可以使用相关字段来指定值；“项目间的角度”字段不可用。

(5) 项目总数：设定在结果阵列中显示的对象数目。默认值为 4。

(6) 填充角度：通过定义阵列中第一个和最后一个元素的基点之间的包含角来设定阵列大小，正值指定逆时针旋转，负值指定顺时针旋转。默认值为 360，不允许值为 0。

(7) 项目间角度：设定阵列对象的基点和阵列中心之间的包含角，输入一个正值，默认方向值为 90。

(注意：可以选择拾取键并使用定点设备来为“填充角度”和“项目间角度”指定值。)

(8) 拾取要填充的角度：临时关闭“阵列”对话框，这样可以定义阵列中第一个元素和最后一个元素基点之间的包含角。ARRAY 提示在绘图区域参照一个点选择另一个点。

(9) 拾取项目间角度：临时关闭“阵列”对话框，这样可以定义阵列对象的基点和阵列中心之间的包含角。ARRAY 提示在绘图区域参照一个点选择另一个点。

(10) 复制时旋转项目：如预览区域所示旋转阵列中的项目。

(11) 选择对象：指定用于构造阵列的对象，可以在“阵列”对话框显示之前或之后选择对象。若要在“阵列”对话框显示之后选择对象，请选择“选择对象”。“阵列”对话框将暂时关闭。完成选择对象后，按 Enter 键，“阵列”对话框将重新显示，并且选定对象将显示在“选择对象”

按钮下面。

(12) 注意如果选择多个对象，则最后一个选定对象的基点将用于构造阵列。

(13) 预览区域：显示基于对话框当前设置的阵列预览图像。当更改设置后移到另一个字段时，预览图像将被动态更新。

(14) 预览：关闭“阵列”对话框，显示当前图形中的阵列。

示例：

小游园设计中花架设计，平面图设计绘制方法如下操作。

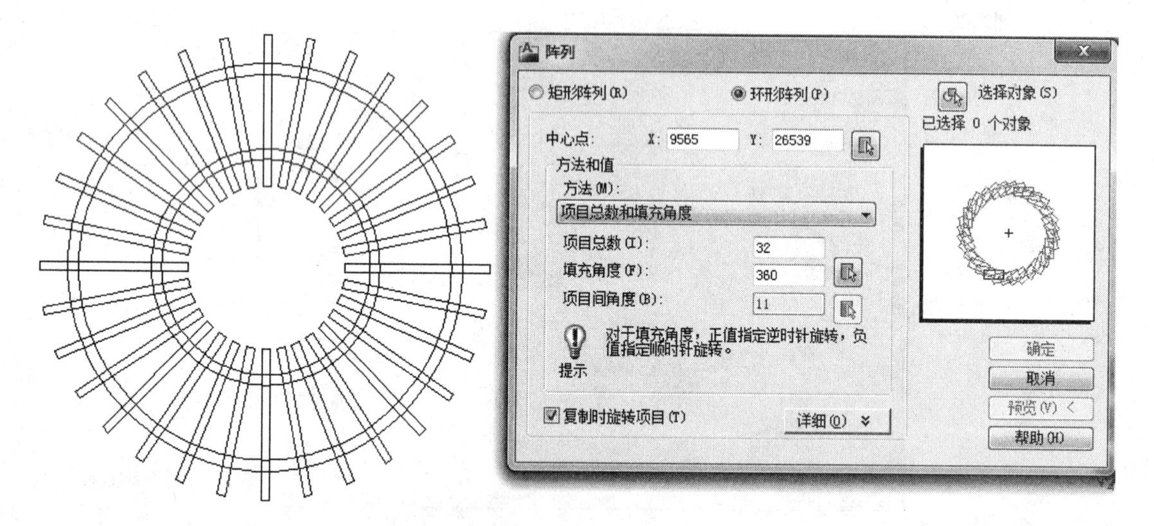

图 4.8 环 形 阵 列

(1) 切换到“建筑小品”图层，打开对象捕捉设置圆心

(2) 绘制木架条长 1 600 宽 100 的矩形，移动矩形，宽边中点 B 对齐到圆边右象限点

(3) 环形阵列，圆心为 A 点，阵列数为 24，角度为 360°

(4) 绘制结束如图 4.9 所示

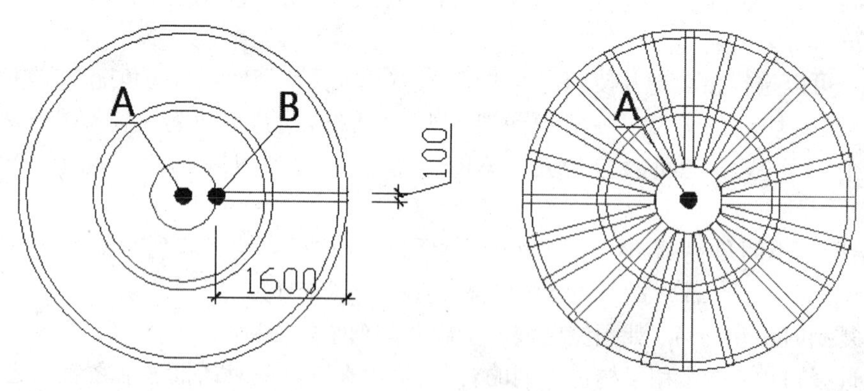

图 4.9 环形阵列花架

4.6 移动对象

操 作 卡

功能区："常用"选项卡 →"修改"面板 →"移动"

菜单："修改"→"移动"

工具栏：修改

命令行输入：MOVE

快捷菜单：选择要移动的对象，并在绘图区域中单击鼠标右键。单击"移动"。

移动对象，首先选择要移动的对象，然后指定位移的基点和位移矢量，在指定方向上按指定距离移动对象。使用坐标、栅格捕捉、对象捕捉和其他工具可以精确移动对象。

操作提示列表：

选择对象：指定基点或[位移(D)]

指定第二个点或 <使用第一个点作为位移>

提示说明： 指定的两个点定义了一个矢量值，表明选定对象将被移动的距离和方向。

4.7 旋转对象

操 作 卡

功能区："常用"选项卡 →"修改"面板 →"旋转"

菜单："修改"→"旋转"

工具栏：修改

命令行输入：ROTATE

快捷菜单：选择要旋转的对象，在绘图区域中单击鼠标右键。单击"旋转"。旋转对象可以围绕基点将选定的对象旋转到一个绝对的角度，如图 4.7 所示

操作提示列表：

UCS 当前的正角度：ANGDIR=当前值 ANGBASE=当前值

选择对象：使用对象选择方法并在完成选择后按 Enter 键

指定基点：指定点

指定旋转角度或[复制(C)/参照(R)]：输入角度或指定点，或者输入 c 或 r

提示说明：

(1) 旋转角度：决定对象绕基点旋转的角度。旋转轴通过指定的基点，并且平行于当前 UCS 的 Z 轴。

(2) 复制：创建要旋转的选定对象的副本。

(3) 参照：将对象从指定的角度旋转到新的绝对角度。旋转视口对象时，视口的边框仍

然保持与绘图区域的边界平行。

示例：

小游园设计中旋转木制亭。

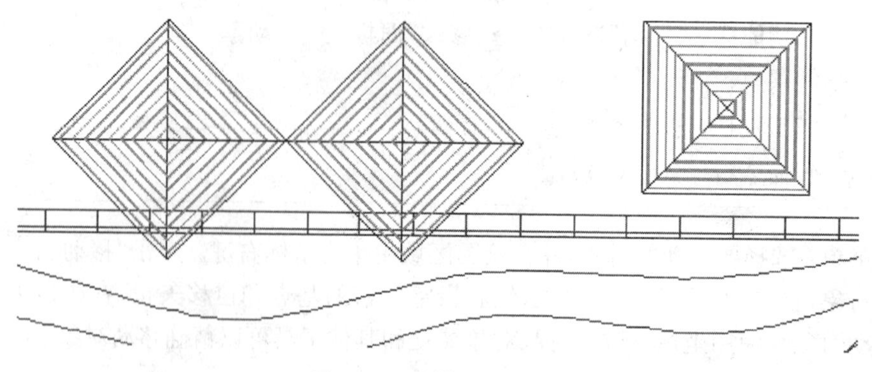

图 4.10 旋转 45 木制亭

(1) 选择对象：选择木制亭
(2) 指定基点：捕捉木制亭左下角端点
(3) 指定旋转角度，或[复制(C)/参照(R)] <0>：45
(4) 旋转完成，如图 4.10 所示

4.8 缩放对象

操 作 卡

功能区："常用"选项卡→"修改"面板→"缩放"

菜单："修改"→"缩放"

工具栏：修改

命令行输入：SCALE

快捷菜单：选择要缩放的对象，然后在绘图区域中单击鼠标右键，单击"缩放"，指定基点和比例因子

放大或缩小选定对象，使缩放后对象的比例保持不变。在使用快捷菜单选择对象时，基点将作为缩放操作的中心，并保持静止，比例因子大于 1 时将放大对象，比例因子介于 0 和 1 之间时将缩小对象，如图 4.11 所示。

操作提示列表：

选择对象：使用对象选择方法并在完成选择后按 Enter 键

指定基点：指定点

指定比例因子或[复制(C)/参照(R)]：指定比例、输入 c 或输入 r

注意：指定的基点表示选定对象的大小发生改变(从而远离静止基点)时位置保持不变的

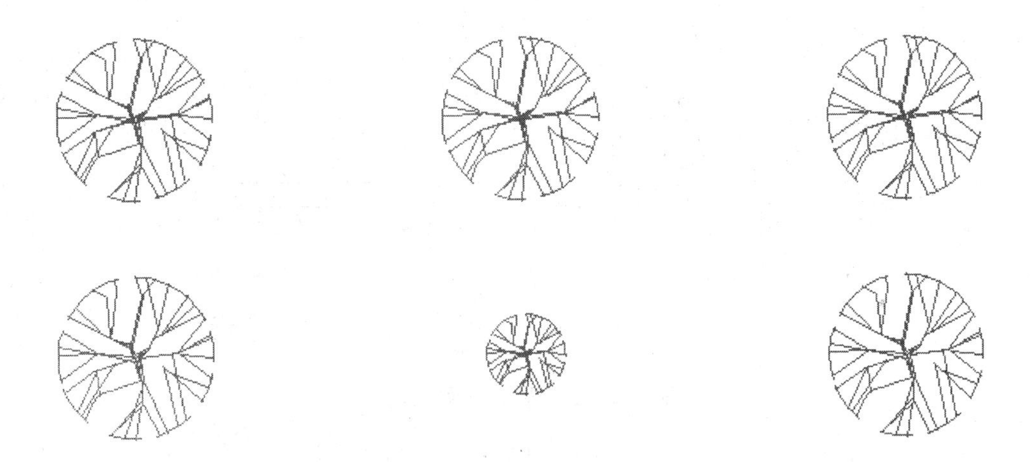

图 4.11　中下植物图例缩小比例为 0.5

点。将 SCALE 命令用于注释性对象时，对象的位置将相对于缩放操作的基点进行缩放，但对象的尺寸不会更改。

提示说明：

(1) 比例因子：按指定的比例放大选定对象的尺寸。大于 1 的比例因子使对象放大。介于 0 和 1 之间的比例因子使对象缩小。还可以拖动光标使对象变大或变小。

(2) 复制：创建要缩放的选定对象的副本。

(3) 参照：按参照长度和指定的新长度缩放所选对象。

4.9 拉　　伸

操　作　卡

- 功能区："常用"选项卡 →"修改"面板 →"拉伸"
- 菜单："修改"→"拉伸"
- 工具栏：修改
- 命令行输入：STRETCH

拉伸是用选择窗口或多边形交叉的对象来操作，将拉伸窗交窗口部分包围的对象。移动(而不是拉伸)完全包含在窗交窗口中的对象或单独选定的对象，如图 4.12 所示。若干对象(如圆、椭圆和块)是无法拉伸的。

操作提示列表：

以窗选方式或交叉多边形方式选择要拉伸的对象...

提示说明：

可以使用"交叉窗口"方式或者"交叉多边形"方式选择对象，然后依次指定位移基点和位移矢量，将会移动全部位于选择窗口之内的对象，而拉伸(或压缩)与选择窗口边界相交的对象。

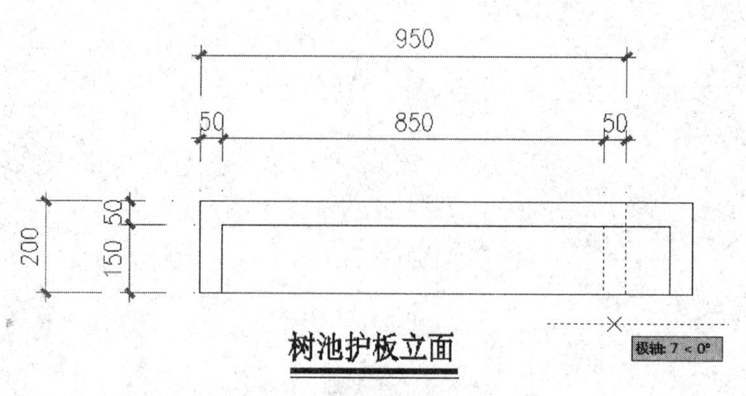

图 4.12 拉伸树池护板宽度立面

4.10 修剪

操作卡

- 功能区:“常用”选项卡 →“修改”面板 →“修剪”
- 菜单:“修改”→“修剪”
- 工具栏:修改 -/--
- 命令行输入:TRIM

修剪工具是剪对象与其他对象相接的边。要修剪对象,请选择边界。然后按 Enter 键并选择要修剪的对象。要将所有对象用作边界,请在首次出现“选择对象”提示时按 Enter 键。

操作提示列表:

当前设置:投影=当前值,边=当前值

选择剪切边...

选择对象或 <全部选择>:选择一个或多个对象并按 Enter 键,或者按 Enter 键选择所有显示的对象

提示说明: 默认情况下,选择要修剪的对象(即选择被剪边),系统将以剪切边为界,将被剪切对象上位于拾取点一侧的部分剪切掉。如果按下 Shift 键,同时选择与修剪边不相交的对象,修剪边将变为延伸边界,将选择的对象延伸至与修剪边界相交,如图 4.13 所示。

(1) 要修剪的对象:指定修剪对象。

(2) 按住 Shift 键选择要延伸的对象:指定延伸对象。此选项提供了一种在修剪和延伸之间切换的简便方法。

(3) 栏选:选择与选择栏相交的所有对象。选择栏是一系列临时线段,它们是用两个或多个栏选点指定的。选择栏不构成闭合环。

(4) 窗交:选择矩形区域(由两点确定)内部或与之相交的对象。某些要修剪的对象的窗交选择不确定。TRIM 将沿着矩形窗交窗口从第一个点以顺时针方向选择遇到的第一个对象。

(5) 投影:指定修剪对象时使用的投影方式。

(6) 边:确定对象是在另一对象的延长边处进行修剪,还是仅在三维空间中与该对象相

交的对象处进行修剪。

延伸 沿自身自然路径延伸剪切边使它与三维空间中的对象相交。

不延伸 指定对象只在三维空间中与其相交的剪切边处修剪。修剪图案填充时，不要将“边”设定为“延伸”。否则，修剪图案填充时将不能填补修剪边界中的间隙，即使将允许的间隙设定为正确的值。

(7) 删除：删除选定的对象。此选项提供了一种用来删除不需要的对象的简便方式，而无需退出 TRIM 命令。

(8) 放弃：撤消由 TRIM 命令所做的最近一次更改。

示例：

小游园设计中，通过偏移外边框弧线与内边框相交，再修剪。

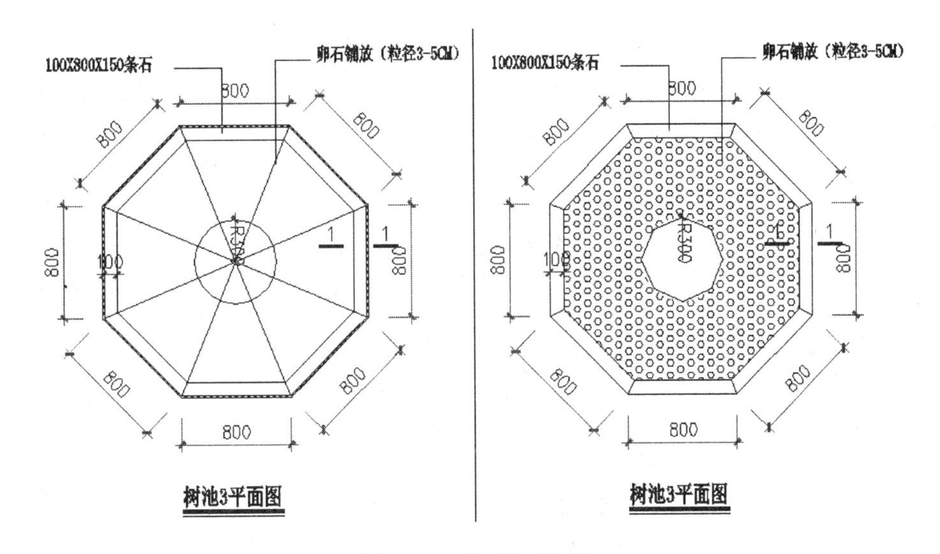

图 4.13 剪 切 示 意

(1) 切换“边框”图层
(2) 命令：OFFSET
(3) 当前设置：删除源＝否图层＝源 OFFSETGAPTYPE＝0
(4) 指定偏移距离或[通过(T)/删除(E)/图层(L)] ＜200.0000＞：100
(5) 选择要偏移的对象，或[退出(E)/放弃(U)] ＜退出＞：外框边
(6) 指定要偏移的那一侧上的点，或[退出(E)/多个(M)/放弃(U)] ＜退出＞：内侧
(7) ……
(8) 命令：TRIM
(9) 当前设置：投影＝UCS，边＝无
(10) 选择剪切边...
(11) 选择对象或 ＜全部选择＞：不选按空格键

(12) 选择要修剪的对象,或按住 Shift 键选择要延伸的对象,或[栏选(F)/窗交(C)/投影(P)/边(E)/删除(R)/放弃(U)]：选择需要修剪的边
(13) 选择要修剪的对象,或按住 Shift 键选择要延伸的对象,或[栏选(F)/窗交(C)/投影(P)/边(E)/删除(R)/放弃(U)]：选择需要修剪的边
(14) ……
(15) 绘制完成如图 4.14 所示

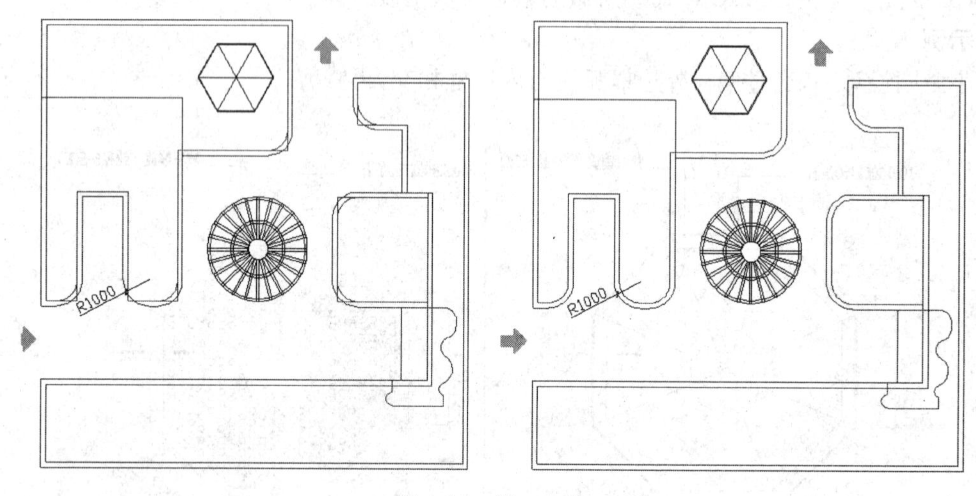

图 4.14 修 剪

4.11 延 伸

操 作 卡

功能区："常用"选项卡 →"修改"面板 →"延伸"
菜单："修改"→"延伸"
工具栏：修改 --/
命令行输入：EXTEND

要延伸对象,请首先选择边界,然后按 Enter 键并选择要延伸的对象。要将所有对象用作边界,请在首次出现"选择对象"提示时按 Enter 键。

操作提示列表：

当前设置：投影＝当前值,边＝当前值

选择边界的边...

选择对象或 <全部选择>：选择一个或多个对象并按 Enter 键,或者按 Enter 键选择所有显示的对象

选择要延伸的对象,或按住 Shift 键选择要修剪的对象,或[栏选(F)/窗交(C)/投影(P)/

边(E)/放弃(U)]：选择要延伸的对象，或按住 Shift 键选择要修剪的对象，或输入选项

提示说明：

(1) 边界对象选择：使用选定对象来定义对象延伸到的边界。

(2) 要延伸的对象：指定要延伸的对象。按 Enter 键结束命令。

(3) 按住 Shift 键选择要修剪的对象：将选定对象修剪到最近的边界而不是将其延伸。这是在修剪和延伸之间切换的简便方法。

(4) 栏选：选择与选择栏相交的所有对象。选择栏是一系列临时线段，它们是用两个或多个栏选点指定的。选择栏不构成闭合环。

(5) 窗交：选择矩形区域(由两点确定)内部或与之相交的对象。

(6) 投影：指定延伸对象时使用的投影方法。

(7) 边：将对象延伸到另一个对象的隐含边，或仅延伸到三维空间中与其实际相交的对象。

(8) 放弃：放弃最近由 EXTEND 所做的更改。

4.12 打断对象

操 作 卡

功能区："常用"选项卡 →"修改"面板 →"打断"

功能区："常用"选项卡"修改"面板"打断于点"

菜单："修改"→"打断"

工具栏：修改

命令行输入：BREAK

在对象上的两个指定点之间创建间隔，从而将对象打断为两个对象。如果这些点不在对象上，则会自动投影到该对象上。

操作提示列表：

选择对象：使用某种对象选择方法，或指定对象上的第一个打断点(1)

指定第二个打断点或[第一点(F)]：指定第二个打断点(2)或输入 F

提示说明：

(1) 将显示的下一个提示取决于选择对象的方式。如果使用定点设备选择对象，本程序将选择对象并将选择点视为第一个打断点。在下一个提示下，可指定第二个点或替代第一个点以继续。

(2) 第二个打断点：指定用于打断对象的第二个点。

(3) 第一点：用指定的新点替换原来的第一个打断点。

两个指定点之间的对象部分将被删除。如果第二个点不在对象上，将默认选择对象上与该点最接近的点为端点；因此，要打断直线、圆弧或多段线的一端，可以在要删除的一端附近指定第二个打断点。要将对象一分为二并且不删除某个部分，输入的第一个点和第二个点应相同。通过输入@指定第二个点即可实现此目的。直线、圆弧、圆、多段线、椭圆、样条曲线、圆环

以及其他几种对象类型都可以拆分为两个对象或将其中的一端删除。程序将按逆时针方向删除圆上第一个打断点到第二个打断点之间的部分，从而将圆转换成圆弧。

还可以使用“打断于点”工具在单个点处打断选定的对象。有效对象包括直线、开放的多段线和圆弧。不能在一点打断闭合对象（例如圆）。

4.13 合 并

操 作 卡

- 功能区：“曲面建模”选项卡→“曲线”面板→“合并”
- 菜单：“修改”→“合并”
- 工具栏：修改 →←
- 命令行输入：JOIN

在使用合并功能时要合并的大多数对象必须位于同一平面上。如果源对象是样条曲线或三维多段线，则可以合并位于不同平面上的对象。每一类对象均具有附加约束，如图 4.15 所示。

图 4.15 合并操作示意

操作提示列表：

选择源对象：选择直线、多段线、三维多段线、圆弧、椭圆弧、样条曲线或螺旋

提示说明：

(1) 直线：直线对象必须共线（位于同一无限长的直线上），但是它们之间可以有间隙。

(2) 多段线：对象可以是直线、多段线或圆弧，对象之间不能有间隙，并且必须位于与 UCS 的 XY 平面平行的同一平面上。

(3) 三维多段线：三维多段线和其他对象必须彼此相连（端点对端点），但可以位于不同的平面上，结果对象是单个三维多段线。

(4) 圆弧：圆弧对象必须位于同一假想的圆上，但是它们之间可以有间隙，“闭合”选项可将源圆弧转换成圆。注意：合并两条或多条圆弧时，将从源对象开始按逆时针方向合并圆弧。

(5) 椭圆弧：椭圆弧必须位于同一椭圆上，但是它们之间可以有间隙，“闭合”选项可将源椭圆弧闭合成完整的椭圆。注意：合并两条或多条椭圆弧时，将从源对象开始按逆时针方向合并椭圆弧。

(6) 样条曲线：样条曲线和其他对象必须彼此相连（端点对端点），但它们可以位于不同的平面上，结果对象是单个样条曲线。

(7) 螺旋：螺旋对象必须相接（端点对端点），结果对象是单个样条曲线。

4.14 倒　角

操 作 卡

- 功能区："常用"选项卡 →"修改"面板 →"倒角"
- 菜单："修改"→"倒角"
- 工具栏：修改
- 命令行输入：CHAMFER

该工具是给对象加倒角，按用户选择对象的次序应用指定的距离和角度。可以倒角直线、多段线、射线和构造线，还可以倒角三维实体和曲面，如果选择网格进行倒角，则可以先将其转换为实体或曲面，然后再完成此操作。

操作提示列表：

("修剪"模式)当前倒角距离 1=当前，距离 2=当前

选择第一条直线或[放弃(U)/多段线(P)/距离(D)/角度(A)/修剪(T)/方式(E)/多个(M)]：使用对象选择方式或输入选项

提示说明：

(1) 第一条直线：指定定义二维倒角所需的两条边中的第一条边或要倒角的三维实体的边。如果选择直线或多段线，它们的长度将调整以适应倒角线。选择对象时，可以按住 Shift 键，以使用值 0 替代当前倒角距离。如果选定对象是二维多段线的直线段，它们必须相邻或只能用一条线段分开。如果它们被另一条多段线分开，执行 CHAMFER 将删除分开它们的线段并代之以倒角。如果选定的是三维实体的一条边，那么必须指定与此边相邻的两个表面中的一个为基准表面。

(2) 放弃：恢复在命令中执行的上一个操作。

(3) 多段线：对整个二维多段线倒角。相交多段线线段在每个多段线顶点被倒角，倒角成为多段线的新线段，如果多段线包含的线段过短以至于无法容纳倒角距离，则不对这些线段倒角。

(4) 距离：设定倒角至选定边端点的距离。如果将两个距离均设定为零，CHAMFER 将延伸或修剪两条直线，以使它们终止于同一点。

(5) 角度：用第一条线的倒角距离和第二条线的角度设定倒角距离。

(6) 修剪：控制 CHAMFER 是否将选定的边修剪到倒角直线的端点。注意"修剪"选项会将 TRIMMODE 系统变量设定为 1；"不修剪"选项会将 TRIMMODE 设定为 0(零)。如果将 TRIMMODE 系统变量设定为 1，则 CHAMFER 会将相交的直线修剪至倒角直线的端点。如果选定的直线不相交，CHAMFER 将延伸或修剪这些直线，使它们相交。如果将 TRIMMODE 设定为 0，则创建倒角而不修剪选定的直线。

(7) 方式：控制 CHAMFER 使用两个距离还是一个距离和一个角度来创建倒角。

(8) 多个：为多组对象的边倒角。

(9) 表达式：使用数学表达式控制倒角距离。有关允许的运算符号函数列表，请参见使用参数管理器控制几何图形。

4.15 倒 圆 角

操 作 卡

功能区："常用"选项卡→"修改"面板→"圆角"

菜单："修改"→"圆角"

工具栏：修改

命令行输入：FILLET

在此示例中，创建的圆弧与选定的两条直线均相切，直线被修剪到圆弧的两端。在创建一个锐角转角时，输入半径为零。该命令可以对圆弧、圆、椭圆、椭圆弧、直线、多段线、射线、样条曲线和构造线执行圆角操作，还可以对三维实体和曲面执行圆角操作。如果选择网格对象执行圆角操作，可以选择在继续进行操作之前将网格转换为实体或曲面。

操作提示列表：

当前设置：模式＝当前值，半径＝当前值

选择第一个对象或[放弃(U)/多段线(P)/半径(R)/修剪(T)/多个(M)]：使用对象选择方法或输入选项

提示说明：

(1) 第一个对象：选择定义二维圆角所需的两个对象中的第一个对象，或选择三维实体的边以便给其加圆角。如果选择直线、圆弧或多段线，它们的长度将进行调整以适应圆角圆弧。选择对象时，可以按住 Shift 键，以使用值 0(零)替代当前圆角半径。

(2) 放弃：恢复在命令中执行的上一个操作。

(3) 多段线：在二维多段线中两条直线段相交的每个顶点处插入圆角圆弧。

(4) 半径：定义圆角圆弧的半径。

(5) 修剪：是否将选定的边修剪到圆角圆弧的端点。

(6) 多个：给多个对象集加圆角。

示例：

小游园设计中设计外边框倒角处理。

(1) 切换到"边框"图层

(2) 命令：FILLET　当前设置：模式＝修剪，半径＝0.0000

(3) 选择第一个对象或[放弃(U)/多段线(P)/半径(R)/修剪(T)/多个(M)]：r 指定圆角半径 <0.0000>：1000

(4) 选择第一个对象或[放弃(U)/多段线(P)/半径(R)/修剪(T)/多个(M)]：选外边框相邻边

(5) 选择第二个对象，或按住 Shift 键选择要应用角点的对象：选外边框相邻边

(6) ……

(7) 命令：FILLET　当前设置：模式＝修剪，半径＝0.0000
(8) 选择第一个对象或[放弃(U)/多段线(P)/半径(R)/修剪(T)/多个(M)]：r 指定圆角半径 <0.0000>：800
(9) 选择第一个对象或[放弃(U)/多段线(P)/半径(R)/修剪(T)/多个(M)]：选内边框相邻边
(10) 选择第二个对象，或按住 Shift 键选择要应用角点的对象：选内边框相邻边
(11) ……
(12) 绘制完成如图 4.16 所示

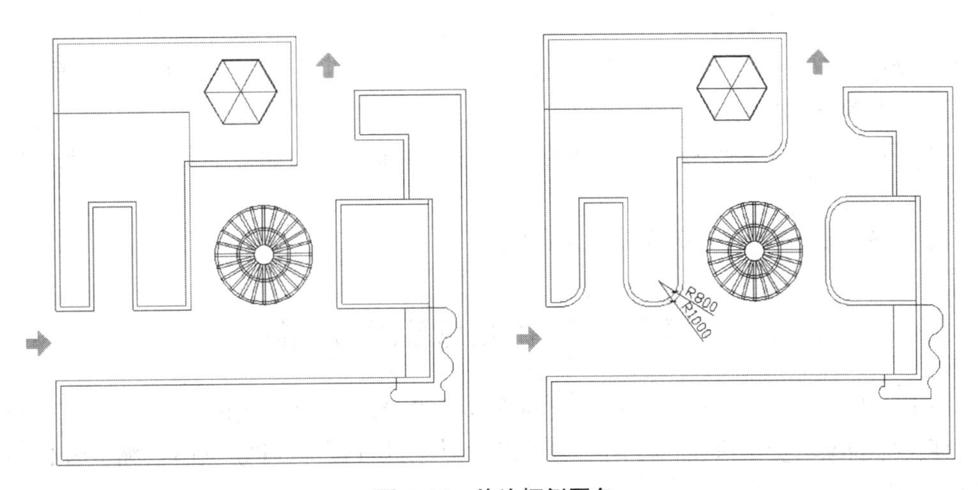

图 4.16　外边框倒圆角

4.16 分　　解

操　作　卡

- 功能区："常用"选项卡→"修改"面板→"分解"
- 菜单："修改"→"分解"
- 工具栏：修改
- 命令行输入：EXPLODE

单独修改复合对象的部件时，可分解复合对象。可以分解的对象包括块、多段线及面域等。任何分解对象的颜色、线型和线宽都可能会改变，其他结果将根据分解的复合对象类型的不同而有所不同。

提示说明：

(1) 二维和优化多段线：放弃所有关联的宽度或切线信息。对于宽多段线，将沿多段线中心放置，结果为直线和圆弧。

(2) 三维多段线：分解成直线段。为三维多段线指定的线型将应用到每一个得到的

线段。

(3) 三维实体：将平整面分解成面域。将非平整面分解成曲面。

(4) 注释性对象：将当前比例图示分解为构成该图示的组件(已不再是注释性)。已删除其他比例图示。

(5) 圆弧：如果位于非一致比例的块内，则分解为椭圆弧。

(6) 块：一次删除一个编组级。如果一个块包含一个多段线或嵌套块，那么对该块的分解就首先显露出该多段线或嵌套块，然后再分别分解该块中的各个对象。

(7) 体：分解成一个单一表面的体(非平面表面)、面域或曲线。

(8) 圆：如果位于非一致比例的块内，则分解为椭圆。

(9) 引线：根据引线的不同，可分解成直线、样条曲线、实体(箭头)、块插入(箭头、注释块)、多行文字或公差对象。

(10) 网格对象：将每个面分解成独立的三维面对象。将保留指定的颜色和材质。

(11) 多行文字：分解成文字对象。

(12) 多面网格：单顶点网格分解成点对象。双顶点网格分解成直线。三顶点网格分解成三维面。

(13) 面域：分解成直线、圆弧或样条曲线。

4.17 使用夹点编辑对象

在 AutoCAD 2011 中夹点是一种集成的编辑模式，具有非常实用的功能，它为用户提供了一种方便快捷的编辑操作途径。使用夹点可以对对象进行拉伸、移动、旋转、缩放及镜像等操作，如图 4.17 所示。

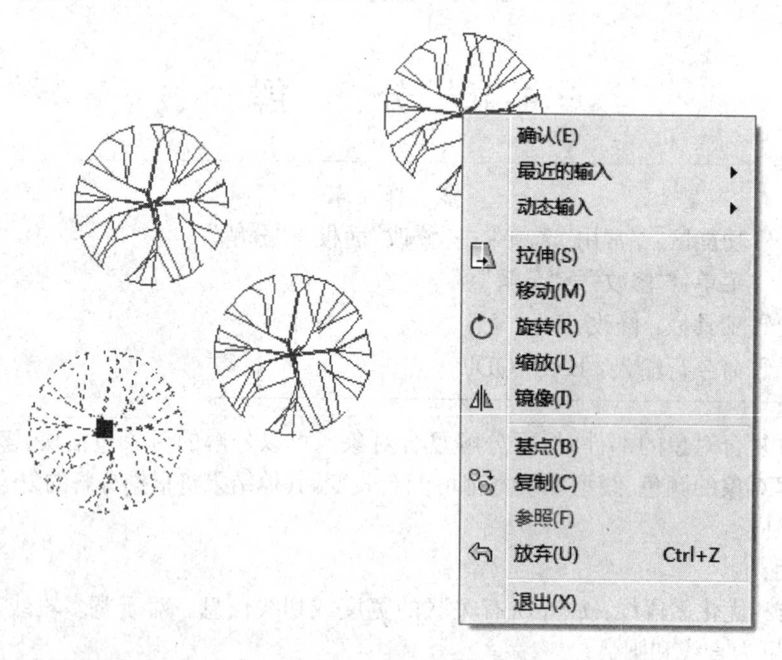

图 4.17 鼠标左键和右键综合运作夹点复制、移动等操作

提示说明：

(1) 使用夹点拉伸对象：在不执行任何命令的情况下选择对象，显示其夹点，然后单击其中一个夹点，该夹点将被作为拉伸的基点。

(2) 使用夹点移动对象：在不执行任何命令的情况下选择对象，显示其夹点，然后单击其中一个夹点，右击，在快捷菜单中选择“移动”命令。

(注意：移动对象仅仅是位置上的平移，而对象的方向和大小并不会被改变。要非常精确地移动对象，可使用捕捉模式、坐标、夹点和对象捕捉模式。用户通过输入点的坐标或拾取点的方式来确定平移对象的目的点后，即可以基点为平移的起点，以目的点为端点将所选对象平移到新位置。)

(3) 使用夹点镜像对象：在不执行任何命令的情况下选择对象，显示其夹点，然后单击其中一个夹点，右击，在快捷菜单中选择“镜像”命令。

(4) 使用夹点旋转对象：在不执行任何命令的情况下选择对象，显示其夹点，然后单击其中一个夹点，右击，在快捷菜单中选择“旋转”命令。

(5) 使用夹点缩放对象：在不执行任何命令的情况下选择对象，显示其夹点，然后单击其中一个夹点，右击，在快捷菜单中选择“缩放”命令。

4.18 对 象 选 择

在 AutoCAD 2011 中，选择对象的方法很多。可以通过单击对象逐个拾取，也可利用矩形窗口或交叉窗口选择；可以选择最近创建的对象、前面的选择集或图形中的所有对象，也可以向选择集中添加对象或从中删除对象。SELECT 命令可以单独使用，也可以在执行其他编辑命令时被自动调用。

提示说明：

(1) 点选：直接用鼠标也可选择对象。

(2) 窗口选择：从左向右拖动光标，以仅选择完全位于矩形区域中的对象。

(3) 交叉选择：从右向左拖动光标，以选择矩形窗口包围的或相交的对象。

(4) 全部：选择模型空间或当前布局中除冻结图层或锁定图层上的对象之外的所有对象。

(5) 栏选：选择与选择栏相交的所有对象。栏选方法与圈交方法相似，只是栏选不闭合，并且栏选可以自交。栏选不受 PICKADD 系统变量的影响。

(6) 圈围：选择多边形(通过待选对象周围的点定义)中的所有对象。该多边形可以为任意形状，但不能与自身相交或相切。将绘制多边形的最后一条线段，所以该多边形在任何时候都是闭合的。圈围不受 PICKADD 系统变量的影响。

(7) 快速选择：在 AutoCAD 2011 中，当用户需要选择具有某些共同特性的对象时，可利用“快速选择”对话框，在其中根据对象的图层、线型、颜色、图案填充等特性和类型，创建选择集。选择“工具”/“快速选择”命令，可打开“快速选择”对话框，或者在绘图区点击鼠标右键选择“快速选择”，如图 4.18 所示。

注意：只有在选择了“如何应用”选项组中的“包括在新选择集中”单选按钮，并且附加到当前选择集，复选框未被选中时，“选择对象”按钮才可用。

图 4.18 快速选择对话框

4.19 编辑多段线

操 作 卡

功能区：“常用”选项卡 →“修改”面板 →“编辑多段线”

菜单：“修改”→“对象”→“多段线”

工具栏：修改 II

命令行输入：PEDIT

快捷菜单：选择要编辑的多段线，在绘图区域单击鼠标右键，然后选择“编辑多段线”

编辑多段线的常见用途包含合并二维多段线、将线条和圆弧转换为二维多段线以及将多段线转换为近似 B 样条曲线的曲线(拟合多段线)。单线通过合并可以转化多段线，多段线可以生成拟合和样条曲线，如图 4.19 所示。

操作提示列表：

选择多段线或[MULTIPLE(M)]：使用对象选择方法或输入 m

其余提示取决于是选择了二维多段线、三维多段线还是三维多边形网格。

如果选定对象是直线、圆弧或样条曲线，则将显示以下提示：

选定的对象不是多段线。

是否将其转换为多段线？<是>：输入 Y 或 N，或按 Enter 键

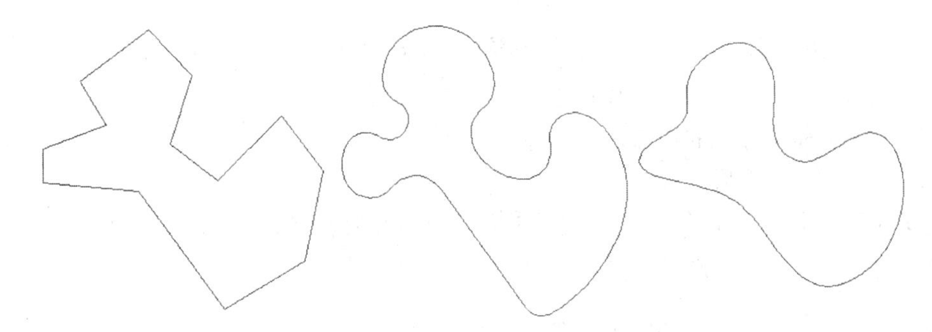

图 4.19　单线转成多段线、拟合曲线、样条曲线

如果输入 y，则对象被转换为可编辑的单段二维多段线。使用此操作可以将直线和圆弧合并为多段线。

将选定的样条曲线转换为多段线之前，将显示以下提示：

指定精度 <10>：输入新的精度值或按 Enter 键

精度值决定结果多段线与源样条曲线拟合的精确程度。有效值为 0 到 99 之间的整数。

如果选择二维多段线，将显示以下提示：

输入选项[闭合(C)/合并(J)/宽度(W)/编辑顶点(E)/拟合(F)/样条曲线(S)/非曲线化(D)/线型生成(L)/反转(R)/放弃(U)]：输入选项或按 Enter 键结束命令

提示说明：

(1) 关闭：创建多段线的闭合线，将首尾连接。除非使用“闭合”选项闭合多段线，否则将会认为多段线是开放的。

(2) 打开：删除多段线的闭合线段。除非使用“打开”选项打开多段线，否则程序将认为它是闭合的。

(3) 合并：在开放的多段线的尾端点添加直线、圆弧或多段线和从曲线拟合多段线中删除曲线拟合。对于要合并多段线的对象，除非第一个 PEDIT 提示下使用“多个”选项，否则，它们的端点必须重合。在这种情况下，如果模糊距离设置得足以包括端点，则可以将不相接的多段线合并。

(4) 合并类型：设定合并选定多段线的方法。

延伸　通过将线段延伸或剪切至最接近的端点来合并选定的多段线。

添加　通过在最接近的端点之间添加直线段来合并选定的多段线。

两者　如有可能，通过延伸或剪切来合并选定的多段线。否则，通过在最接近的端点之间添加直线段来合并选定的多段线。

(5) 宽度：为整个多段线指定新的统一宽度。

(6) 编辑顶点：在屏幕上绘制 X 标记多段线的第一个顶点。如果已指定此顶点的切线方向，则在此方向上绘制箭头。

(7) 下一个：将标记 X 移动到下一个顶点。即使多段线闭合，标记也不会从端点绕回到起点。

(8) 上一个：将标记 X 移动到上一个顶点。即使多段线闭合，标记也不会从起点绕回到端点。

(9) 打断：将 X 标记移到任何其他顶点时，保存已标记的顶点位置。

开始　删除指定的两个顶点之间的任何线段和顶点，并返回“编辑顶点”模式。

退出　退出“打断”选项并返回“编辑顶点”模式。

(10) 插入：在多段线的标记顶点之后添加新的顶点。

(11) 移动：移动标记的顶点。

(12) 重生成：重生成多段线。

(13) 拉直：将X标记移到任何其他顶点时，保存已标记的顶点位置。

下一个　将标记X移动到下一个顶点。

上一个　将标记X移动到上一个顶点。

开始　删除两个选定顶点之间的所有线段和顶点，将其替换成单个直线段，然后返回“编辑顶点”模式。如果通过不移动标记X而输入go来仅指定一个顶点，则该点之后的线段将被拉直(如果它是圆弧)。

退出　退出“拉直”选项并返回“编辑顶点”模式。

(14) 切向：将切线方向附着到标记的顶点以便用于以后的曲线拟合。

(15) 宽度：修改标记顶点之后线段的起点宽度和端点宽度。

(16) 退出：退出“编辑顶点”模式。

(17) 调整：创建圆弧拟合多段线(由圆弧连接每对顶点的平滑曲线)。曲线经过多段线的所有顶点并使用任何指定的切线方向。

(18) 样条曲线：使用选定多段线的顶点作为近似B样条曲线的曲线控制点或控制框架。该曲线(称为样条曲线拟合多段线)将通过第一个和最后一个控制点，除非原多段线是闭合的。在操作过程中，曲线将会被拉向其他控制点但并不一定通过它们，框架特定部分指定的控制点越多，曲线上这种拉拽的倾向就越大，可以生成二次和三次拟合样条曲线多段线。

(19) 非曲线化：删除由拟合曲线或样条曲线插入的多余顶点，拉直多段线的所有线段。保留指定给多段线顶点的切向信息，用于随后的曲线拟合。

(20) 线型生成：生成经过多段线顶点的连续图案线型。关闭此选项，将在每个顶点处以点划线开始和结束生成线型。“线型生成”不能用于带变宽线段的多段线。

(21) 反转：反转多段线顶点的顺序。使用此选项可反转使用包含文字线型的对象的方向。例如，根据多段线的创建方向，线型中的文字可能会倒置显示。

(22) 放弃：还原操作，可一直返回到PEDIT任务开始时的状态。

4.20 编辑样条曲线

操 作 卡

- 功能区：“常用”选项卡 →“修改”面板 →“编辑样条曲线”
- 菜单：“修改”→“对象”→“样条曲线”
- 工具栏：修改Ⅱ
- 命令行输入：SPLINEDIT
- 快捷菜单：在选定样条曲线上单击鼠标右键，选择“编辑样条曲线”

修改样条曲线的定义，如控制点数量和权值、拟合公差及起点相切和端点相切。选择样条曲线对象或样条曲线拟合多段线时，夹点将出现在控制点上。

操作提示列表：

选择样条曲线：

输入选项[闭合(C)/合并(J)/拟合数据(F)/编辑顶点(E)/转换为多段线(P)/反转(R)/放弃(U)] <退出>：

提示说明：

(1) 闭合/打开：在“闭合”和“开放”之间切换，具体取决于选定样条曲线是否为闭合状态。

(2) 合并：选定的样条曲线、直线和圆弧在重合端点处合并到现有样条曲线。选择有效对象后，该对象将合并到当前样条曲线，合并点处将具有一个折点。

(3) 拟合数据：输入拟合数据选项：[添加(A)/删除(D)/折点(K)/移动(M)/清理(P)/相切(T)/公差(L)/退出(X)] <退出>：

添加　在样条曲线中增加拟合点，如图 4.20 所示。

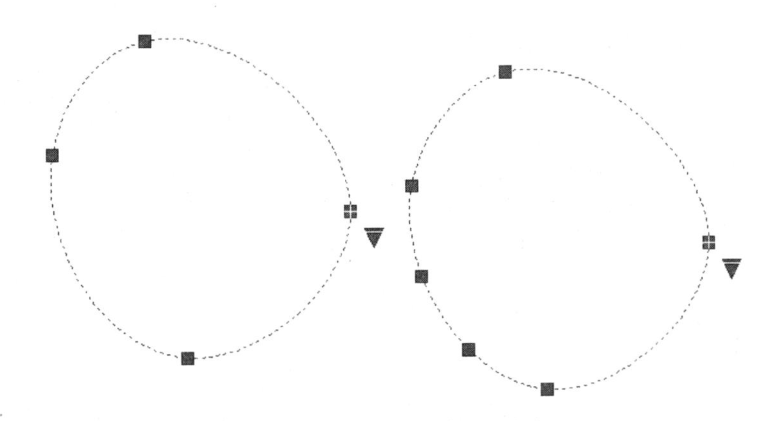

图 4.20　样条曲线增加拟合点

删除　从样条曲线中删除拟合点并且用其余点重新拟合样条曲线。

折点　在样条曲线上的选定点处添加节点和拟合点。

移动　新位置，将选定点移到指定位置；下一个，将选定点移动到下一点；上一个，将选定点移回前一点；选择点，从拟合点集中选择点。

清理　从图形数据库中删除样条曲线的拟合数据。清理样条曲线的拟合数据后，将显示不包括“拟合数据”选项的 SPLINEDIT 主提示。

相切　编辑样条曲线的起点和端点切向。

公差　使用新的公差值将样条曲线重新拟合至现有点。

退出　返回到 SPLINEDIT 主提示。

(4) 编辑顶点：输入顶点编辑选项[添加(A)/删除(D)/提高阶数(E)/移动(M)/权值(W)/退出(X)] <退出>：

添加　增加控制部分样条曲线的控制点数量。

删除　减少定义样条曲线的控制点的数量。

提高阶数　增加样条曲线上控制点的数量。输入大于当前阶数的值将增加整个样条曲线的控制点数，使控制更为严格，最大值为 26。

移动　重新定位样条曲线的控制顶点并清理拟合点。

权值　更改不同控制点的权值。权值越大，样条曲线越接近控制点。

退出　返回到 SPLINEDIT 主提示。

（5）转换为多段线：将样条曲线转换为多段线。精度值决定结果多段线与源样条曲线拟合的精确程度。

（6）反转：反转样条曲线的方向。此选项主要适用于第三方应用程序。

（7）放弃：取消上一编辑操作。

练习思考题

绘制小型广场，加强工具操作练习，在实例绘制过程中发现问题。

第5章　AutoCAD 创建和管理图层、对象特性

在绘图过程中,每一类对象都具有各自的特性,如颜色、线型、线宽等,在绘图之前应该将不同类的对象分别建立不同的图层。图层是无厚度而透明的图纸,相当于图纸绘图中使用的重叠图纸。每个图层都有与之相关的线型、线宽、打印样式、标准等对象特征,由于图层具有开、关、冻结、解冻、锁定、非锁定等管理图线的功能,用户可以随时打开显示图形或关闭一些暂时不需要的图层,运用图层可以组织不同类型的图形信息并进行管理。

教学目标: 掌握图层的创建、修改和管理;掌握修改对象的特性,包括修改对象的图层、线型、线宽等。学习使用特性窗口修改对象特性和对象参数等。

教学重点: 图层的创建、修改和管理、对象特性和特性匹配。

教学难点: 修改对象特性。

5.1　创建图层

操　作　卡

- 功能区:"常用"选项卡 →"图层"面板 →"图层特性管理器"
- 菜单:"格式"→"图层"
- 工具栏:图层
- 命令行输入:LAYER

1) 图层特性管理器

图层特性管理器可以添加、删除和重命名图层,更改图层特性,设置布局视口的特性替代或添加图层说明并实时应用这些更改。无需单击"确定"或"应用"即可查看特性更改。图层过滤器控制可应用在列表中显示的图层,也可以用于同时更改多个图层,一般在新建文件的时候先在图层里创建园林设计需要的各个图层,如建筑图层、道路图层、植物图层、中心线图层、尺寸层、文字层等,设置好对应的线性、颜色宽度等,如图 5.1 所示。选项列表说明:

(1) 新特性过滤器:显示"图层过滤器特性"对话框,从中可以根据图层的一个或多个特性创建图层过滤器。

(2) 新建组过滤器:创建图层过滤器,其中包含选择并添加到该过滤器的图层。

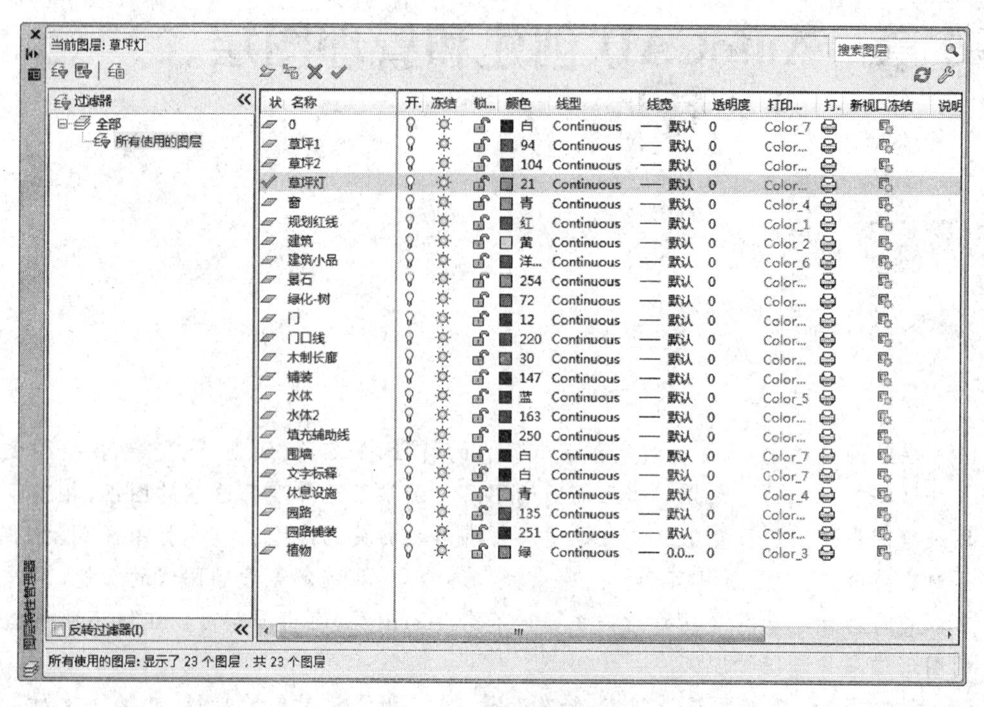

图 5.1　图层特性管理器对话框

(3) 图层状态管理器：显示图层状态管理器，从中可以将图层的当前特性设置保存到一个命名图层状态中，以后可以再恢复这些设置。

(4) 新建图层：创建新图层。列表将显示名为 LAYER1 的图层。该名称处于选定状态，因此可以立即输入新图层名。新图层将继承图层列表中当前选定图层的特性(颜色、开或关状态等)。新图层将在最新选择的图层下进行创建。

(5) 所有视口中已冻结的新图层视口：创建新图层，然后在所有现有布局视口中将其冻结。可以在“模型”选项卡或布局选项卡上访问此按钮。

(6) 删除图层：删除选定图层。只能删除未被参照的图层。参照的图层包括图层 0 和 DEFPOINTS、包含对象(包括块定义中的对象)的图层、当前图层以及依赖外部参照的图层。局部打开图形中的图层也被视为已参照并且不能删除。

(7) 置为当前：将选定图层设定为当前图层。将在当前图层上绘制创建的对象。(CLAYER 系统变量)

(8) 当前图层：显示当前图层的名称。

(9) 搜索图层：输入字符时，按名称快速过滤图层列表。关闭图层特性管理器时，不保存此过滤器。

(10) 状态行：显示当前过滤器的名称、列表视图中显示的图层数和图形中的图层数。

(11) 反转过滤器：显示所有不满足选定图层特性过滤器中条件的图层。

(12) 指示正在使用的图层：在列表视图中显示图标以指示图层是否正被使用。在具有多个图层的图形中，清除此选项可提高性能(SHOWLAYERUSAGE 系统变量)。

(13) 刷新：通过扫描图形中的所有图元来刷新图层使用信息。

(14) 设置：显示“图层设置”对话框，从中可以设置新图层通知设置、是否将图层过滤器更改应用于“图层”工具栏以及更改图层特性替代的背景色。

(15) 应用：应用对图层和过滤器所做的更改，但不关闭对话框。

2) 图层特性管理器——树状图

显示图形中图层和过滤器的层次结构列表。顶层节点(“全部”)显示图形中的所有图层，过滤器按字母顺序显示，“所有使用的图层”过滤器是只读过滤器。

(1) 可见性：更改选定过滤器(或“全部”或“所有使用的图层”过滤器，如果选定了相应过滤器)中所有图层的可见性状态。

(2) 锁定：控制是否可以修改选定滤器中的图层上的对象。

(3) 视口：在当前布局视口中，控制选定图层过滤器中的图层的“视口冻结”设置。此选项对于模型空间视口不可用。

(4) 隔离组：关闭所有不在选定过滤器中的图层。只有选定过滤器中的图层是可见图层。

(5) 建特性过滤器：示“图层过滤器特性”对话框，从中可以根据图层名和设置(例如，打开或关闭、颜色或线型)创建新的图层过滤器。

(6) 新建组过滤器：创建一个名为 GROUP FILTER1 的新图层组过滤器，并将其添加到树状图中。输入新的名称。在树状图中选择“全部”过滤器或其他任何图层过滤器，以在列表视图中显示图层，然后，将图层从列表视图拖动到树状图的新图层组过滤器中。

(7) 转换为组过滤器：将选定图层特性过滤器转换为图层组过滤器。更改图层组过滤器中的图层特性不会影响该过滤器。

(8) 重命名：重命名选定过滤器。输入新的名称。

(9) 删除：删除选定的图层过滤器。无法删除“全部”过滤器、“所有使用的图层”过滤器及“外部参照”过滤器。该选项将删除图层过滤器，而不是过滤器中的图层。

(10) 特性：显示“图层过滤器特性”对话框，从中可以修改选定图层特性过滤器的定义。仅当选定了某一个图层特性过滤器后，此选项才可用。

(11) 选择图层：暂时关闭“图层过滤器特性”对话框，以使用户可以选择图形中的对象。仅当选定了某一个图层组过滤器后，此选项才可用。

3) 图层特性管理器——列表视图：显示图层和图层过滤器及其特性和说明

(1) 状态：指示项目的类型：图层过滤器、正在使用的图层、空图层或当前图层。

(2) 名称：显示图层或过滤器的名称。按 F2 键输入新名称。

(3) 开：打开和关闭选定图层。当图层打开时，它可见并且可以打印，当图层关闭时，它不可见并且不能打印，即使已打开“打印”选项。

(4) 冻结：冻结所有视口中选定的图层，包括“模型”选项卡。可以冻结图层来提高ZOOM、PAN 和其他若干操作的运行速度，提高对象选择性能并减少复杂图形的重生成时间，将不会显示、打印、消隐、渲染或重生成冻结图层上的对象，冻结希望长期不可见的图层。如果计划经常切换可见性设置，请使用“开/关”设置，以避免重生成图形。可以在所有视口、当前布局视口或新的布局视口中(在其被创建时)冻结某一个图层。

(5) 锁定：锁定和解锁选定图层。无法修改锁定图层上的对象。

(6) 颜色：更改与选定图层关联的颜色。单击颜色名可以显示“选择颜色”对话框。

(7) 线型：更改与选定图层关联的线型。单击线型名称可以显示“选择线型”对话框，如图 5.2 所示。

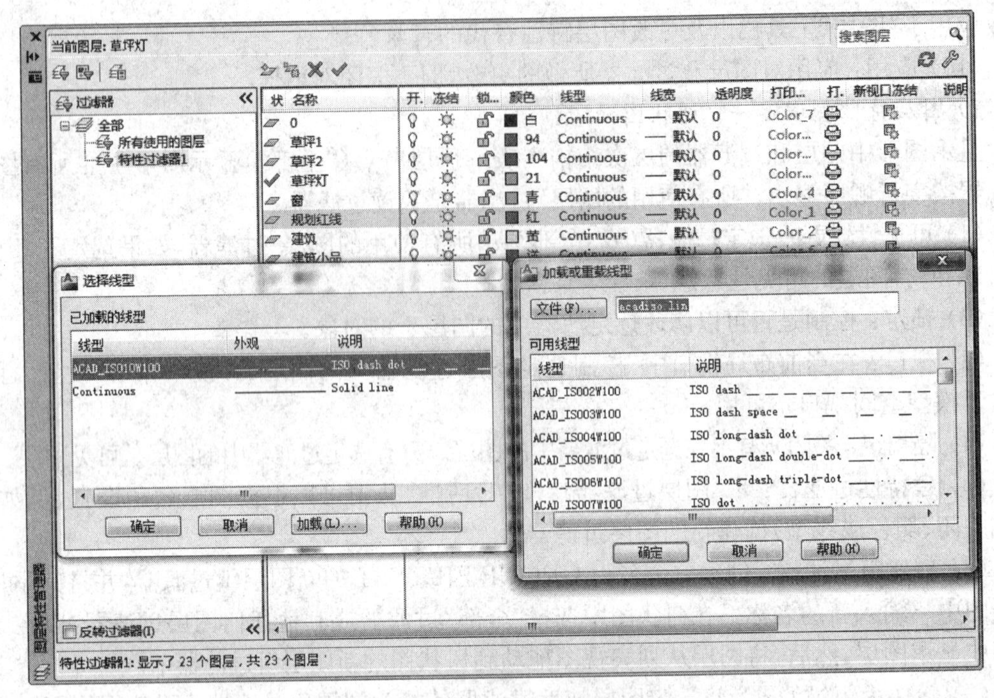

图 5.2 线型加载对话框

当前图形中的可用线型。

① 已加载的线型：显示当前图形中已加载的线型列表。

② 加载：显示“加载或重载线型”对话框，从中可以将选定的线型加载到图形中并将其添加到线型列表。要选定或清除列表中的全部线型，单击鼠标右键并选定“选择全部”或“清除全部”。

(8) 线宽：更改与选定图层关联的线宽。单击线宽名称可以显示“线宽”对话框。

(9) 透明度：控制所有对象在选定图层上的可见性。对单个对象应用透明度时，对象的透明度特性将替代图层的透明度设置。单击“透明度”值将显示“图层透明度”对话框。

(10) 打印样式：更改与选定图层关联的打印样式。

(11) 打印：控制是否打印选定图层。即使关闭图层的打印，仍将显示该图层上的对象。将不会打印已关闭或冻结的图层，而不管“打印”设置。

(12) 说明：描述图层或图层过滤器。

4) *图层基本特性*

(1) 一幅图可以包含多个图层。

(2) 每当创建一张新图，系统会自动生成“0”层。“0”层的缺省颜色是“白色”，缺省线型是Continuous(连续线)，缺省线宽是“默认”。“0”层不能被清除。

(3) 同一张图中不允许建立两个相同名称的图层。

(4) 每个图层只能赋予一种颜色、一种线型和一种线宽，不同的图层可以具有相同的颜色、线型和线宽。

(5) 用户要在某一特定图层上绘制图形对象，必须把该层设置为当前层，但被编辑的对象可以处于不同的图层。

(6) 图层可以打开或关闭。

(7) 当前图层和其他图层均可以被锁定，处于被锁定图层上的图形元素可见，但不可编辑。

5.2 对 象 特 性

操 作 卡

- 功能区：“视图”选项卡 →“选项板”面板 →“特性”
- 菜单：“修改”→“特性”
- 工具栏：标准
- 命令行输入：PROPERTIES

选择多个对象时，仅显示所有选定对象的公共特性。未选定任何对象时，仅显示常规特性的当前设置。可以指定新值以修改任何可以更改的特性。使用快捷特性，在 AutoCAD 2011 的快捷特性功能，当用户选择对象时，即可显示快捷特性面板，从而方便修改对象的属性，如图 5.3 所示。

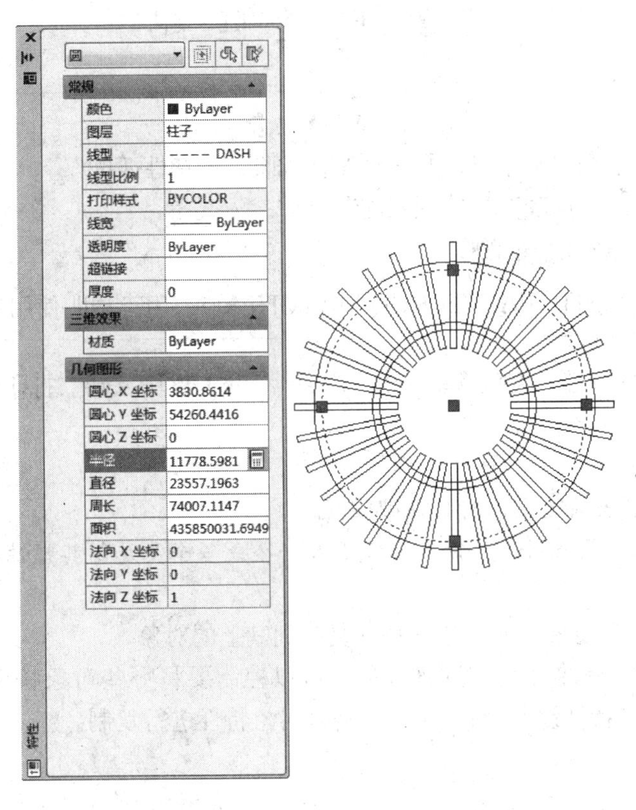

图 5.3 对象特性对基本图形进行修改

选项列表说明：

(1) 对象类型：显示选定对象的类型。

(2) 切换 PICKADD 系统变量的值：打开(1)或关闭(0)PICKADD 系统变量。打开 PICKADD 时，每个选定对象(无论是单独选择或通过窗口选择的对象)都将添加到当前选择集中。关闭 PICKADD 时，选定对象将替换当前选择集。

(3) 选择对象：使用任意选择方法选择所需对象。"特性"选项板将显示选定对象的共有特性，然后可以在"特性"选项板中修改选定对象的特性，或输入编辑命令对选定对象做其他修改。

(4) 快速选择：显示"快速选择"对话框。使用"快速选择"创建基于过滤条件的选择集。

特性窗口项目说明：

(1) 特性窗口按类别显示对象的特性，分为"常规"、"三维效果"、"打印式样"、"视图"、"其他"等多个选项组。各选项组可以根据需要收起或展开。

(2) 如果没有选择对象，"常规"窗口将显示当前的特性，如当前的图层、颜色、线型、线宽、透明度和厚度等。此时，可选中窗口中的项目进行修改，重新赋值。

(3) 如果选择了一个对象，"特性"窗口将显示选定对象的特性，可以使用窗口中的控制修改这些项目设置值。

(4) 如果选择了多个对象，可以使用"特性"窗口顶部的下拉列表选择某一类对象，列表中还显示了当前每一类选定对象的数量。

5.3 特 性 匹 配

操 作 卡

- 功能区："常用"选项卡→"特性"面板→"特性匹配"
- 菜单："修改"→"特性匹配"
- 工具栏：标准
- 命令条目：PAINTER(或 MATCHPROP，用于透明使用)

该命令可应用的特性类型包含颜色、图层、线型、线型比例、线宽、打印样式、透明度和其他指定的特性。

操作提示列表：

当前活动设置：当前选定的特性匹配设置

选择目标对象或[设置(S)]：输入 s 或选择一个或多个要复制其特性的对象

提示说明：

(1) 目标对象：指定要将源对象的特性复制到其上的对象。

(2) 设置：显示"特性设置"对话框，从中可以控制要将哪些对象特性复制到目标对象。默认情况下，将选择"特性设置"对话框中的所有对象特性进行复制。

练习思考题

(1) 设置符合园林设计对应的图层，通过图层管理器进行存储。

(2) 体会特性匹配使用的对象和对象特性有何联系？

第6章　AutoCAD 图案填充、面域、块的创建及编辑

AutoCAD 中的图案填充和面域属于二维图形编辑对象。其中，面域是具有边界的平面区域，它是一个面对象，内部可以包含孔；图案填充是一种使用指定线条图案来充满指定区域的图形对象，常常用于表达剖切面和不同类型物体对象的外观纹理。

在绘制园林设计时，设计图中有大量相同或相似的内容如同种植物图例、休息椅、树池等，或者所绘制的图形与已有的图形文件相同，则可以把要重复绘制的图形创建成块，并根据需要为块创建属性，指定块的名称、用途及设计者等信息，在需要时直接插入它们，从而提高绘图效率。

教学目标： 通过本章的学习，应掌握 AutoCAD 2011 图案填充和面域操作，并能够设置孤岛和渐变色填充；面域的创建方法，从面域中提取质量数据的方法；以及如何设置和编辑图案填充；熟练掌握创建与编辑块、编辑和管理属性块的方法和动态块的修改和管理。

教学重点： 熟练创建与编辑块与动态块，掌握图案填充和面域操作。

教学难点： 图案填充设置孤岛和渐变色填充，动态块的创建和修改、块的定义属性和编辑。

6.1　图案填充与编辑

操　作　卡

- 功能区："常用"选项卡 →"绘图"面板→"图案填充"
- 菜单："绘图"→"图案填充"
- 工具栏：绘图
- 命令行输入：HATCH

图案填充是使用填充图案、实体填充或渐变填充来填充封闭区域或选定对象，主要对园林设计中铺装运用比较多，重点要掌握填充图例比例关系，如图 6.1 所示。

图 6.1　图 案 填 充

6.1.1　图案填充编辑

1)“图案填充”选项卡：定义图案填充和填充的边界、图案、填充特性和其他参数

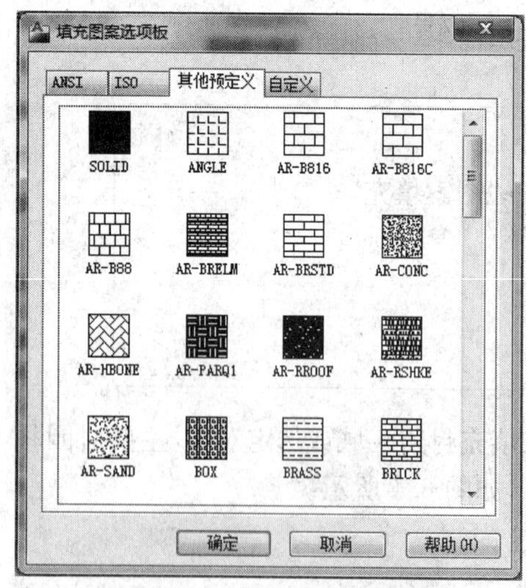

图 6.2　填充图案对话选项板

(1) 类型和图案：指定图案填充的类型、图案、颜色和背景色，如图 6.2 所示。

类型　指定创建预定义的填充图案、用户定义的填充图案或自定义的填充图案。预定义图案存储在随程序提供的 acad. pat 或 acadiso. pat 文件中。用户定义的图案基于图形中的当前线型。自定义图案是在任何自定义 PAT 文件中定义的图案，这些文件已添加到搜索路径中。

图案　显示选择的 ANSI、ISO 和其他行业标准填充图案。选择“实体”可创建实体填充。只有将“类型”设定为“预定义”，“图案”选项才可用。

“...”按钮　显示“填充图案选项板”对话框，

在该对话框中可以预览所有预定义图案的图像。

颜色　使用填充图案和实体填充的指定颜色替代当前颜色。

背景色　为新图案填充对象指定背景色。选择“无”可关闭背景色。

样例　显示选定图案的预览图像。单击样例可显示“填充图案选项板”对话框。

自定义图案　列出可用的自定义图案。最近使用的自定义图案将出现在列表顶部。只有将“类型”设定为“自定义”,“自定义图案”选项才可用。

(2) 角度和比例：指定选定填充图案的角度和比例。

角度　指定填充图案的角度(相对当前 UCS 坐标系的 X 轴)。

比例　放大或缩小预定义或自定义图案。只有将“类型”设定为“预定义”或“自定义”，此选项才可用。

双向　对于用户定义的图案，绘制与原始直线成 90 度角的另一组直线，从而构成交叉线。只有将“类型”设定为“用户定义”，此选项才可用。

相对图纸空间　相对于图纸空间单位缩放填充图案。使用此选项可以按适合于布局的比例显示填充图案，仅适用于布局。

间距　指定用户定义图案中的直线间距。只有将“类型”设定为“用户定义”，此选项才可用。

ISO 笔宽　基于选定笔宽缩放 ISO 预定义图案。只有将“类型”设定为“预定义”，并将“图案”设定为一种可用的 ISO 图案，此选项才可用。

(3) 图案填充原点：控制填充图案生成的起始位置。某些图案填充(例如砖块图案)需要与图案填充边界上的一点对齐。默认情况下，所有图案填充原点都对应于当前的 UCS 原点。

使用当前原点　使用存储在 HPORIGIN 系统变量中的图案填充原点。

指定的原点　使用以下选项指定新的图案填充原点。

单击以设置新原点　直接指定新的图案填充原点。

默认为边界范围　根据图案填充对象边界的矩形范围计算新原点，可以选择该范围的四个角点及其中心。

存储为默认原点　将新图案填充原点的值存储在 HPORIGIN 系统变量中。

2) “渐变色”选项卡：定义要应用的渐变填充的外观，如图 6.3 所示

(1) 颜色：指定是使用单色还是使用双色混合色填充图案填充边界。

单色　指定填充是使用一种颜色与指定染色(颜色与白色混合)间的平滑转场还是使用一种颜色与指定着色(颜色与黑色混合)间的平滑转场。

双色　指定在两种颜色之间平滑过渡的双色渐变填充。

颜色样例　指定渐变填充的颜色(可以是一种颜色，也可以是两种颜色)。单击浏览按

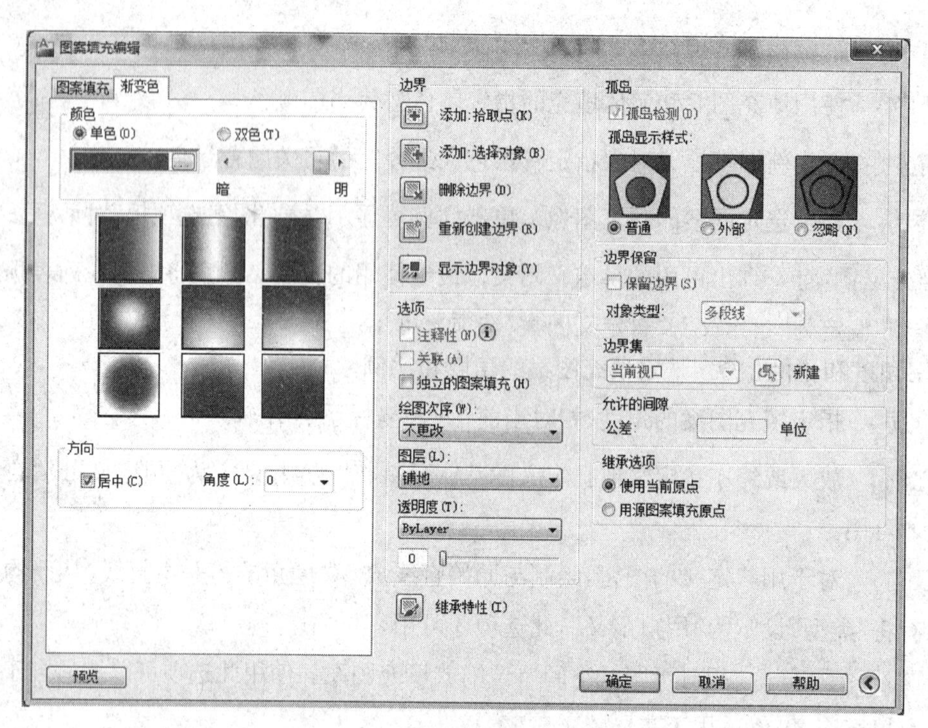

图 6.3　渐变色选项卡

钮“...”以显示“选择颜色”对话框，从中可以选择 AutoCAD 颜色索引(ACI) 颜色、真彩色或配色系统颜色。

“着色”和“渐浅”滑块　指定一种颜色的渐浅(选定颜色与白色的混合)或着色(选定颜色与黑色的混合)，用于渐变填充。

(2) 渐变图案：显示用于渐变填充的固定图案。这些图案包括线性扫掠状、球状和抛物面状图案。

(3) 方向：指定渐变色的角度以及其是否对称。

居中　指定对称渐变色配置。如果没有选定此选项，渐变填充将朝左上方变化，创建光源在对象左边的图案。

角度　指定渐变填充的角度。相对当前 UCS 指定角度。此选项与指定给图案填充的角度互不影响。

6.1.2　使用对话框

(1) 添加：拾取点是根据围绕指定点构成封闭区域的现有对象来确定边界。

拾取内部点　指定内部点时，可以随时在绘图区域中单击鼠标右键以显示包含多个选项的快捷菜单。

(2) 添加：选择对象是根据构成封闭区域的选定对象确定边界。

选择对象　不会自动检测内部对象。必须选择选定边界内的对象，以按照当前孤岛检测样式填充这些对象。

(3) 删除边界：从边界定义中删除之前添加的任何对象。

选择对象　从边界定义中删除对象。

添加边界　向边界定义中添加对象。

(4) 重新创建边界：围绕选定的图案填充或填充对象创建多段线或面域，并使其与图案填充对象相关联(可选)。

(5) 查看选择集：使用当前图案填充或填充设置显示当前定义的边界。仅当定义了边界时才可以使用此选项。

(6) 选择边界对象：选择构成选定关联图案填充对象的边界对象。使用显示的夹点可修改图案填充边界。

(7) 选项：控制几个常用的图案填充或填充选项。

注释性　指定图案填充为注释性。此特性会自动完成缩放注释过程，从而使注释能够以正确的大小在图纸上打印或显示。

关联　指定图案填充或填充为关联图案填充。关联的图案填充或填充在用户修改其边界对象时将会更新。

创建独立的图案填充　控制当指定了几个单独的闭合边界时，是创建单个图案填充对象，还是创建多个图案填充对象。

绘图次序　为图案填充或填充指定绘图次序。图案填充可以放在所有其他对象之后、所有其他对象之前、图案填充边界之后或图案填充边界之前。

图层　为指定的图层指定新图案填充对象，替代当前图层。选择"使用当前值"可使用当前图层。

透明度　设定新图案填充或填充的透明度，替代当前对象的透明度。选择"使用当前值"可使用当前对象的透明度设置。

(8) 继承特性：使用选定图案填充对象的图案填充或填充特性对指定的边界进行图案填充或填充。在选定想要图案填充继承其特性的图案填充对象之后，在绘图区域中单击鼠标右键，并使用快捷菜单中的选项在"选择对象"和"拾取内部点"选项之间切换。

(9) 预览：使用当前图案填充或填充设置显示当前定义的边界。在绘图区域中单击或按Esc键返回到对话框。单击鼠标右键或按Enter键接受图案填充或填充。

(10) 其他选项：展开"图案填充和渐变色"对话框以显示更多选项。

示例：

小游园设计中软质铺装和硬质铺装绘制。

(1) 新建对应的铺装图层如"植物铺装"、"硬质铺装1"、"硬质铺装2"等图层，颜色按需设置。
(2) 选择相宜的图案样例。
(3) 比例和角度按需调整。

(4) 用拾取点选择边界,一定是封闭空间,如果有植物块图层最好隐藏,所填充区域最大显示绘图区内。
(5) 勾选孤岛检测,确定。绘制完成如图 6.4 所示。

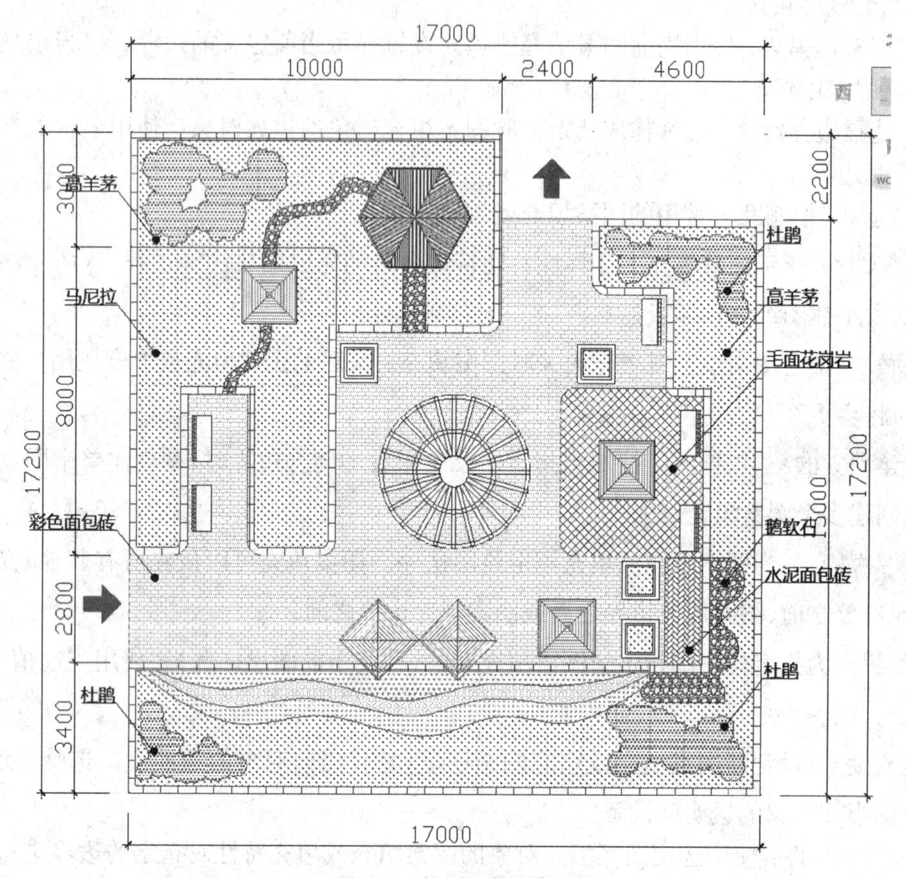

图 6.4 软质、硬质铺装

6.2 创建边界

操 作 卡

- 功能区:"常用"选项卡 →"绘图"面板→"边界"
- 菜单:"绘图"→"边界"
- 工具栏:绘图
- 命令行输入:BOUNDARY

创建边界是使用由对象封闭的区域内的指定点,定义用于创建面域或多段线的对象类型、边界集和孤岛检测方法,如图 6.5 所示。

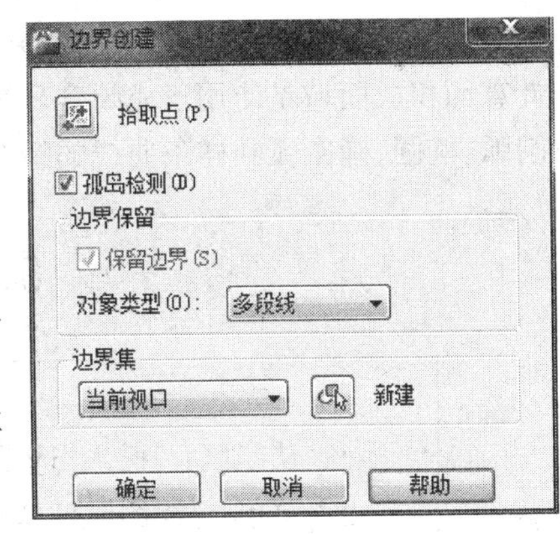

图 6.5　创建边界

提示说明：

(1) 拾取点：根据围绕指定点构成封闭区域的现有对象来确定边界。

(2) 孤岛检测：控制边界线是否检测内部闭合边界，该边界称为孤岛。

(3) 对象类型：控制新边界对象的类型。边界线将边界作为面域或多段线对象创建。

(4) 边界集：定义通过指定点定义边界时，边界线要分析的对象集。

当前视口　根据当前视口范围中的所有对象定义边界集选择此选项将放弃当前所有边界集。

新建　提示用户选择用来定义边界集的对象。边界线仅包括可以在构造新边界集时，用于创建面域或闭合多段线的对象。

6.3　创 建 面 域

操 作 卡

- 功能区：“常用”选项卡 →“绘图”面板 →“面域”
- 菜单：“绘图”→“面域”
- 工具栏：绘图
- 命令行输入：REGION

面域是用闭合的形状或环创建的二维区域。闭合多段线、闭合的多条直线和闭合的多条曲线都是有效的选择对象。曲线包括圆弧、圆、椭圆弧、椭圆和样条曲线。可以将若干区域合并到单个复杂区域。面域就像是一张没有厚度的纸，除了包括边界外，还包括边界内的平面。

可以将图形转化成面域，面域是平面实体区域。在 AutoCAD 2011 中，用户可以将由某些对象围成的封闭区域转换为面域，这些封闭区域可以是圆、椭圆、封闭的二维多段线和封闭的样条曲线等对象，也可以是由圆弧、直线、二维多段线、椭圆弧、样条曲线等对象构成的封闭区域，在真实视觉式样显示模式下，左边是多段线，右边是多段线转换成的面域如图 6.6 所示。

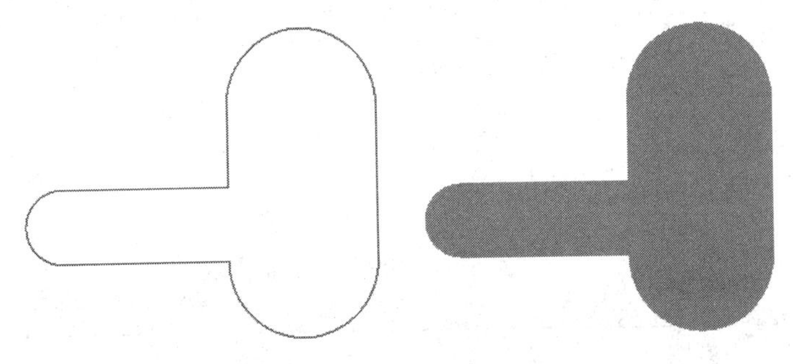
图 6.6　多段线转换成面域

面域是具有物理特性(如质心)的二维封闭区域。可以将现有面域合并为单个复合面域来计算面积。面域是使用形成闭合环的对象创建的二维闭合区域。环可以是直线、多段线、圆、圆弧、椭圆、椭圆弧和样条曲线的组合。

6.4 创 建 块

操 作 卡

- 功能区:“插入”选项卡 →“块”面板→“创建”
- 菜单:“绘图”→“块”→“创建”
- 工具栏:绘图
- 命令行输入:BLOCK

定义并命名块,如图 6.7 所示。根据园林设计需要可以把一些园林设计要素创建成图块形式加以保持以便下次再用,如图 6.8 所示。

提示说明:

(1) 名称:指定块的名称。名称最多可以包含 255 个字符,包括字母、数字、空格,以及操作系统和程序未作他用的任何特殊字符。块名称及块定义保存在当前图形中。

(2) 预览:如果在“名称”下选择现有的块,将显示块的预览。

(3) 基点:指定块的插入基点。默认值是(0,0,0)。

在屏幕上指定　关闭对话框时,将提示用户指定基点。

“拾取插入基点”按钮　暂时关闭对话框以使用户能在当前图形中拾取插入基点。

X　指定 X 坐标值。

Y　指定 Y 坐标值。

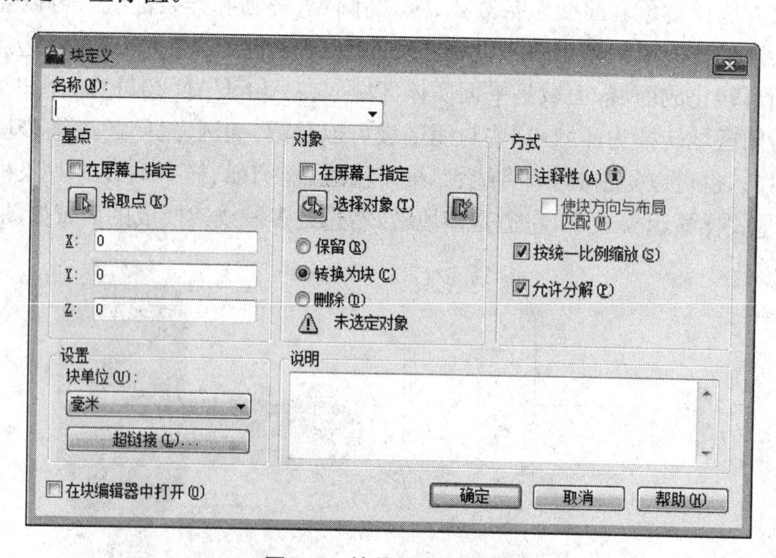

图 6.7　块的定义对话框

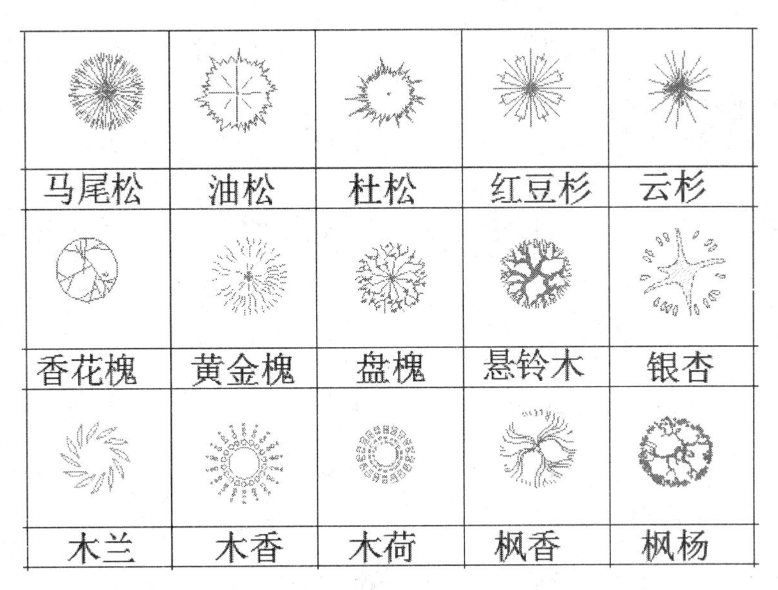

图 6.8　植物图例块的创建

Z　指定 Z 坐标值。

(4) 对象：指定新块中要包含的对象，以及创建块之后如何处理这些对象，是保留还是删除或者是将它们转换成块实例。

在屏幕上指定　关闭对话框时，将提示用户指定对象。

选择对象　暂时关闭“块定义”对话框，允许用户选择块对象。完成对象选择后，按 Enter 键重新显示“块定义”对话框。

快速选择　显示“快速选择”对话框，该对话框定义选择集。

保留　创建块以后，将选定对象保留在图形中作为区别对象。

转换为块　创建块以后，将选定对象转换成图形中的块实例。

删除　创建块以后，从图形中删除选定的对象。

选定的对象　显示选定对象的数目。

(5) 行为：指定块的行为。

注释性　指定块为注释性。单击信息图标以了解有关注释性对象的详细信息。

使块方向与布局匹配　指定在图纸空间视口中的块参照的方向与布局的方向匹配。如果未选择“注释性”选项，则该选项不可用。

按统一比例缩放　指定是否阻止块参照不按统一比例缩放。

允许分解　指定块参照是否可以被分解。

(6) 设置：指定块的设置。

块单位　指定块参照插入单位。

超链接 打开“插入超链接”对话框，可以使用该对话框将某个超链接与块定义相关联。

(7) 说明：指定块的文字说明。

(8) 在块编辑器中打开：单击“确定”后，在块编辑器中打开当前的块定义。

6.5 插 入 块

操 作 卡
功能区：“插入”选项卡 →“块”面板 →“插入”
菜单：“插入”→“块”
工具栏：插入
命令行输入：INSERT

插入块的位置取决于 UCS 的方向。插入块对话框如图 6.9 所示。

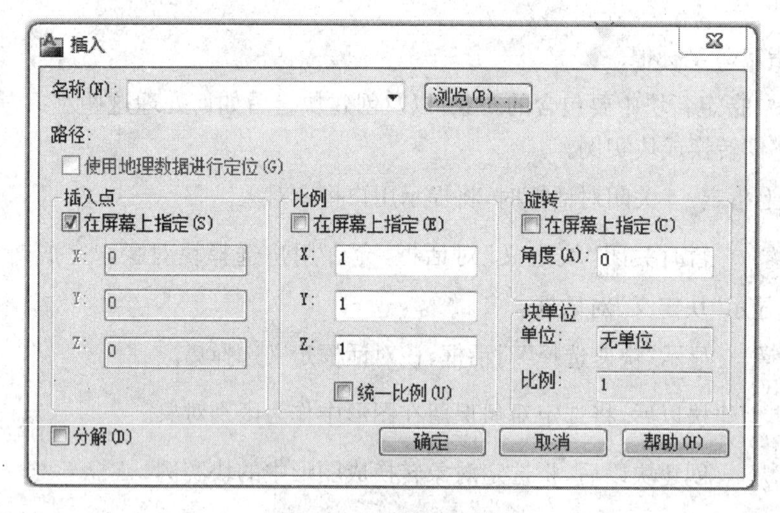

图 6.9 编辑参照对话框

提示说明：

(1) 名称：指定要插入块的名称，或指定要作为块插入的文件的名称，如图 6.10 所示。

浏览 打开“选择图形文件”对话框(标准文件选择对话框)，从中可选择要插入的块或图形文件。

路径 指定块的路径。

使用地理数据进行定位 插入将地理数据用作参照的图形，指定当前图形和附着的图形是否包含地理数据。此选项仅在这两个图形均包含地理数据时才可用。

预览 显示要插入的指定块的预览。预览右下角的闪电图标指示该块为动态块。

(2) 插入点：指定块的插入点。

在屏幕上指定 用定点设备指定块的插入点。

(3) 比例：指定插入块的缩放比例。如果指定负的 X、Y 和 Z 缩放比例因子，则插入块的镜像图像。

在屏幕上指定　用定点设备指定块的比例。

X　设定 X 比例因子。

Y　设定 Y 比例因子。

Z　设定 Z 比例因子。

统一比例　为 X、Y 和 Z 坐标指定单一的比例值。

(4) 旋转：在当前 UCS 中指定插入块的旋转角度。

在屏幕上指定　用定点设备指定块的旋转角度。

角度　设定插入块的旋转角度。

(5) 块单位：显示有关块单位的信息。

单位　指定插入块的 INSUNITS 值。

比例　显示单位比例因子，它是根据块和图形单位的 INSUNITS 值计算出来的。

(6) 分解：分解块并插入该块的各个部分。选定“分解”时，只可以指定统一比例因子。在图层 0 上绘制的块的部件对象仍保留在图层 0 上。颜色为“BYLAYER”的对象为白色。线型为“BYBLOCK”的对象具有 CONTINUOUS 线型。

示例：

小游园设计中植物图例插入和平面图绘制完成添加作业框。

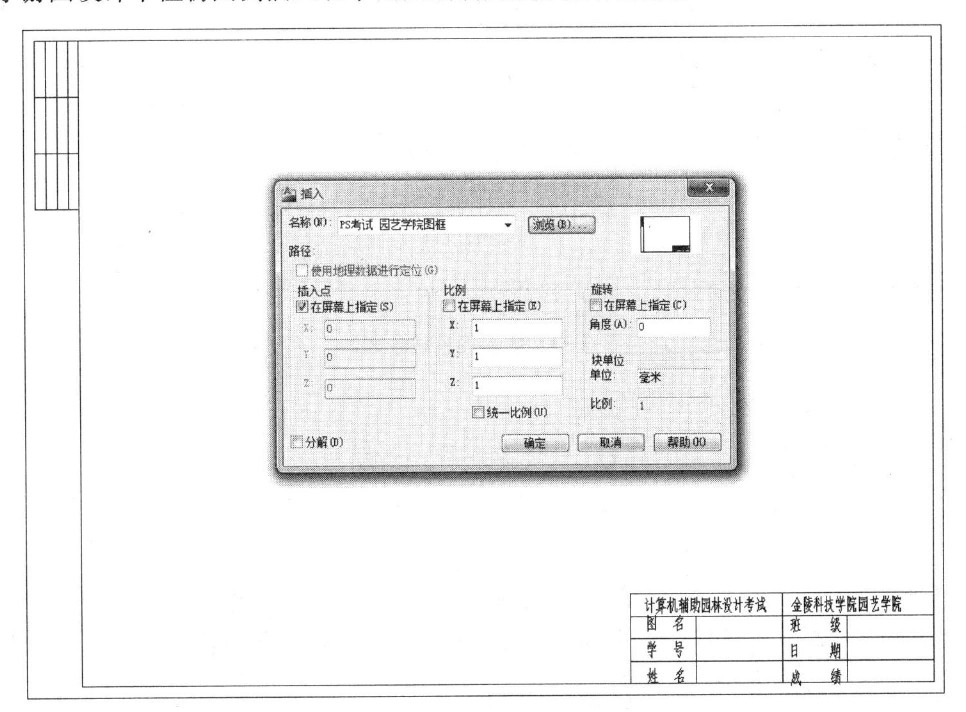

图 6.10　插入考试图框块

(1) 新建“植物图例”和“图框”图层，颜色设置为绿色和黑色，设置为植物图例图层当前层。
(2) 插入需要的植物图例，可以利用以前创建保存的植物图例。
(3) 按比例缩放到合适大小，以 1 作为参照。
(4) 插入“图框 2”图框。
(5) 使用缩放命令缩放图框到合适大小，以 1 作为参照。
(6) 移动图框 2 到合适位置，修改图框内文字内容。
(7) 最终放置，完成如图 6.11 所示。

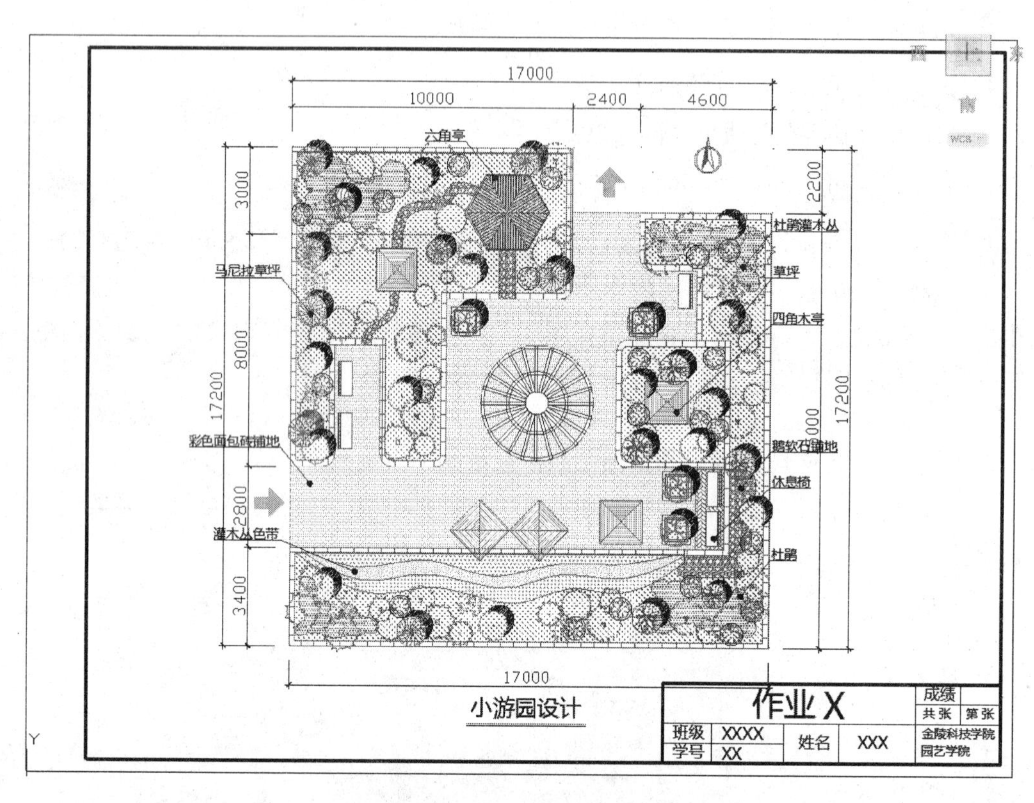

图 6.11 插入图框块平面图

6.6 块的修改编辑

操 作 卡

功能区：“插入”选项卡 →“参照”面板 →“编辑参照”

菜单：“工具”→“外部参照和块在位编辑” →“在位编辑参照”

工具栏：参照编辑

临时提取从选定的外部参照或块中选择的对象，使其可在当前图形中进行编辑。提取的对象集合称为工作集，可以对其进行修改并存回以更新外部参照或块定义，如图 6.12 所示。

图 6.12　编辑参照对话框

提示说明：

(1) 保存或放弃更改(REFCLOSE)：保存或放弃在位编辑参照(外部参照或块定义)时所做的更改，利用编辑参照修改已经完成的植物图例块，如图 6.13 所示。

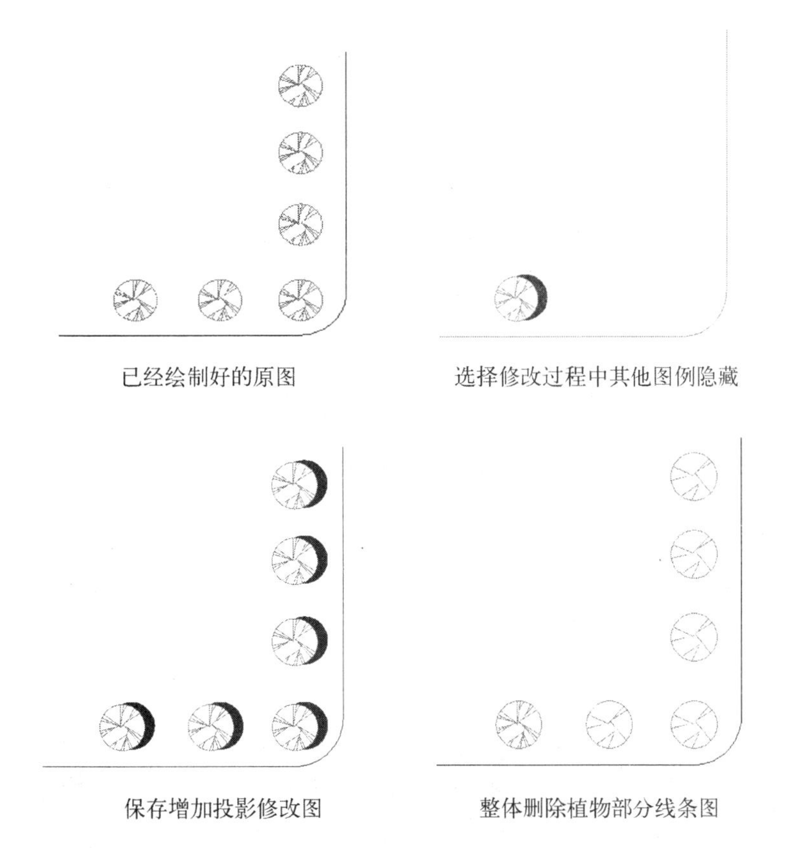

图 6.13　利用编辑参照修改已经完成的植物图例块

保存　将对工作集内的对象所做的全部修改保存到当前图形的外部参照或块定义中。如果从工作集内删除对象并保存修改，该对象将从参照中删除并添加到当前图形，“参照编辑”工具栏中的“将修改保存到参照”按钮将自动保存编辑参照修改。

放弃参照更改　放弃工作集，源图形或块定义将恢复至原来的状态。对当前图形中(不是外部参照或块中)的对象进行的任何更改都没有被放弃。如果删除不在工作集中的对象，则即使选择放弃更改也不能恢复该对象。

(2) 添加到工作集或从工作集中删除(REFSET)：在位编辑参照(外部参照或块定义)时从工作集添加或删除对象。在当前图形中，工作集以外的所有对象都将呈淡入显示。

添加　将对象添加到工作集内。保存所做修改时，作为工作集一部分的对象将被添加到参照中，同时从当前图形中删除此对象。

删除　从工作集内删除对象。保存所做修改时，从工作集内删除的对象将从参照中删除，同时对象也从当前图形中删除。

6.7 块的定义属性和编辑

6.7.1 定义属性

操　作　卡

- 功能区：“插入”选项卡 → “属性”面板 →“定义属性”
- 菜单：“绘图”→“块”→“定义属性”
- 工具栏：修改Ⅱ
- 命令行输入：ATTDEF

提示说明：

(1) 模式：在图形中插入块时，设定与块关联的属性值选项，如图 6.14 所示。

不可见　指定插入块时不显示或打印属性值。

固定　在插入块时赋予属性固定值。

验证　插入块时提示验证属性值是否正确。

预设　插入包含预设属性值的块时，将属性设定为默认值。

锁定位置　锁定块参照中属性的位置。解锁后，属性可以相对于使用夹点编辑的块的其他部分移动，并且可以调整多行文字属性的大小。

多行　指定属性值可以包含多行文字。选定此选项后，可以指定属性的边界宽度。注意在动态块中，由于属性的位置包括在动作的选择集中，因此必须将其锁定。

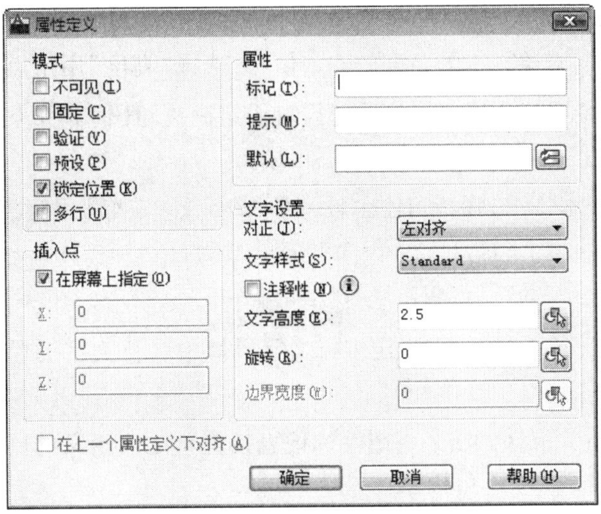

图 6.14 定义属性对话框

(2) 属性：设定属性数据。

标记 标识图形中每次出现的属性。使用任何字符组合(空格除外)输入属性标记，小写字母会自动转换为大写字母。

提示 指定在插入包含该属性定义的块时显示的提示。如果不输入提示，属性标记将用作提示；如果在“模式”区域选择“常数”模式，“属性提示”选项将不可用。

默认 指定默认属性值。

“插入字段”按钮 显示“字段”对话框。可以插入一个字段作为属性的全部或部分值。

“多行编辑器”按钮 选定“多行”模式后，将显示具有“文字格式”工具栏和标尺的在位文字编辑器。

注意：在位文字编辑器完整模式中的若干选项会显示以保留与单行文字属性的兼容性。

(3) 插入点：指定属性位置。输入坐标值或者选择“在屏幕上指定”，并使用定点设备根据与属性关联的对象指定属性的位置。

在屏幕上指定 关闭对话框后将显示“起点”提示。使用定点设备相对于要与属性关联的对象指定属性的位置。

X 指定属性插入点的 X 坐标。

Y 指定属性插入点的 Y 坐标。

Z 指定属性插入点的 Z 坐标。

(4) 文字设置：设定属性文字的对正、样式、高度和旋转。

对正 指定属性文字的对正。

文字样式 指定属性文字的预定义样式。

注释性　指定属性为注释性。如果块是注释性的，则属性将与块的方向相匹配。

文字高度　指定属性文字的高度。输入值，或选择“高度”用定点设备指定高度。此高度为从原点到指定的位置的测量值。如果选择有固定高度(任何非 0.0 值)的文字样式，或者在“对正”列表中选择了“对齐”，“高度”选项不可用。

旋转　指定属性文字的旋转角度。输入值，或选择“旋转”用定点设备指定旋转角度。此旋转角度为从原点到指定的位置的测量值，如果在“对正”列表中选择了“对齐”或“调整”，“旋转”选项不可用。

边界宽度　换行至下一行前，指定多行文字属性中一行文字的最大长度。值 0.000 表示对文字行的长度没有限制。

(5) 在上一个属性定义下对齐：将属性标记直接置于之前定义的属性的下面。如果之前没有创建属性定义，则此选项不可用。

6.7.2 属性的编辑

操　作　卡

- 功能区：“常用”选项卡 →“块”面板 →“编辑单个属性”
- 菜单：“修改”→“对象”→“属性”→“单个”
- 工具栏：“修改Ⅱ”
- 命令行输入：EATTEDIT

列出选定的块实例中的属性并显示每个属性的特性。

提示说明：

(1) 块：编辑其属性的块的名称。

(2) 标记：标识属性的标记。

(3) 选择块：在使用定点设备选择块时临时关闭对话框。

(4) 应用：更新已更改属性的图形，并保持增强属性编辑器打开。

(5)“属性”选项卡(增强属性编辑器)如图 6.15 所示。

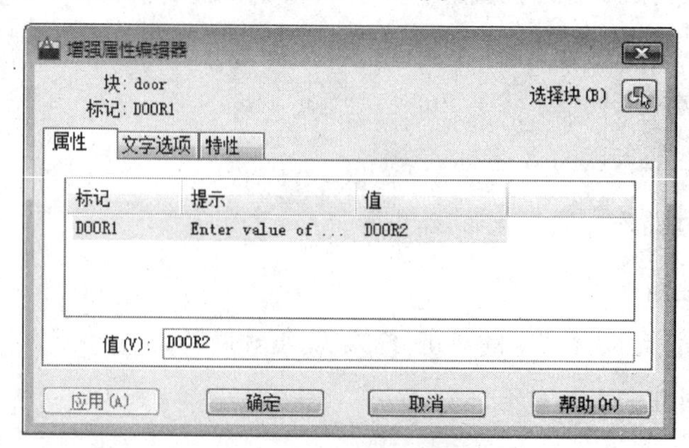

图 6.15　增强属性编辑器对话框

列出　列出选定的块实例中的属性并显示每个属性的标记、提示和值。

值　为选定的属性指定新值。

(6)“文字选项”选项卡(增强属性编辑器)：设定用于定义图形中属性文字的显示方式的特性。在“特性”选项卡上更改属性文字的颜色。

文字样式　指定属性文字的文字样式。将文字样式的默认值指定给在此对话框中显示的文字特性。

对正　指定属性文字的对正方式(左对正、居中对正或右对正)。

高度　指定属性文字的高度。

旋转　指定属性文字的旋转角度。

注释性　指定属性为注释性。单击信息图标以了解有关注释性对象的详细信息。

反向　指定属性文字是否反向显示，对多行文字属性不可用。

颠倒　指定属性文字是否倒置显示，对多行文字属性不可用。

宽度因子　设置属性文字的字符间距。输入小于 1.0 的值将压缩文字，大于 1.0 的值则扩大文字。

倾斜角度　指定属性文字自其垂直轴线倾斜的角度，对多行文字属性不可用。

边界宽度　换行至下一行前，指定多行文字属性中一行文字的最大长度。值 0.000 表示一行文字的长度没有限制。此选项不适用于单行文字属性。

(7)“特性”选项卡(增强属性编辑器)：定义属性所在的图层以及属性文字的线宽、线型和颜色。如果图形使用打印样式，可以使用“特性”选项卡为属性指定打印样式，如图 6.16、6.17所示。

图层　指定属性所在图层。

线型　指定属性的线型。

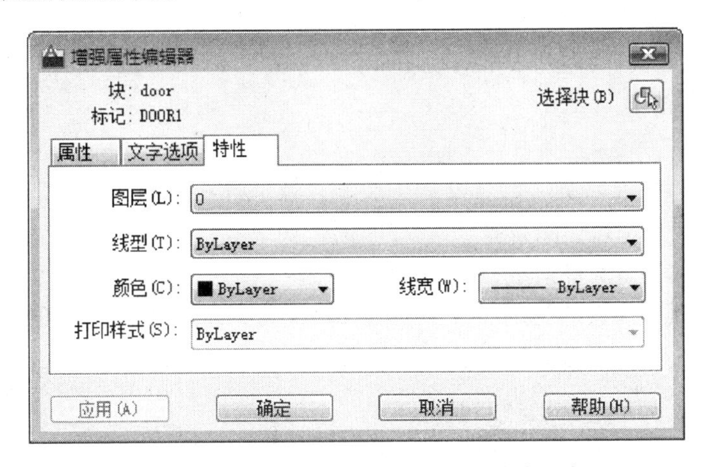

图 6.16　增强属性编辑器对话框特性选项卡

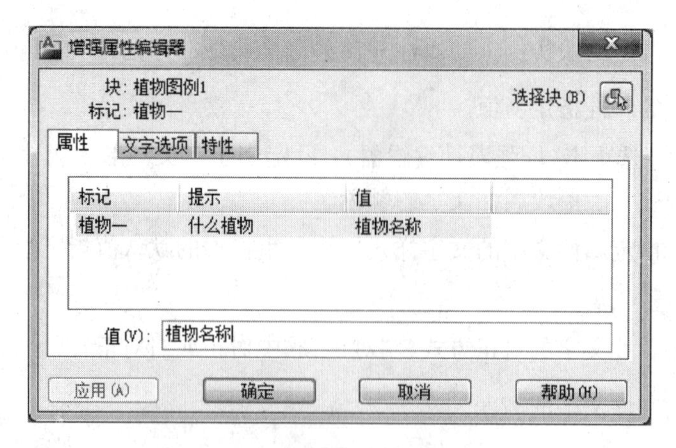

图 6.17 增强属性编辑器属性选项卡

颜色 指定属性的颜色。

打印样式 指定属性的打印样式。如果当前图形使用颜色相关打印样式,则"打印样式"列表不可用。

线宽 指定属性的线宽。

6.7.3 块属性管理器

操 作 卡

- 功能区:"插入"选项卡 →"属性"面板 →"管理"
- 菜单:"修改"→"对象"→"属性"→"块属性管理器"
- 工具栏:"修改Ⅱ"
- 命令行输入:BATTMAN

管理当前图形中块的属性定义。可以在块中编辑属性定义、从块中删除属性以及更改插入块时系统提示用户输入属性值的顺序。选定块的属性显示在属性列表中,默认情况下,显示标记、提示、默认值、模式和注释性属性特性。选择"设置",可以指定要在列表中显示的属性特性。对于每一个选定块,属性列表下的说明都会标识在当前图形和在当前布局中相应块的实例数目。

提示说明:

(1) 选择块:用户可以使用定点设备从绘图区域选择块。如果选择"选择块",对话框将关闭,直到用户从图形中选择块或按 Esc 键取消。如果修改了块的属性,并且未保存所做的更改就选择一个新块,系统将提示在选择其他块之前先保存更改。

(2) 块:列出具有属性的当前图形中的所有块定义。选择要修改属性的块。

(3) 属性列表:显示所选块中每个属性的特性。

(4) 在图形中找到的块:报告当前图形中选定块的实例总数。

(5) 在当前空间中找到的块:报告当前模型空间或布局中选定块的实例数。

(6) 同步:更新具有当前定义的属性特性的选定块的全部实例,此操作不会影响每个块中赋给属性的值。

(7) 上移：在提示序列的早期阶段移动选定的属性标签。选定固定属性时，“上移”按钮不能用。

(8) 下移：在提示序列的后期阶段移动选定的属性标签。选定常量属性时，“下移”按钮不可使用。

(9) 编辑：打开“编辑属性”对话框，从中可以修改属性特性。

(10) 删除：从块定义中删除选定的属性。如果在选择“删除”之前已选择了“设置”对话框中的“将修改应用到现有参照”，将删除当前图形中全部块实例的属性。对于仅具有一个属性的块，“删除”按钮不可使用。

(11) 设置：打开“块属性设置”对话框，从中可以自定义“块属性管理器”中属性信息的列出方式。

(12) 应用：应用所做的更改，但不关闭对话框。

6.8 动 态 块

动态块具有灵活性和智能性，用户在操作时可以轻松地更改图形中的动态块参照。可以通过自定义夹点或自定义特性来操作动态块参照中的几何图形。这使得用户可以根据需要再微调整块，而不用搜索另一个块以插入或重定义现有的块。

利用动态块可以自定义夹点，及各种可选的参数，在用户使用该块时能够交互性地操作块，如旋转、移动、缩放、拉伸、阵列等。

6.8.1 动态块的使用

在园林设计图形中插入一个植物块参照，进行复制多个，编辑图形时可能需要更改植物图例的大小。如果该块是动态的，并且定义为可调整大小，那么只需拖动自定义夹点或在“特性”选项板中指定不同的大小就可以修改植物的大小。该植物块还可能会包含对齐夹点，使用对齐夹点可以轻松地将植物块参照与园林设计中其他植物图例对齐，如图 6.18 所示。

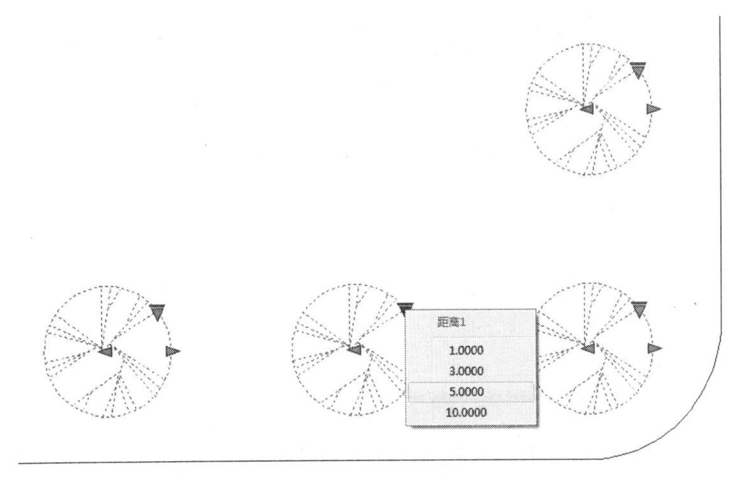

图 6.18　动态块运用

6.8.2 动态块的创建

1）在创建动态块之前规划动态块

在命令行输入 BEDIT 或者直接双击已经创建普通块，然后确定当操作动态块参照时，块中的哪些对象会更改或移动。另外，还要确定这些对象将如何更改，例如，用户可以创建一个可调整大小的动态块。此外，调整块参照的大小时可能会显示其他几何图形。这些因素决定了添加到块定义中的参数和动作的类型，以及如何使参数、动作和几何图形共同作用，如图6.19所示。

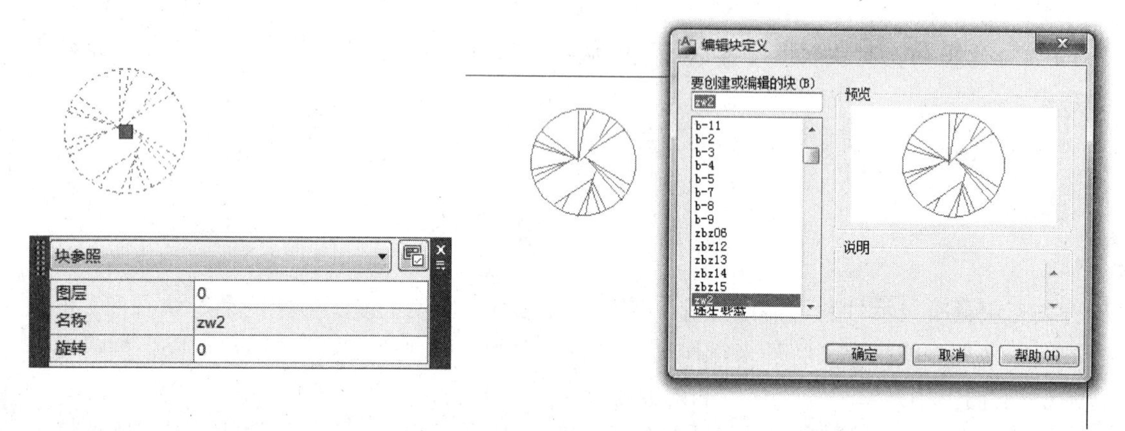

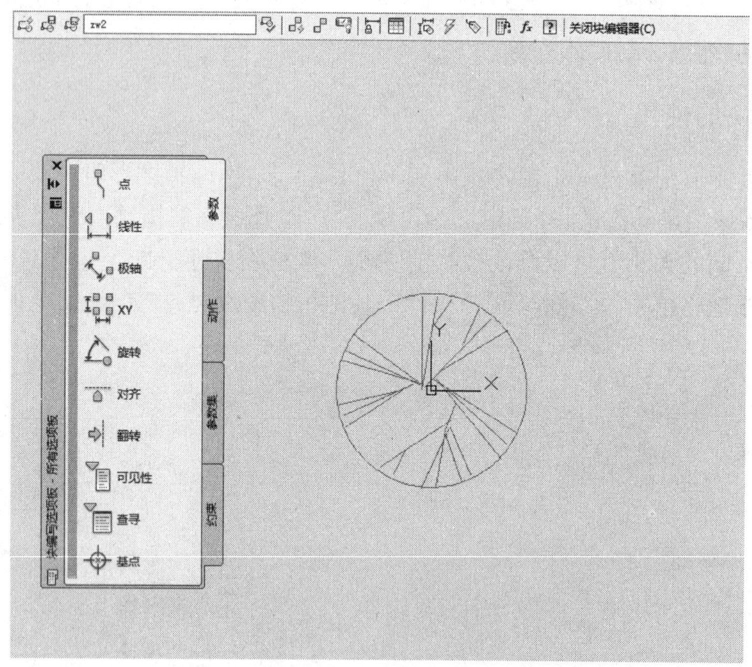

图 6.19 动态块对话框

2）绘制几何图形或定义几何图形

可以在绘图区域或块编辑器中绘制动态块中的几何图形。也可以使用图形中的现有几何图形或现有的块定义。如果用户要使用可见性状态更改几何图形在动态块参照中的显示方式，可能不希望在此包括全部几何图形。

3）了解块元素如何共同作用

在向块定义中添加参数和动作之前，应了解它们相互之间以及它们与块中的几何图形的相关性。在向块定义添加动作时，需要将动作与参数以及几何图形的选择集相关联。此操作将创建相关性。向动态块参照添加多个参数和动作时，需要设置正确的相关性，以便块参照在图形中正常工作。

4）添加参数

按照命令行上的提示向动态块定义中添加适当的参数。有关使用参数的详细信息，请参见在动态块中使用参数，如图 6.20 所示。

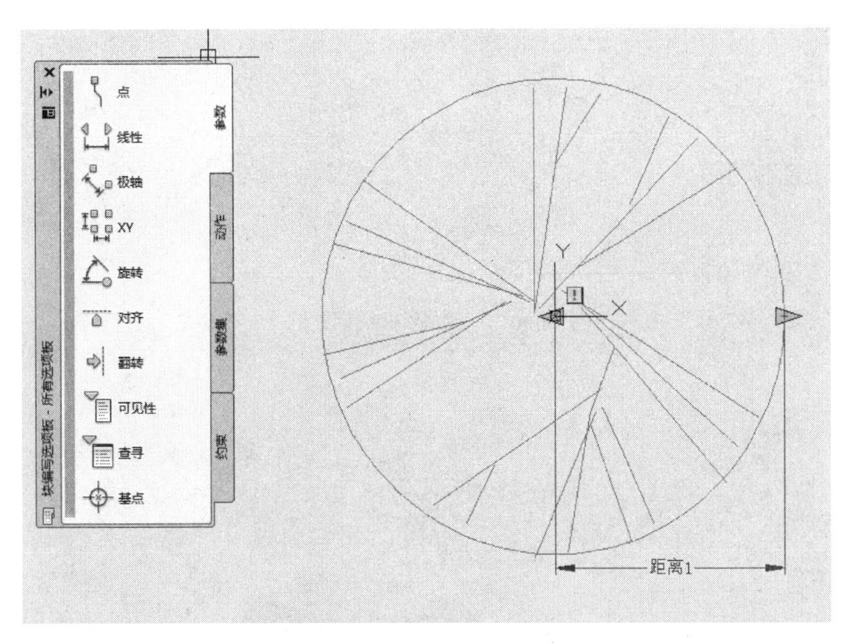

图 6.20　动态块参数设置

5）添加动作

向动态块定义中添加适当的动作。按照命令行上的提示进行操作，确保将动作与正确的参数和几何图形相关联。有关使用动作的详细信息，请参见在动态块中使用动作的概述。

添加了“缩放”动作如图 6.21 所示。

6）定义动态块参照的操作方式

用户可以指定在图形中操作动态块参照的方式。可以通过自定义夹点和自定义特性来操作动态块参照。在创建动态块定义时，用户将定义显示哪些夹点以及如何通过这些夹点来编辑动态块参照。另外还指定了是否在“特性”选项板中显示出块的自定义特性，以及是否可以通过该选项板或自定义夹点来更改这些特性，如图 6.22、图 6.23、图 6.24 所示。

7）保存块然后在图形中进行测试

保存动态块定义并退出块编辑器。然后将动态块参照插入到一个图形中，并测试该块的功能，按列表选择需要的图块，如图 6.25 所示。

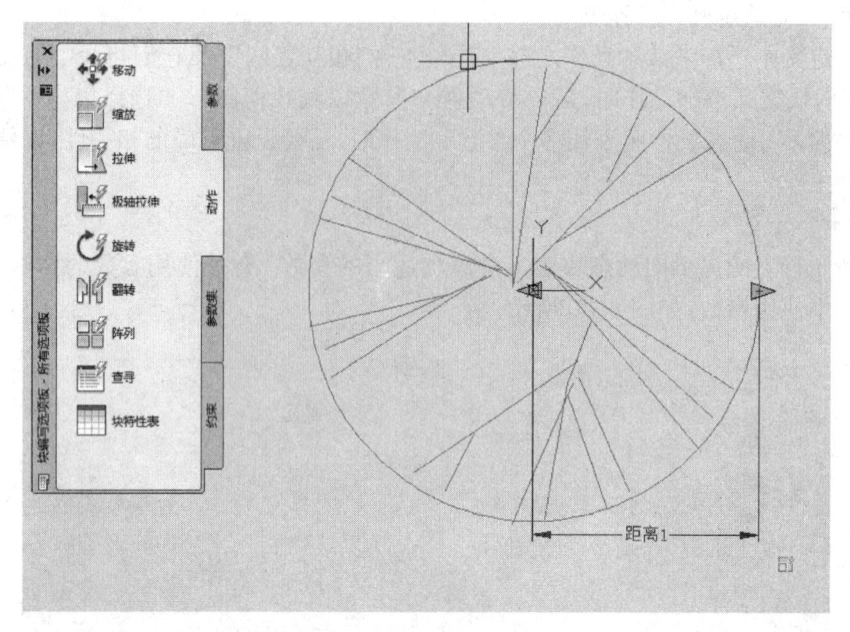

图 6.21 动态块动作设置

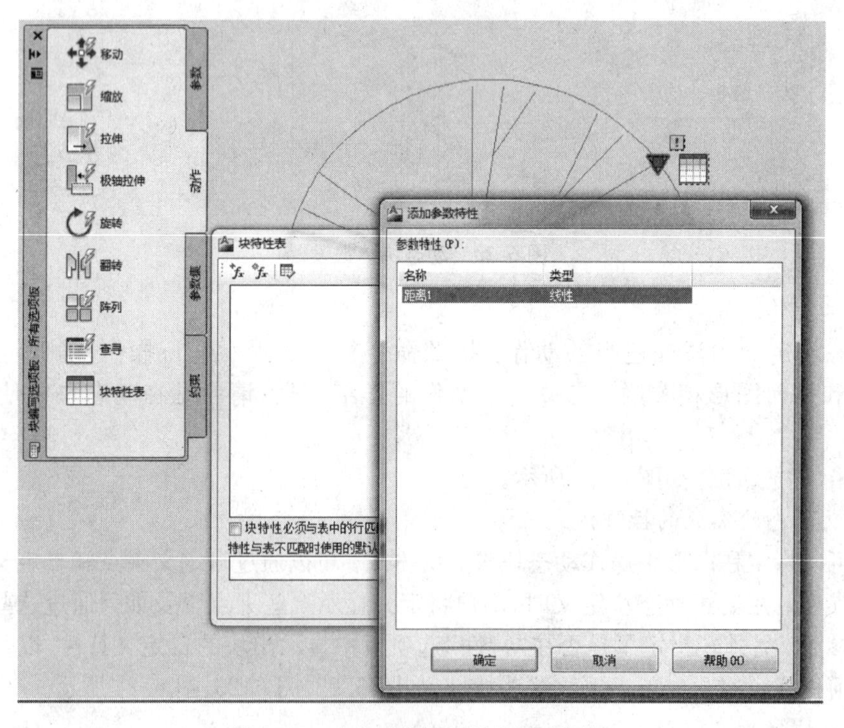

图 6.22 动态块参数特性设置对话框

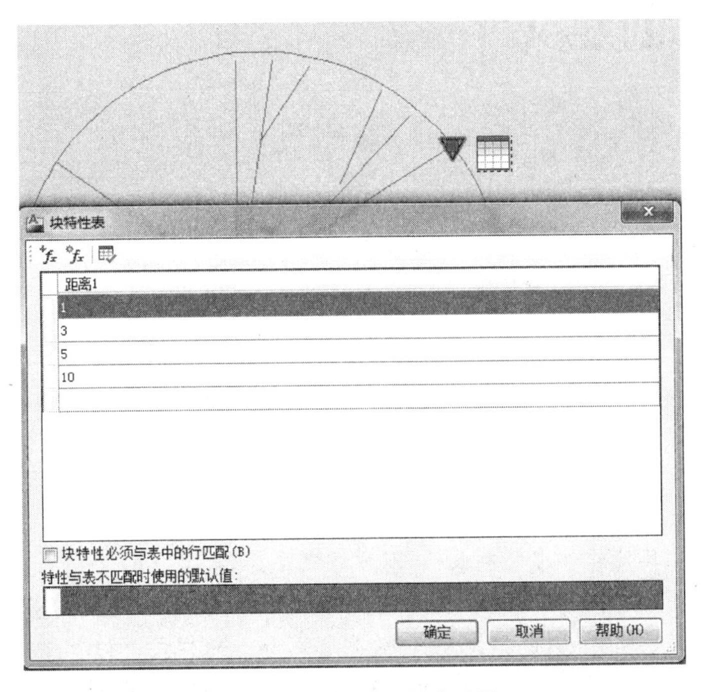

图 6.23　动态块特性表设置

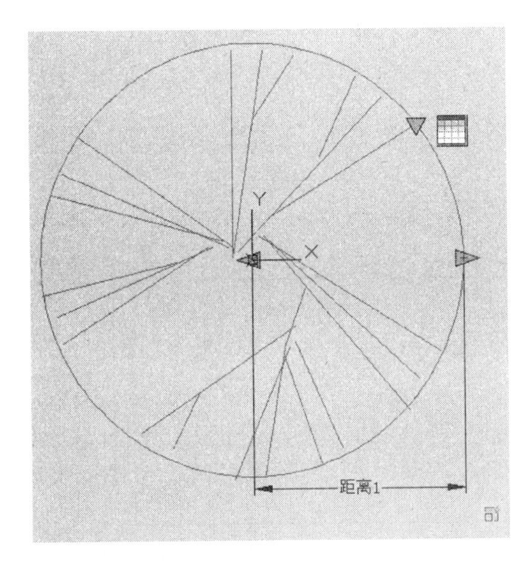

图 6.24　动态块设置完成

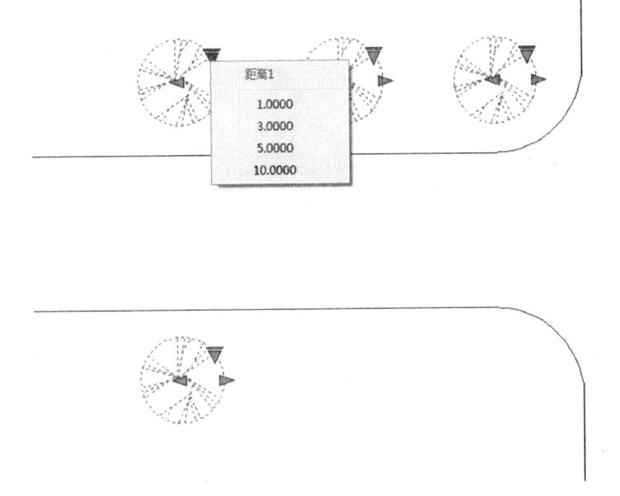

图 6.25　动态块鼠标点击查看参数

练习思考题

(1) 块的属性定义如何设置,如何编辑,创建一个图框含属性定义块的标题栏。

(2) 设置 10 种动态块,每种块含 3 种比例。

第7章　创建文字

在AutoCAD中，用户可以标注单行文字也可以标注多行文字。其中单行文字主要用于标注一些不需要使用多种字体的简短内容，如植物名称、设施名称等。多行文字主要用于标注比较复杂的说明，但也可以标注简单文字说明内容，还可以设置不同的字体、尺寸等，同时用户还可以在这些文字中间插一些特殊符号。创建不同类型的表格，可以在其他软件中复制表格，以方便制图操作。

教学目标：通过本章的学习，应掌握创建文字样式，包括设置文字样式名、字体、文字效果；设置表格样式，包括设置数据、列标题和标题样式；创建与编辑单行文字和多行文字方法；使用文字控制符和"文字格式"工具栏编辑文字；创建表格方法以及如何编辑表格和表格单元。

教学重点：创建文字样式、设置表格样式、创建与编辑单行文字和多行文字、创建与编辑表格。

教学难点：创建与编辑表格。

7.1　定义文字样式

操　作　卡

- 功能区："常用"选项卡 →"注释"面板 →"文字样式"
- 菜单："格式"→"文字样式"
- 工具栏：文字 A
- 命令行输入：STYLE

创建、修改或设置命名文字样式，如图7.1所示。

提示说明：

(1) 当前文字样式：列出当前文字样式。

(2) 样式：显示图形中的样式列表。

(3) 样式列表过滤器：下拉列表指定所有样式还是仅使用中的样式显示在样式列表中。

(4) 预览：显示随着字体的更改和效果的修改而动态更改的样例文字。

(5) 字体：更改样式的字体。

(6) 大小：更改文字的大小。

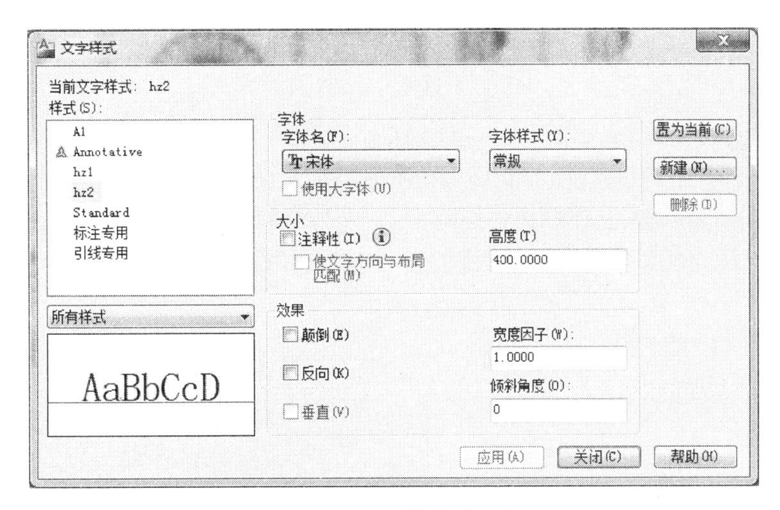

图 7.1　文字样式对话框

注释性　指定文字为注释性。单击信息图标以了解有关注释性对象的详细信息。

使文字方向与布局匹配　指定图纸空间视口中的文字方向与布局方向匹配。如果清除注释性选项，则该选项不可用。

高度或图纸文字高度　根据输入的值设置文字高度。输入大于 0.0 的高度将自动为此样式设置文字高度，如果输入 0.0，则文字高度将默认为上次使用的文字高度，或使用存储在图形样板文件中的值。

(7) 效果：修改字体的特性，例如高度、宽度因子、倾斜角以及是否颠倒显示、反向或垂直对齐，如图 7.2 所示。

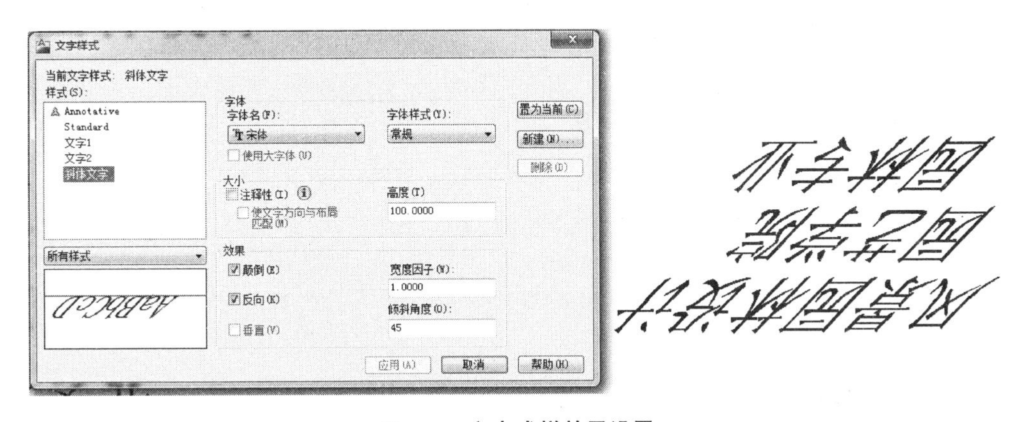

图 7.2　文字式样效果设置

颠倒　颠倒显示字符。

反向　反向显示字符。

垂直　显示垂直对齐的字符。只有在选定字体支持双向时“垂直”才可用，TrueType 字体的垂直定位不可用。

宽度因子　设置字符间距。输入小于 1.0 的值将压缩文字，大于 1.0 的值则扩大文字。

倾斜角度 设置文字的倾斜角。输入一个.85和85之间的值将使文字倾斜。

(8) 置为当前：将在“样式”下选定的样式设定为当前。

(9) 新建：显示“新建文字样式”对话框并自动为当前设置提供名称“样式 n”(其中 n 为所提供样式的编号)。可以采用默认值或在该框中输入名称,然后选择“确定”使新样式名使用当前样式设置。

(10) 删除：删除未使用文字样式。

(11) 应用：将对话框中所做的样式更改应用到当前样式和图形中具有当前样式的文字。

示例：

小游园设计文字样式设计如下：

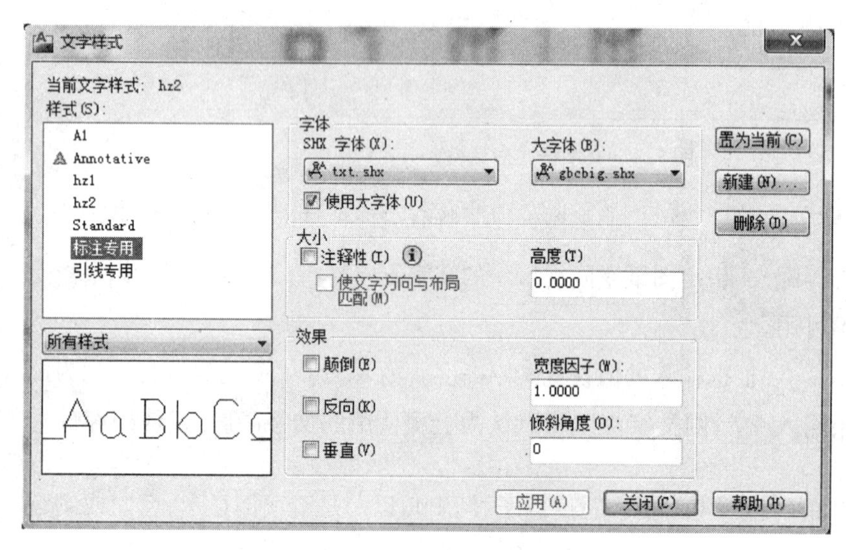

(1) 新建“文字标注”图层，颜色设置黑色。

(2) 新建“hz1”文字样式，字体为微软雅黑，高度为1200，主要写大标题字。

图 7.3 文字样式设置

(3) 新建“hz2”文字样式，字体为宋体，高度为400，主要写图面里文字说明。

(4) 新建“标注专用”文字样式，字体为 txt. shx，勾选大字体，大字体为 gbcbig. shx，高度为0，主要用于标注，如图7.3所示。

(5) 新建“引线专用”文字样式，字体为 txt. shx，勾选大字体，大字体为 gbcbig. shx，高度为0，主要用于引线标注。

7.2 创建多行文字

操 作 卡

- 功能区：“常用”选项卡 →“注释”面板 →“多行文字”
- 菜单：“绘图”→“文字”→“多行文字”
- 工具栏：绘图 A
- 命令行输入：MTEXT

可以将若干文字段落创建为单个多行文字对象。使用内置编辑器,可以格式化文字外观、列和边界。如果功能区处于活动状态,指定对角点之后,将显示"文字编辑器"功能区上下文选项卡。如果功能区未处于活动状态,则将显示在位文字编辑器。如果指定其他某个选项,或在命令提示 TEXT,则 MTEXT 将忽略在位文字编辑器,显示其他的命令提示,如图 7.4 所示。

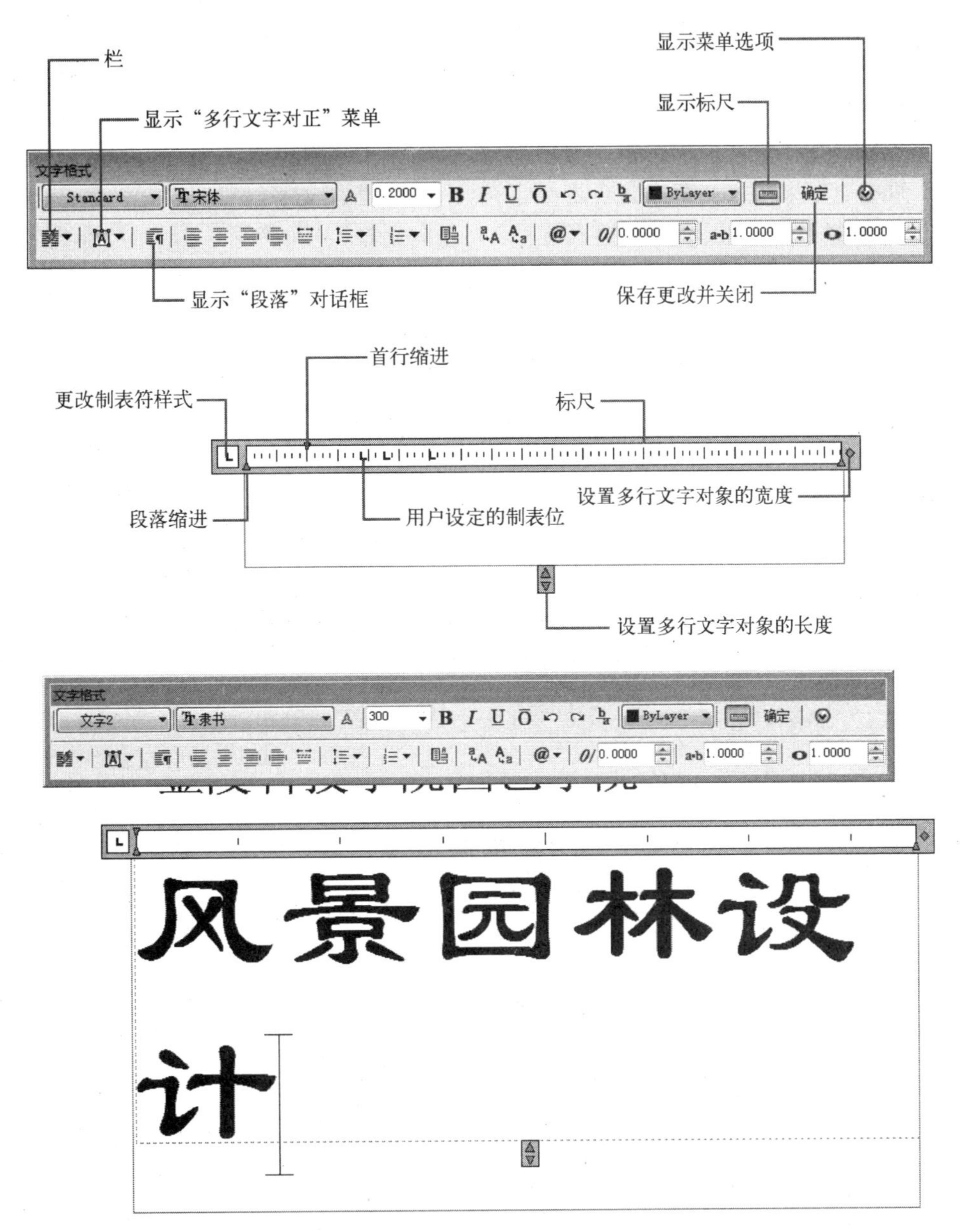

图 7.4　文字式样设置

1)"文字格式"工具栏

控制多行文字对象的文字样式和选定文字的字符格式和段落格式。

(1) 样式:向多行文字对象应用文字样式。

(2) 字体:为新输入的文字指定字体或更改选定文字的字体。

(3) 注释性：打开或关闭当前多行文字对象的“注释性”。

(4) 文字高度：使用图形单位设定新文字的字符高度或更改选定文字的高度。

(5) 粗体：打开或关闭新文字或选定文字的粗体格式。

(6) 斜体：打开或关闭新文字或选定文字的斜体格式。

(7) 下划线：打开或关闭新文字或选定文字的下划线。

(8) 上划线：为新建文字或选定文字打开和关闭上划线。

(9) 放弃：在在位文字编辑器中放弃动作，包括对文字内容或文字格式所做的修改。

(10) 重做：在在位文字编辑器中重做动作，包括对文字内容或文字格式所做的修改。

(11) 堆叠：如果选定文字中包含堆叠字符，则创建堆叠文字(例如分数)。如果选定堆叠文字，则取消堆叠。使用堆叠字符、插入符号(^)、正向斜杠(/)和磅符号(#)时，堆叠字符左侧的文字将堆叠在字符右侧的文字之上，如图 7.5 所示。

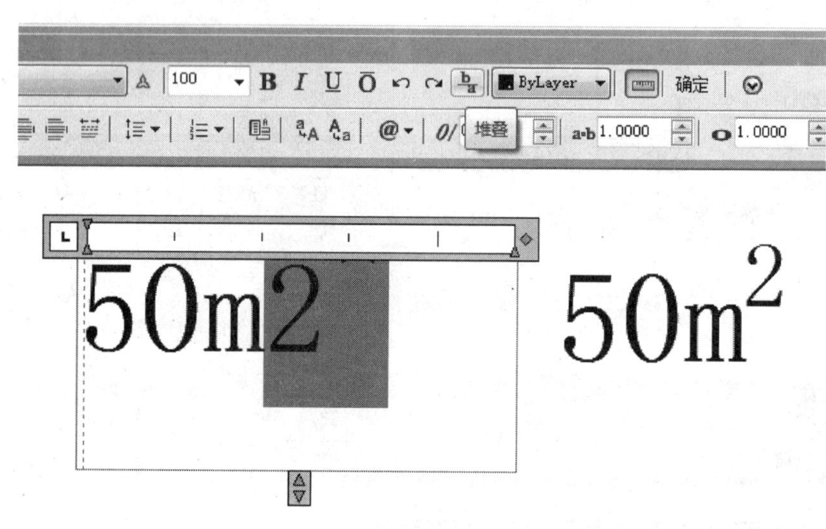

图 7.5 堆叠设置

(12) 文字颜色：指定新文字的颜色或更改选定文字的颜色。

(13) 标尺：在编辑器顶部显示标尺。拖动标尺末尾的箭头可更改多行文字对象的宽度。列模式处于活动状态时，还显示高度和列夹点。

(14) 确定：关闭编辑器并保存所做的所有更改。

(15) 选项：显示其他文字选项列表。

(16) 栏：显示栏弹出菜单，该菜单提供三个栏选项：“不分栏”、“静态栏”和“动态栏”。

(17) 多行文字对正：显示“多行文字对正”菜单，并且有 9 个对齐选项可用。

(18) 段落：显示“段落”对话框。

(19) 左对齐、居中、右对齐、两端对齐和分散对齐：设置当前段落或选定段落的左、中或右文字边界的对正和对齐方式。包含在一行的末尾输入的空格，并且这些空格会影响行的对正。

(20) 行距：显示建议的行距选项或“段落”对话框。在当前段落或选定段落中设置行距。

(21) 编号：显示“项目符号和编号”菜单。

(22) 插入字段：显示“字段”对话框，从中可以选择要插入到文字中的字段。

(23) 大写：将选定文字更改为大写。

(24) 小写：将选定文字更改为小写。

(25) 符号：在光标位置插入符号或不间断空格。也可以手动插入符号，如图 7.6 所示。

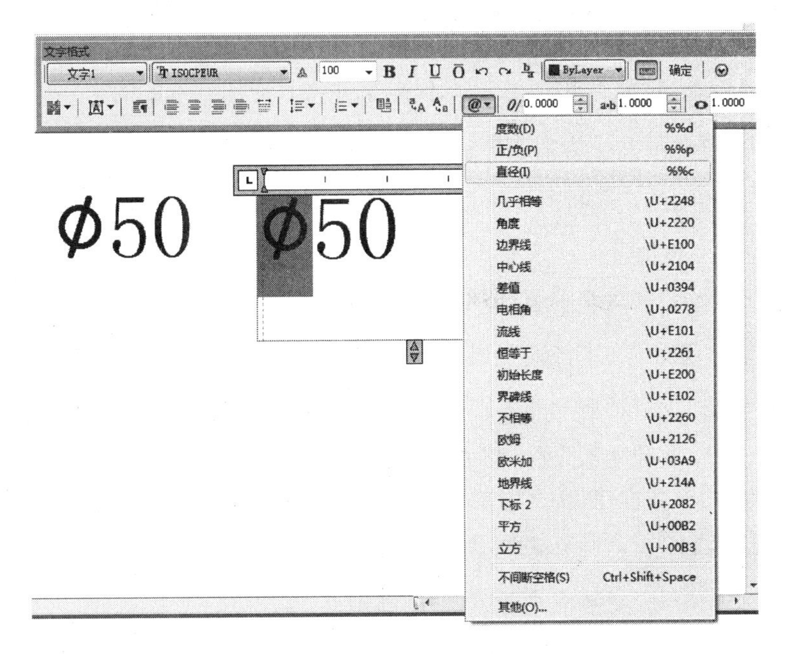

图 7.6　插入符号设置

(26) 倾斜角度：确定文字是向前倾斜还是向后倾斜。倾斜角度表示的是相对于 90 度角方向的偏移角度。输入一个 0.85 到 85 之间的数值使文字倾斜。倾斜角度的值为正时文字向右倾斜。倾斜角度的值为负时文字向左倾斜。

(27) 追踪：增大或减小选定字符之间的空间。1.0 设置是常规间距。设定为大于 1.0 可增大间距，设定为小于 1.0 可减小间距。

(28) 宽度因子：扩展或收缩选定字符。1.0 设置代表此字体中字母的常规宽度。

2) 其他文字选项

(1) 插入字段：显示"字段"对话框。

(2) 符号：显示可用符号的列表。

输入文字　显示"选择文件"对话框(标准文件选择对话框)。

段落对齐　设置多行文字对象的对齐方式。可以选择将文本左对齐、居中或右对齐。可以对正文字，或者将每行文字的第一个和最后一个字符与多行文字框的边界对齐，或使多行文字框的边界内的每行文字居中。在行末输入的空格是文字的一部分，会影响该行的对正。

段落　显示段落格式的选项。请参见"段落"对话框。

项目符号和列表　显示用于编号列表的选项。

栏　显示栏的选项。

查找和替换　显示"查找和替换"对话框。

更改大小写　更改选定文字的大小写，可以选择“大写”或“小写”。

自动大写　将所有新建文字和输入的文字转换为大写。自动大写不影响已有的文字，要更改现有文字的大小写，选择文字并单击鼠标右键，单击“更改大小写”。

字符集　显示代码页菜单，选择一个代码页并将其应用到选定的文字。

合并段落　将选定的段落合并为一段并用空格替换每段的回车。

删除格式　删除选定字符的字符格式，或删除选定段落的段落格式，或删除选定段落中的所有格式。

背景遮罩　显示“背景遮罩”对话框。（不适用于表格单元。）

编辑器设置　显示“文字格式”工具栏的选项列表。

了解多行文字　显示“新功能专题研习”，其中包含多行文字功能概述。

(3) 编辑器设置：提供更改“文字格式”工具栏方式的选项并提供其他编辑选项。选项特定于“编辑器设置”菜单并且在“文字格式”工具栏上的任何位置均不可用。

始终显示为 WYSIWYG(所见即所得)　控制在位文字编辑器及其中文字的显示。

显示工具栏　控制“文字格式”工具栏的显示。

显示选项　展开“文字格式”工具栏以显示更多选项。

显示标尺　控制标尺的显示。

不透明背景　选定此选项会使编辑器背景不透明。（不适用于表格单元。）

拼写检查　确定键入时拼写检查为打开还是关闭状态。

拼写检查设置　显示“拼写检查设置”对话框，从中可以指定用于在图形中检查拼写错误的文字选项。

词典　显示“词典”对话框，从中可以更改用于检查任何拼写错误的词语的词典。

文字亮显颜色　显示 AutoCAD 的常规“选择颜色”对话框。指定选定文字时的亮显颜色。

7.3 创建单行文字

操　作　卡

- 功能区：“常用”选项卡 →“注释”面板 →“单行文字”
- 菜单：“绘图”→“文字”→“单行文字”
- 工具栏：文字 A
- 命令行输入：TEXT

可以使用单行文字创建一行或多行文字，其中，每行文字都是独立的对象，可对其进行移动、格式设置或其他修改。在文本框中单击鼠标右键可选择快捷菜单上的选项。

如果上次输入的命令为 TEXT，则在“指定文字的起点”提示下按 Enter 键将跳过图纸高度和旋转角度的提示。用户在文本框中输入的文字将直接放置在前一行文字下。在该提示下指定的点也被存储为文字的插入点。

将以适当的大小在水平方向显示文字，以便用户可以轻松地阅读和编辑文字；否则，文字将难以阅读（如果文字很小、很大或被旋转），如图 7.7 所示。

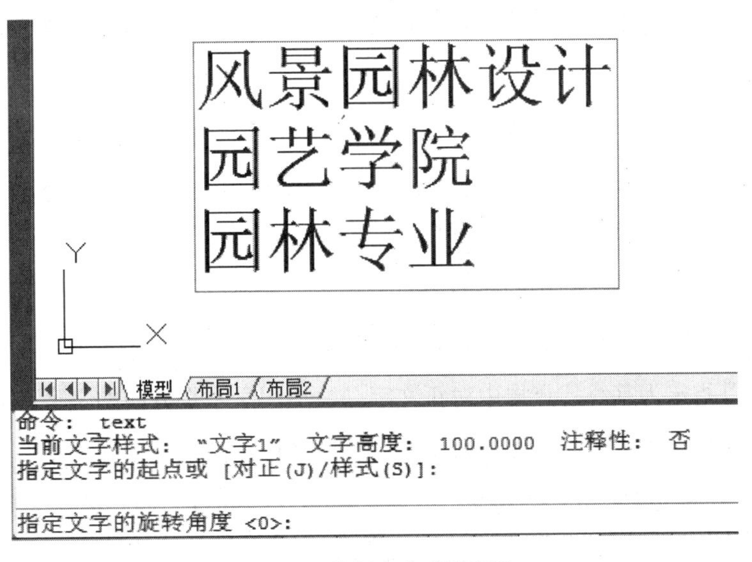

图 7.7 单行文字书写设置

操作提示列表：

当前文字样式：＜当前＞ 当前文字高度：＜当前＞ 注释性：＜当前＞

指定文字的起点或[对正(J)/样式(S)]：指定点或输入选项

提示说明：

(1) 起点：指定文字对象的起点。在单行文字的在位文字编辑器中，输入文字。仅在当前文字样式不是注释性且没有固定高度时，才显示“指定高度”提示。仅在当前文字样式为注释性时才显示“指定图纸文字高度”提示。

(2) 对正：控制文字的对正。也可在“指定文字的起点”提示下输入这些选项。

对齐　通过指定基线端点来指定文字的高度和方向。字符的大小根据其高度按比例调整，文字字符串越长，字符越矮。

调整　指定文字按照由两点定义的方向和一个高度值布满一个区域，只适用于水平方向的文字。高度以图形单位表格示，是大写字母从基线开始的延伸距离。指定的文字高度是文字起点到用户指定的点之间的距离。文字字符串越长，字符越窄，但高度保持不变。

中心　从基线的水平中心对齐文字，此基线是由用户给出的点指定的。旋转角度是指基线以中点为圆心旋转的角度，它决定了文字基线的方向，可通过指定点来决定该角度。文字基线的绘制方向为从起点到指定点，如果指定的点在圆心的左边，将绘制出倒置的文字。

中间　文字在基线的水平中点和指定高度的垂直中点上对齐。中间对齐的文字不保持在基线上。“中间”选项与“正中”选项不同，“中间”选项使用的中点是所有文字包括下行文字在内的中点，而“正中”选项使用大写字母高度的中点。

右 在由用户给出的点指定的基线上右对正文字。

左上 在指定为文字顶点的点上左对正文字。只适用于水平方向的文字。

中上 以指定为文字顶点的点居中对正文字。只适用于水平方向的文字。

右上 以指定为文字顶点的点右对正文字。只适用于水平方向的文字。

左中 在指定为文字中间点的点上靠左对正文字。只适用于水平方向的文字。

正中 在文字的中央水平和垂直居中对正文字。只适用于水平方向的文字。

注意：“正中”选项与“中央”选项不同，“正中”选项使用大写字母高度的中点，而“中央”选项使用的中点是所有文字包括下行文字在内的中点。

右中 以指定为文字的中间点的点右对正文字。只适用于水平方向的文字。

左下 以指定为基线的点左对正文字。只适用于水平方向的文字。

中下 以指定为基线的点居中对正文字。只适用于水平方向的文字。

右下 以指定为基线的点靠右对正文字。只适用于水平方向的文字。

(3) 样式：指定文字样式，文字样式决定文字字符的外观。创建的文字使用当前文字样式。输入？将列出当前文字样式、关联的字体文件、字体高度及其他参数。

7.4 缩放文字

操作卡

- 功能区：“注释”选项卡→“文字”面板→“缩放”
- 菜单：“修改”→“对象”→“文字”→“比例”
- 工具栏：文字
- 命令行输入：SCALETEXT

操作提示列表：

选择对象：使用对象选择方法并在完成选择后按 Enter 键

输入缩放的基点选项[现有(E)/左对齐(L)/居中(C)/中间(M)/右对齐(R)/左上(TL)/中上(TC)/右上(TR)/左中(ML)/正中(MC)/右中(MR)/左下(BL)/中下(BC)/右下(BR)]<现有>：指定一个位置作为调整大小或缩放的基点

提示说明：

(1) 图纸高度：根据注释性特性缩放文字高度。

(2) 匹配对象：缩放最初选定的文字对象以与选定文字对象的大小匹配。

(3) 比例因子：按参照长度和指定的新长度缩放所选文字对象。

参照 相对参照长度和新长度来缩放选定的文字对象。选定文字将按新长度和参照长度中输入的值进行缩放，如果新长度小于参照长度，选定的文字对象将缩小。

7.5 注释性特性

通常用于注释图形的对象有一个特性称为注释性。使用此特性，用户可以自动完成缩放注释的过程，从而使注释能够以正确的大小在图纸上打印或显示。

用户不必在各个图层、以不同尺寸创建多个注释，而可以按对象或样式打开注释性特性，并设定布局或模型视口的注释比例。注释比例控制注释性对象相对于图形中的模型几何图形的大小，如图7.8、图7.9、图7.10所示。

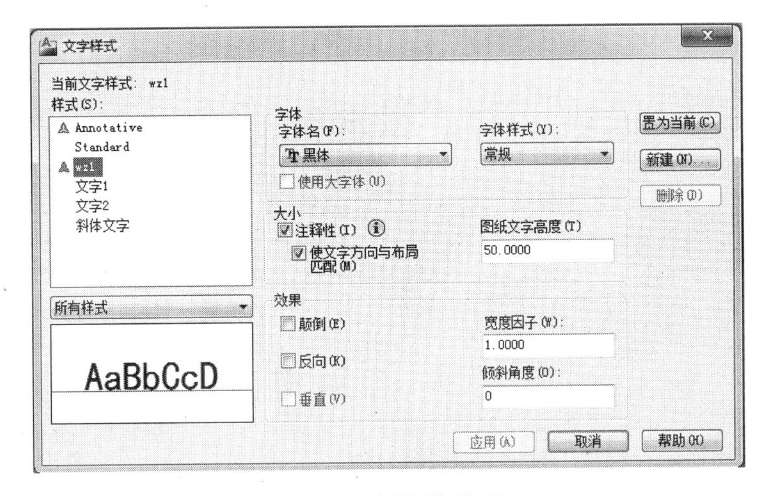

图7.8 注释性设置

图7.9 注释对象比例设置

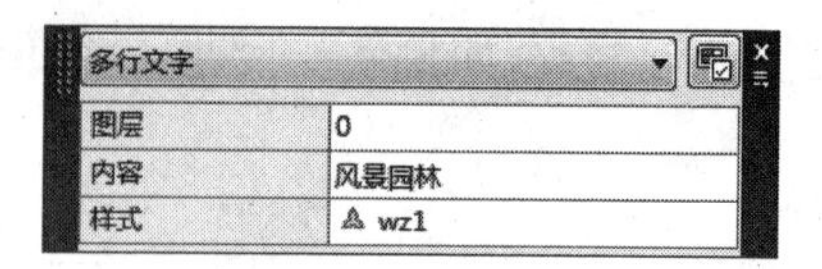

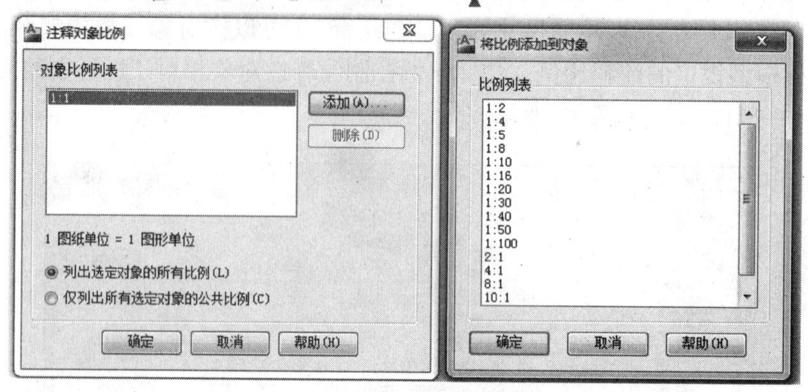

图 7.10　注释比例添加及运用说明

7.6　表格的使用

表格使用行和列以一种简洁清晰的形式提供信息，常用于一些设计图中植物目录设置和标题栏表格设置等。表格样式控制一个表格的外观，用于保证标准的字体、颜色、文本、高度和行距。用户可以使用默认的表格样式，也可以根据需要自定义表格样式。

7.6.1　创建表格样式

操　作　卡

- 功能区："注释"选项卡→"表格"→"表格样式"
- 菜单："格式"→"表格样式"
- 工具栏：样式
- 命令行输入：TABLESTYLE

设置当前表格样式，以及创建、修改和删除表格样式，如图 7.11 所示。

提示说明：

(1) 当前表格样式：显示应用于所创建表格的表格样式的名称。

(2) 样式：显示表格样式列表。当前样式被亮显。

(3) 列出：控制"样式"列表的内容。

(4) 预览：显示"样式"列表中选定样式的预览图像。

(5) 置为当前：将"样式"列表中选定的表格样式设定为当前样式。所有新表格都将使用此表格样式创建。

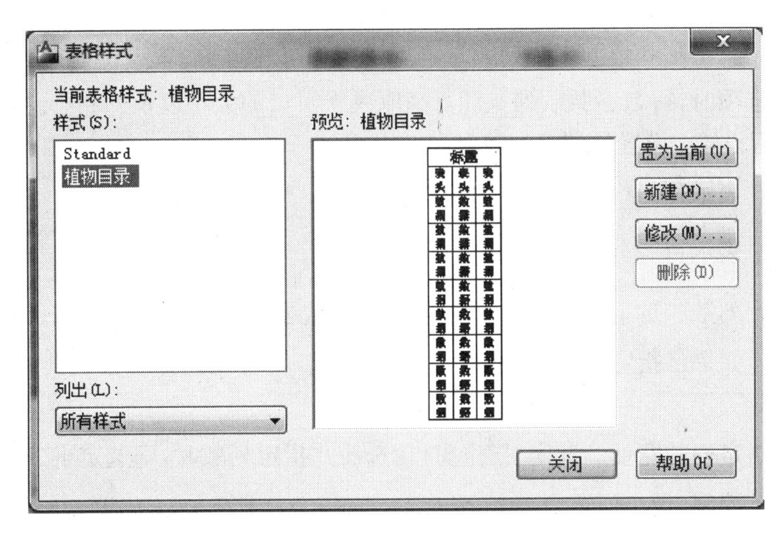

图 7.11　表格样式对话框

(6) 新建：显示“创建新的表格样式”对话框，从中可以定义新的表格样式。

(7) 修改：显示“修改表格样式”对话框，从中可以修改表格样式。

(8) 删除：删除“样式”列表中选定的表格样式。不能删除图形中正在使用的样式。

7.6.2　插入表格

操　作　卡

功能区：“常用”选项卡 →“注释”面板 →“插入表格”

菜单：“绘图”→“表格”

工具栏：绘图

命令输入：TABLE

创建空的表格对象。

(1) 表格样式：在要从中创建表格的当前图形中选择表格样式。通过单击下拉列表旁边的按钮，用户可以创建新的表格样式。

(2) 插入选项：指定插入表格的方式。

从空表格开始　创建可以手动填充数据的空表格。

从数据链接开始　从外部电子表格中的数据创建表格。

从数据提取开始　启动“数据提取”向导。

(3) 预览：控制是否显示预览。如果从空表格开始，则预览将显示表格样式的样例。如果创建表格链接，则预览将显示结果表格。处理大型表格时，清除此选项以提高性能。

(4) 插入方式：指定表格位置。

指定插入点　指定表格左上角的位置。可以使用定点设备，也可以在命令提示下输入坐标值。如果表格样式将表格的方向设定为由下而上读取，则插入点位于表格的左下角。

指定窗口 指定表格的大小和位置。可以使用定点设备，也可以在命令提示下输入坐标值。选定此选项时，行数、列数、列宽和行高取决于窗口的大小以及列和行设置。

(5) 列和行设置：设置列和行的数目和大小。

列图标 表示列。

行图标 表示行。

列 指定列数。选定"指定窗口"选项并指定列宽时，"自动"选项将被选定，且列数由表格的宽度控制。如果已指定包含起始表格的表格样式，则可以选择要添加到此起始表格的其他列的数量。

列宽 指定列的宽度。选定"指定窗口"选项并指定列数时，则选定了"自动"选项，且列宽由表格的宽度控制，最小列宽为一个字符。

数据行数 指定行数。选定"指定窗口"选项并指定行高时，则选定了"自动"选项，且行数由表格的高度控制。带有标题行和表格头行的表格样式最少应有三行，最小行高为一个文字行。如果已指定包含起始表格的表格样式，则可以选择要添加到此起始表格的其他数据行的数量。

行高 按照行数指定行高。文字行高基于文字高度和单元边距，这两项均在表格样式中设置。选定"指定窗口"选项并指定行数时，则选定了"自动"选项，且行高由表格的高度控制。

(6) 设置单元样式：对于那些不包含起始表格的表格样式，请指定新表格中行的单元格式。

第一行单元样式 指定表格中第一行的单元样式。默认情况下，使用标题单元样式。

第二行单元样式 指定表格中第二行的单元样式。默认情况下，使用表头单元样式。

所有其他行单元样式 指定表格中所有其他行的单元样式。默认情况下，使用数据单元样式。

(7) 表格选项：对于包含起始表格的表格样式，从插入时保留的起始表格中指定表格元素。

标签单元文字 保留新插入表格中的起始表格表头或标题行中的文字。

数据单元文字 保留新插入表格中的起始表格数据行中的文字。

块 保留新插入表格中起始表格中的块。

保留单元样式替代 保留新插入表格中起始表格中的单元样式替代。

数据链接 保留新插入表格中起始表格中的数据连接。

字段 保留新插入表格中起始表格中的字段。

公式 保留新插入表格中起始表格中的公式。

7.6.3 修改表格

在表格制成后，可以随时修改，增加或删除行、列以及文字等，基本操作与 Word 类似，在练习过程逐渐体会，如图 7.12 所示。

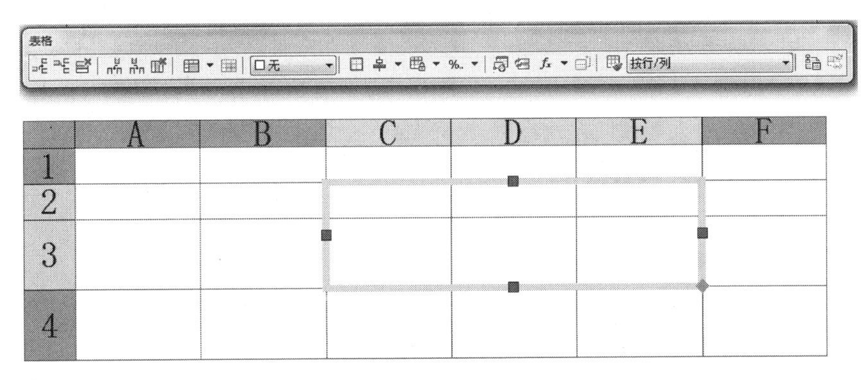

图 7.12 表 格

(1) 单击表格中任意一个单元格，该单元格周围显示出黄色的粗线，表示该单元格被选中，在表格工具栏单击"在下方插入行"按钮。

(2) 单击新的单元格，选中的单元格会以黄色粗线显示边框，单击"删除行"按钮可以删除所选择的单元格所在行。

(3) 在选中的单元格处单击鼠标右键，选择"特性"选项，弹出"特性"选项板，显示了当前单元格的特性，可以通过该选项板改变单元格的设置。

(4) 除了使用工具栏中的按钮修改表格，可以单击鼠标右键，在弹出的菜单中选择修改命令。用户也可以单击表格上的任意网格线以选中表格，利用夹点来修改表格。

示例：

绘制作业图框标题栏表格

图 7.13 表格样式设置

(1) 点击菜单下“格式”/“表格样式”或输入命令 TABLESTYLE。
(2) 在弹出的“表格样式”对话框中，单击“新建”按钮。
(3) 在弹出的“创建新表格样式”对话框中，在“新样式名”文本框中输入“标题栏 1”，单击“继续”按钮。
(4) 在弹出的“新建表格样式”对话框中，选择“数据”下拉列表项。单击“常规”选项卡，“对齐”方式选择“正中”。单击“文字”选项卡，设置文字高度为“50”。单击“边框”选项卡，在“线宽”列表框中，选择线宽 0.35 mm，如图 7.13 所示。
(5) 单击“确定”按钮，结束表格样式的创建。
(6) 输入“TABLE”命令，弹出“插入表格”对话框。
(7) 在“表格样式”下拉列表中，选择新建的“标题栏 1”表格样式。
(8) 设置列数为 6、行数为 4、列宽为 250，行高为 1，在“设置单元格样式”区域的下拉列表中，全部选择“数据”类型，如图 7.14 所示。
(9) 单击“确定”按钮，结束表格的创建，如图 7.15 所示。
(10) 拖动鼠标选中第一行、第二行的第一列至第三列单元格，单击鼠标右键，选择“合并单元格”选择。同样方法合并右下角单元格，如图 7.16 所示。
(11) 调整表格列宽和行高，打开“特性”面板，选中需要调整的单元格，在“特性”面板中的“单元宽度”、“单元高度”文本框中输入相应的数值。
(12) 双击单元格，输入相应文字。
(13) 表格创建完成后，还可通过夹点来修改表格的列宽和行高。操作时，将相应的表格选中，显示出夹点后，拖动鼠标直接移动夹点的位置即可。
(14) 操作完成，如图 7.17 所示。

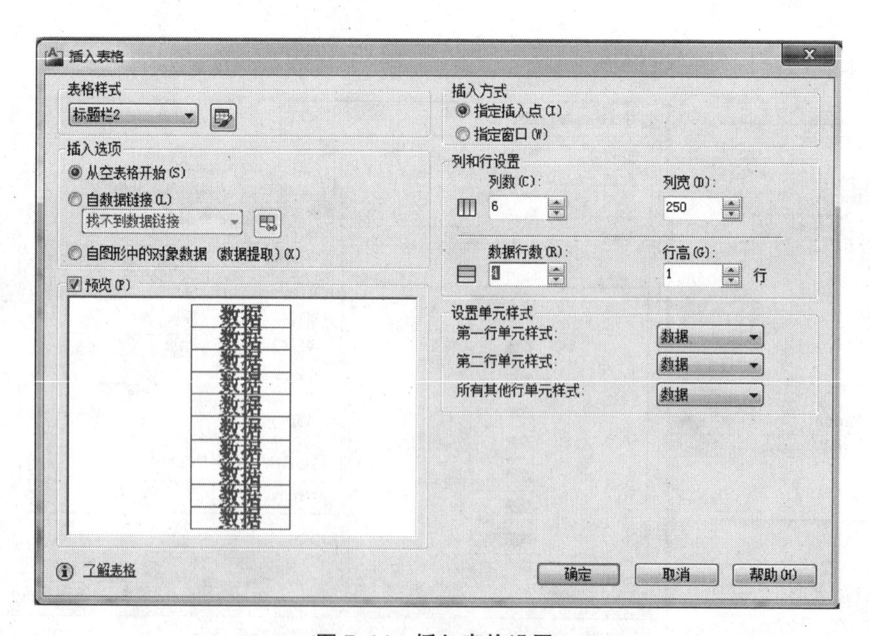

图 7.14　插入表格设置

图7.15 创建表格

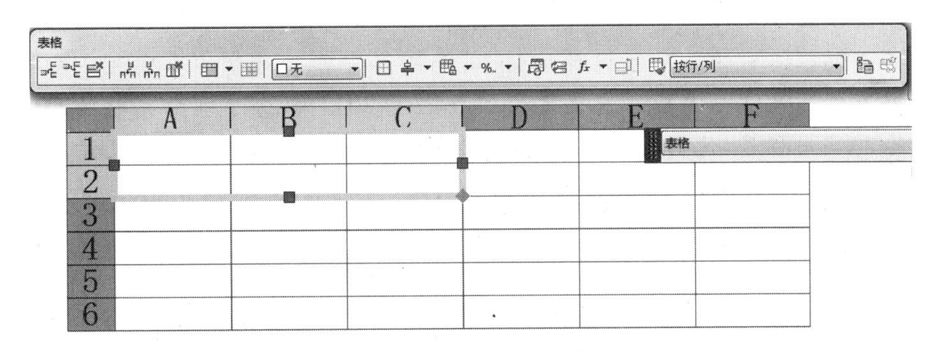

图7.16 表格修改

作业二：广场设计		成 绩	
班 级		学 号	
姓 名		日 期	

图7.17 作业标题栏

练习思考题

(1) 设置一组常用园林图例的表格，可以结合定义块来创建。

(2) 绘制一组园林景观设施建筑小品的平、立面图。

第8章 尺寸标注

在园林设计中，尺寸标注是设计工作中的一项重要内容，因为园林设计特别是施工图的根本目的是反映设计后施工，而图形中各个对象的真实大小和相互位置只有经过尺寸标注后才能确定。AutoCAD 2011 包含了一套完整的尺寸标注命令和实用程序，使用其以完成图纸中要求的尺寸标注。在进行尺寸标注之前，必须了解 AutoCAD 2011 尺寸标注和引线的组成，标注样式和引线的创建和设置方法。

教学目标： 通过本章的学习，应掌握 AutoCAD 2011 尺寸标注的规则和组成，以及"标注样式管理器"对话框的使用方法。并掌握创建尺寸标注的基础以及样式设置的方法，引线的设置与运用。

教学重点： 尺寸标注样式设置、创建尺寸标注、引线的设置与运用。

教学难点： 尺寸标注样式设置、引线设置。

8.1 定义标注样式

操 作 卡

- 功能区："注释"选项卡 →"标注"面板 →"标注样式"
- 菜单："格式"→"标注样式"
- 工具栏：样式
- 命令行输入：DIMSTYLE

创建新样式、设定当前样式、修改样式、设定当前样式的替代以及比较样式，如图 8.1 所示。

8.1.1 定义尺寸标注样式

提示说明：

(1) 当前标注样式：显示当前标注样式的名称。默认标注样式为标准，当前样式将应用于所创建的标注。

(2) 样式：列出图形中的标注样式。当前样式被亮显。在列表中单击鼠标右键可显示快捷菜单及选项，可用于设定当前标注样式、重命名样式和删除样式。不能删除当前样式或当前

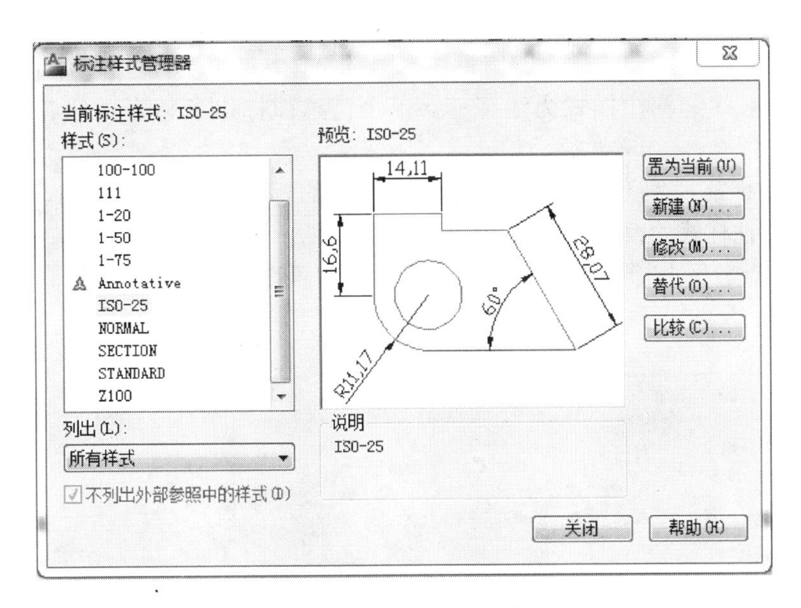

图 8.1 标注样式管理器对话框

图形使用的样式。

(3) 列表：在“样式”列表中控制样式显示。如果要查看图形中所有的标注样式，选择“所有样式”。如果只希望查看图形中标注当前使用的标注样式，选择“正在使用的样式”。

(4) 不列出外部参照中的样式：如果选择此选项，在“样式”列表中将不显示外部参照图形的标注样式。

(5) 预览：显示“样式”列表中选定样式的图示。

(6) 说明：说明“样式”列表中与当前样式相关的选定样式。如果说明超出给定的空间，可以单击窗格并使用箭头键向下滚动。

(7) 置为当前：将在“样式”下选定的标注样式设定为当前标注样式。当前样式将应用于所创建的标注。

(8) 新建：显示“创建新标注样式”对话框，从中可以定义新的标注样式。

(9) 修改：显示“修改标注样式”对话框，从中可以修改标注样式。对话框选项与“新建标注样式”对话框中的选项相同。

(10) 替代：显示“替代当前样式”对话框，从中可以设定标注样式的临时替代值。对话框选项与“新建标注样式”对话框中的选项相同，替代将作为未保存的更改结果显示在“样式”列表中的标注样式下。

(11) 比较：显示“比较标注样式”对话框，从中可以比较两个标注样式或列出一个标注样式的所有特性。

8.1.2 定义标注样式的子样式

可以命名新标注样式、设定新标注样式的基础样式和指示要应用新样式的标注类型。

(1) 新样式名：指定新的标注样式名。

(2) 基础样式：设定作为新样式的基础的样式。对于新样式，仅更改那些与基础特性不同的特性。

(3) 注释性：指定标注样式为注释性。单击信息图标以了解有关注释性对象的详细信息。

(4) 用于：创建一种仅适用于特定标注类型的标注子样式。例如，可以创建一个STANDARD标注样式的版本，该样式仅用于直径标注。

(5) 继续：点击显示“新建标注样式”对话框，从中可以定义新的标注样式特性，如图8.2所示。

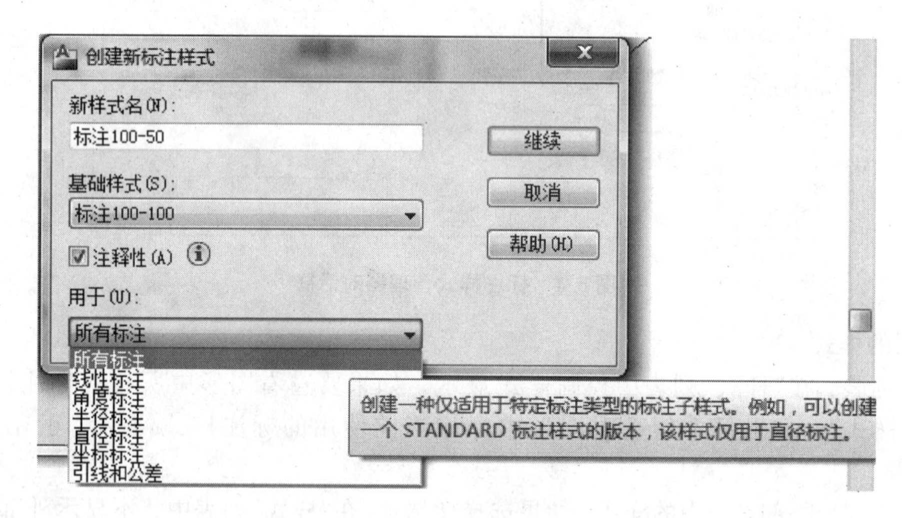

图8.2 线选项卡

8.1.3 标注样式的编辑与修改

在“创建新标注样式”对话框中选择“继续”时，将显示“新建标注样式”对话框。在此对话框中可以定义新样式的特性。此对话框最初显示的是在“创建新标注样式”对话框中所选择的基础样式的特性。在“标注样式管理器”中选择“修改”或“替代”将显示“修改标注样式”对话框或“替代标注样式”对话框。虽然是修改或替代现有标注样式而不是创建新标注样式，但这些对话框的内容和“新建标注样式”对话框的内容是相同的。每个选项卡上的样例图像显示每个选项的效果。

(1) “直线”选项卡：设定尺寸线、尺寸界线、箭头和圆心标记的格式和特性，如图8.3所示。

① 尺寸线：设定尺寸线的特性。

颜色 显示并设定尺寸线的颜色。如果单击“选择颜色”(在“颜色”列表的底部)，将显示“选择颜色”对话框，也可以输入颜色名或颜色号。

线型 设定尺寸线的线型。

线宽 设定尺寸线的线宽。

超出标记 指定当箭头使用倾斜、建筑标记、积分和无标记时尺寸线超过尺寸界线的

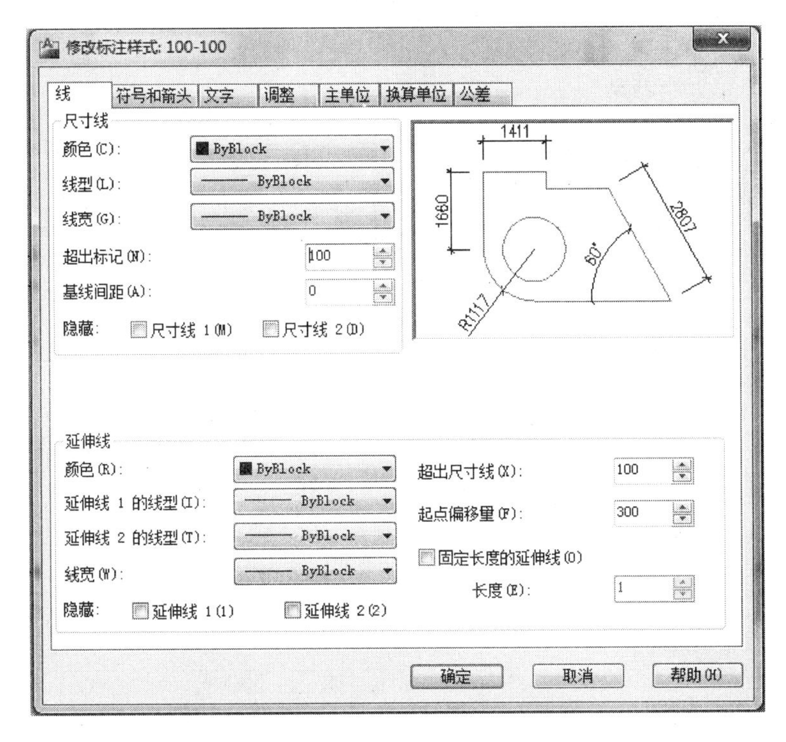

图 8.3　线 选 项 卡

距离。

基线间距　设定基线标注的尺寸线之间的距离。输入距离。

② 尺寸界线：控制尺寸界线的外观。

颜色　设定尺寸界线的颜色。如果单击“选择颜色”(在“颜色”列表的底部)，将显示“选择颜色”对话框，也可以输入颜色名或颜色号。

线型尺寸界线 1　设定第一条尺寸界线的线型。

线型尺寸界线 2　设定第二条尺寸界线的线型。

线宽　设定尺寸界线的线宽。

不显示　不显示尺寸界线。“尺寸界线 1”不显示第一条尺寸界线，“尺寸界线 2”不显示第二条尺寸界线。

超出尺寸线　指定尺寸界线超出尺寸线的距离。

原点偏移量　设定自图形中定义标注的点到尺寸界线的偏移距离。

固定长度的尺寸界线　启用固定长度的尺寸界线。

长度　设定尺寸界线的总长度，起始于尺寸线，直到标注原点。

③ 预览：显示样例标注图像，它可显示对标注样式设置所做更改的效果。

(2) “符号和箭头”选项卡：控制标注箭头的外观，如图 8.4 所示。

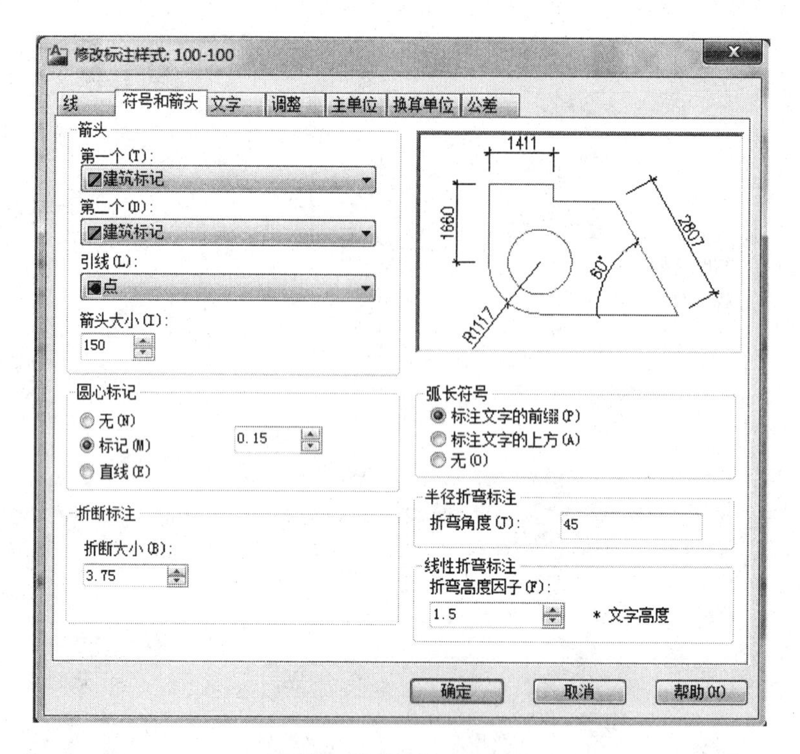

图 8.4 符号和箭头选项卡

① 箭头：设定尺寸线的箭头、引线箭头和箭头的大小。

② 圆心标记：控制直径标注和半径标注的圆心标记和中心线的外观。

③ 折断标注：控制折断标注的间隙宽度。

④ 弧长符号：控制弧长标注中圆弧符号的显示。

⑤ 半径折弯标注：控制折弯(Z字型)半径标注的显示。折弯半径标注通常在圆或圆弧的圆心位于页面外部时创建。

⑥ 线性折弯标注：控制线性标注折弯的显示。当标注不能精确表示实际尺寸时，通常将折弯线添加到线性标注中。通常，实际尺寸比所需值小。

⑦ 预览：显示样例标注图像，它可显示对标注样式设置所做更改的效果。

(3)“文字”选项卡：设定标注文字的格式、放置和对齐，如图8.5所示。

① 文字外观：控制标注文字的格式和大小。

② 文字位置：控制标注文字的位置。

③ 文字对齐：控制标注文字放在尺寸界线外边或里边时的方向是保持水平还是与尺寸界线平行。

④ 预览：显示样例标注图像，它可显示对标注样式设置所做更改的效果。

(4)“调整”选项卡：控制标注文字、箭头、引线和尺寸线的放置，如图8.6所示。

① 调整选项：控制基于尺寸界线之间可用空间的文字和箭头的位置。如果有足够大的空间，文字和箭头都将放在尺寸界线内。否则，将按照“调整”选项放置文字和箭头。

文字或箭头(最佳效果) 按照最佳效果将文字或箭头移动到尺寸界线外。

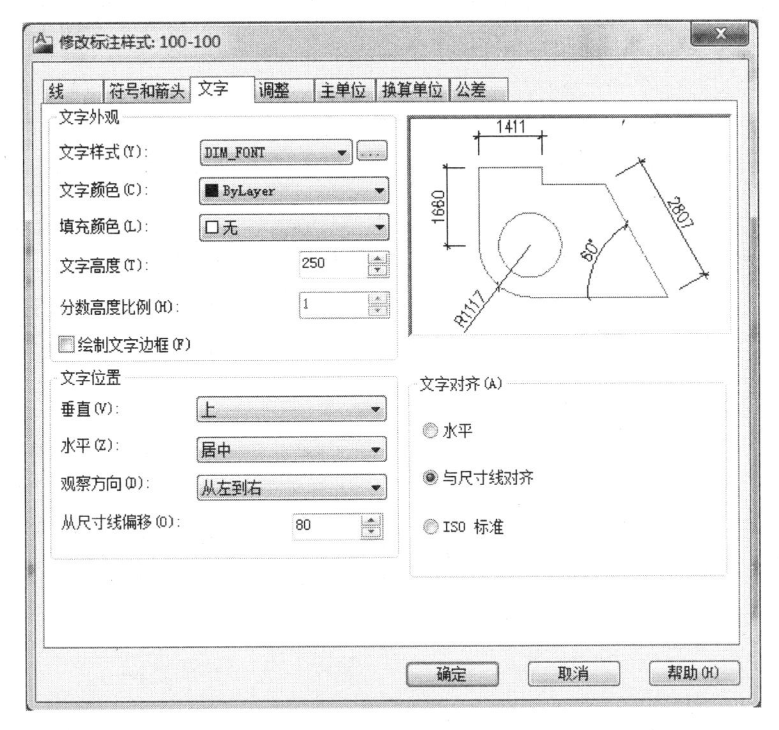

图8.5 文字选项卡

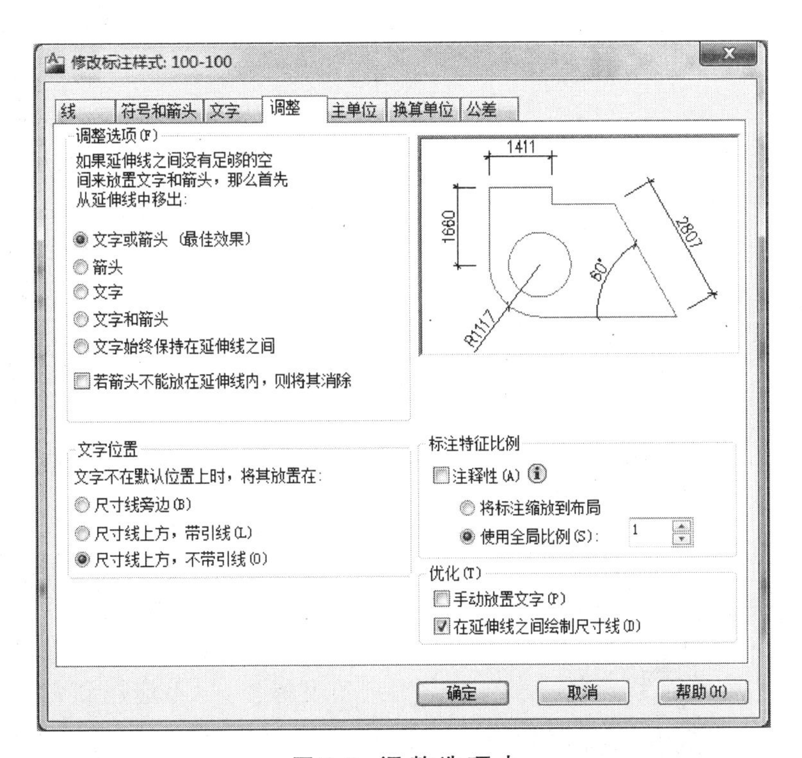

图8.6 调整选项卡

（当尺寸界线间的距离足够放置文字和箭头时，文字和箭头都放在尺寸界线内。否则，将按照最佳效果移动文字或箭头；当尺寸界线间的距离仅够容纳文字时，将文字放在尺寸界线内，而箭头放在尺寸界线外；当尺寸界线间的距离仅够容纳箭头时，将箭头放在尺寸界线内，而文字放在尺寸界线外；当尺寸界线间的距离既不够放文字又不够放箭头时，文字和箭头都放在尺寸界线外。）

箭头 先将箭头移动到尺寸界线外，然后移动文字。

（当尺寸界线间的距离足够放置文字和箭头时，文字和箭头都放在尺寸界线内；当尺寸界线间距离仅够放下箭头时，将箭头放在尺寸界线内，而文字放在尺寸界线外；当尺寸界线间距离不足以放下箭头时，文字和箭头都放在尺寸界线外。）

文字 先将文字移动到尺寸界线外，然后移动箭头。

（当尺寸界线间的距离足够放置文字和箭头时，文字和箭头都放在尺寸界线内；当尺寸界线间的距离仅能容纳文字时，将文字放在尺寸界线内，而箭头放在尺寸界线外；当尺寸界线间距离不足以放下文字时，文字和箭头都放在尺寸界线外。）

文字和箭头 始终将文字放在尺寸界线之间。

文字始终保持在尺寸界线之间 始终将文字放在尺寸界线之间。

若不能放在尺寸界线内，则不显示箭头 如果尺寸界线内没有足够的空间，则不显示箭头。

② 文字位置：设定标注文字从默认位置（由标注样式定义的位置）移动时标注文字的位置。

尺寸线旁边 如果选定，只要移动标注文字尺寸线就会随之移动。

尺寸线上方，加引线 如果选定，移动文字时尺寸线不会移动。如果将文字从尺寸线上移开，将创建一条连接文字和尺寸线的引线。当文字非常靠近尺寸线时，将省略引线。

尺寸线上方，不加引线 如果选定，移动文字时尺寸线不会移动。远离尺寸线的文字不与带引线的尺寸线相连。

③ 预览：显示样例标注图像，它可显示对标注样式设置所做更改的效果。

④ 标注特征比例：设定全局标注比例值或图纸空间比例。

⑤ 调整：提供用于放置标注文字的其他选项。

（5）“主单位”选项卡：设定主标注单位的格式和精度，并设定标注文字的前缀和后缀，如图 8.7 所示。

① 线性标注：设定线性标注的格式和精度。

测量单位比例 定义线性比例选项。主要应用于传统图形。比例因子，设置线性标注测量值的比例因子。建议不要更改此值的默认值 1.00。例如，如果输入 2，则 1 米直线的尺寸将显示为 2 米。该值不应用到角度标注，也不应用到舍入值或者正负公差值。

② 角度标注：显示和设定角度标注的当前角度格式。

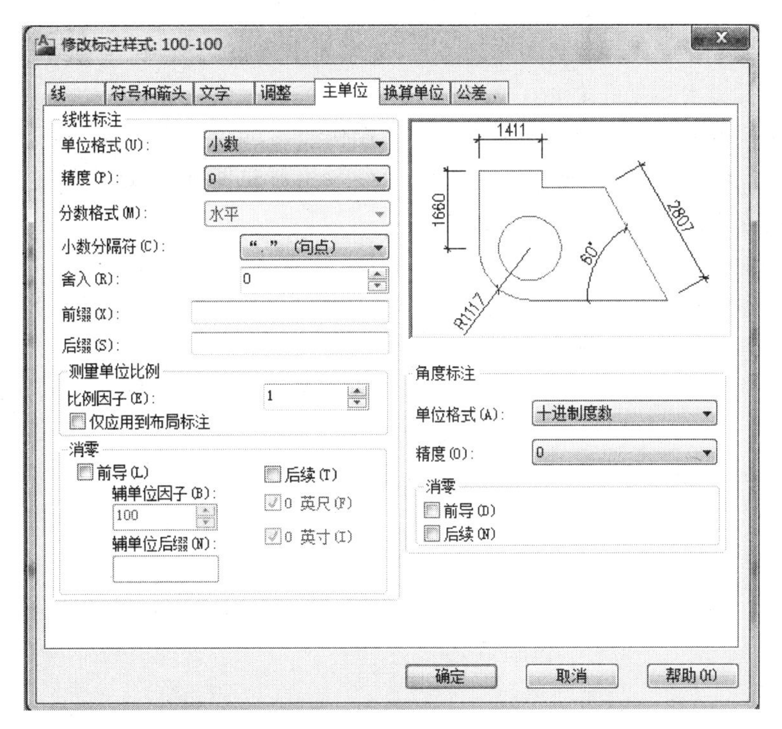

图 8.7　主单位选项卡

③ 消零：控制是否禁止输出前导零和后续零。

④ 预览：显示样例标注图像，它可显示对标注样式设置所做更改的效果。

示例：

小游园设计标注样式设置如下：

(1) 切换“尺寸标注”图层。

(2) 创建“标注 1”样式，线选项卡设置尺寸线超出标记为 160，延伸线超出尺寸线为 160，起点偏移量为 500。

(3) 符合和箭头选项卡箭头选择建筑标记，引线为点，箭头大小为 160。

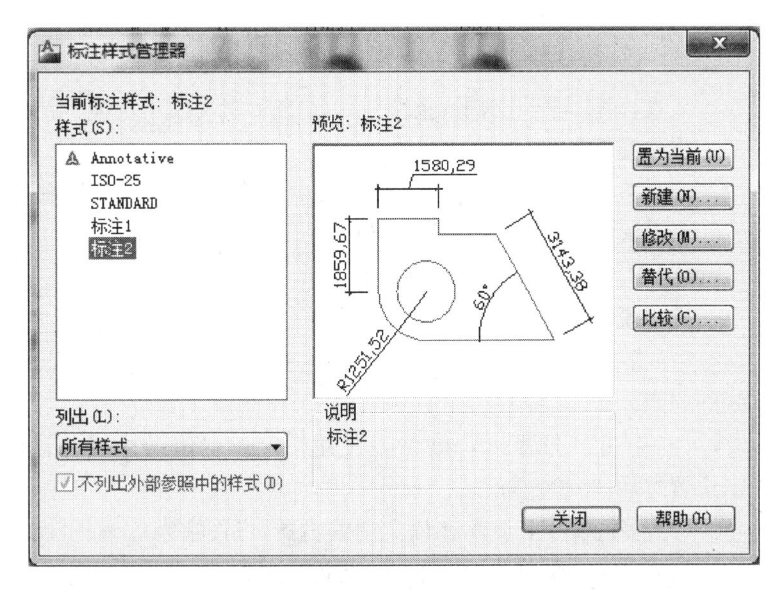

图 8.8　标注样式设置

(4) 文字选项卡设置文字样式为标注专用,文字高度为400。特别注意文字样式标注专用在设置文字高度一定要设0,否则此处设置高度无效。

(5) 调整选项卡设置调整选项为文字和箭头最佳效果,文字位置为尺寸线上方带引线。

(6) 创建"标注2"样式,线选项卡设置尺寸线超出标记为100,延伸线超出尺寸线为100,起点偏移量为300。

(7) 符合和箭头选项卡箭头选择建筑标记,引线为点,箭头大小为100。

(8) 文字选项卡设置文字样式为标注专用,文字高度为250。特别注意文字样式标注专用在设置文字高度一定要设0,否则此处设置高度无效。

(9) 调整选项卡设置调整选项为文字和箭头最佳效果,文字位置为尺寸线上方带引线。

(10) 标注设置完毕,需要直接把标注样式置为当前,如图8.8所示。

8.2 创建各种尺寸标注

8.2.1 线性标注

操 作 卡

功能区:"注释"选项卡→"标注"面板→"线性"

菜单:"标注"→"线性"

工具栏:标注 |⟷|

命令行输入:DIMLINEAR

线性标注是使用水平、竖直或旋转的尺寸线创建线性标注。

操作提示列表:

指定第一个 尺寸界线原点或<选择对象>:指定点或按Enter键选择要标注的对象

指定尺寸线位置或[Mtext(M)/Text(T)/Angle(A)/Horizontal(H)/Vertical(V)/Rotated(R)]:指定点或输入选项

提示说明:

(1) 第一条尺寸界线原点:指定第一条尺寸界线的原点之后,将提示指定第二条尺寸界线的原点。

(2) 尺寸线位置:AutoCAD使用指定点定位尺寸线并且确定绘制尺寸界线的方向。指定位置之后,将绘制标注。

(3) 多行文字:显示在位文字编辑器,可用它来编辑标注文字。

(4) 文字:在命令提示下,自定义标注文字。

(5) 角度:修改标注文字的角度。

(6) 水平:创建水平线性标注。

示例：

小游园设计外边框线性标注创建如下：

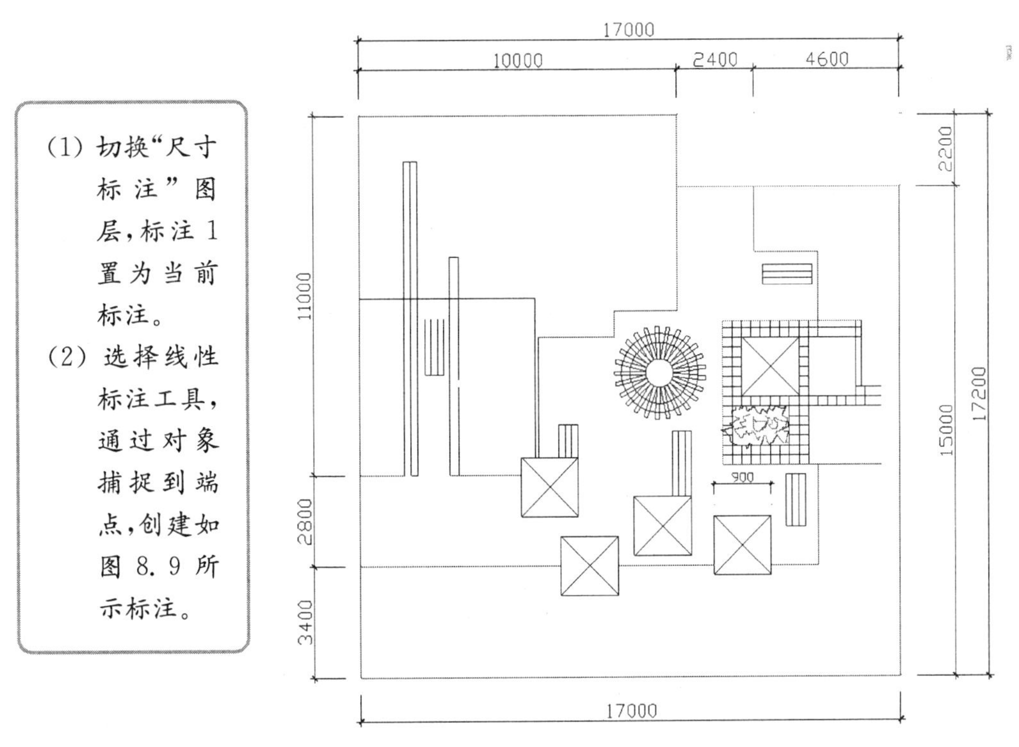

图8.9　小游园设计尺寸标注

8.2.2　对齐线性标注

操　作　卡
功能区：“注释”选项卡→“标注”面板→“对齐”
菜单：“标注”→“对齐”
工具栏：标注
命令行输入：DIMALIGNED

操作提示列表：

指定第一个 尺寸界线原点或＜选择对象＞：指定手动尺寸界线的点，或按Enter键以使用自动尺寸界线

对齐线性标注：创建与尺寸界线的原点对齐的线性标注。

提示说明：

(1) 尺寸界线原点：指定第一条尺寸界线原点(1)。系统将提示指定第二条尺寸界线原点。

(2) 对象选择：在选择对象之后，自动确定第一条和第二条尺寸界线的原点。对多段线和其他可分解对象，仅标注独立的直线段和圆弧段。不能选择非统一比例缩放块参照中的对象。

如果选择直线或圆弧,其端点将用作尺寸界线的原点。

(3) 尺寸线位置：指定尺寸线的位置并确定绘制尺寸界线的方向。指定位置之后，DIMALIGNED 命令结束。

(4) 多行文字：显示在位文字编辑器,可用它来编辑标注文字。

(5) 文字：在命令提示下,自定义标注文字。生成的标注测量值显示在尖括号中。

(6) 角度：修改标注文字的角度。

示例：

小游园设计中六角亭和四角亭对齐标注如下：

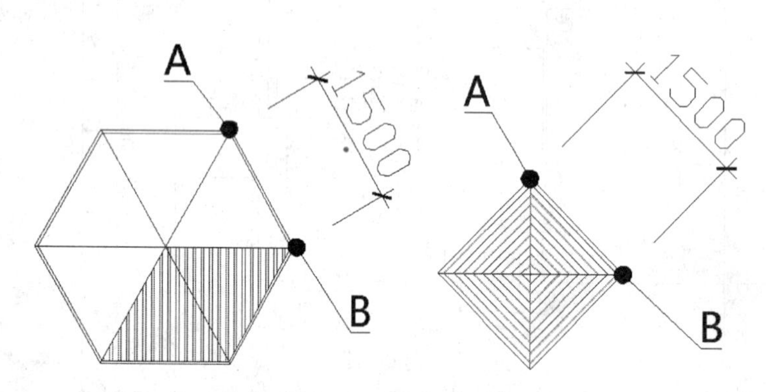

(1) 切换“尺寸标注”图层,标注 2 置为当前标注。

(2) 选择线性标注工具,通过对象捕捉到 A 点到 B 点,创建如图 8.10 所示标注。

图 8.10 对齐标注

8.2.3 半径标注

操 作 卡

- 功能区：“注释”选项卡 →“标注”面板 →“半径”
- 菜单：“标注”→“半径”
- 工具栏：标注
- 命令行输入：DIMRADIUS

创建圆或圆弧的半径标注。小游园设计部分倒角半径标注如图 8.11 所示。

操作提示列表：

选择圆弧或圆：

指定尺寸线位置或[Mtext(M)/Text(T)/Angle(A)]：指定点或输入选项

提示说明：

(1) 尺寸线位置：确定尺寸线的角度和标注文字的位置。如果由于未将标注放置在圆弧上而导致标注指向圆弧外,则 AutoCAD 会自动绘制圆弧尺寸界线。

(2) 多行文字：显示在位文字编辑器,可用它来编辑标注文字。

(3) 文字：在命令提示下,自定义标注文字。生成的标注测量值显示在尖括号中。

(4) 角度：修改标注文字的角度。

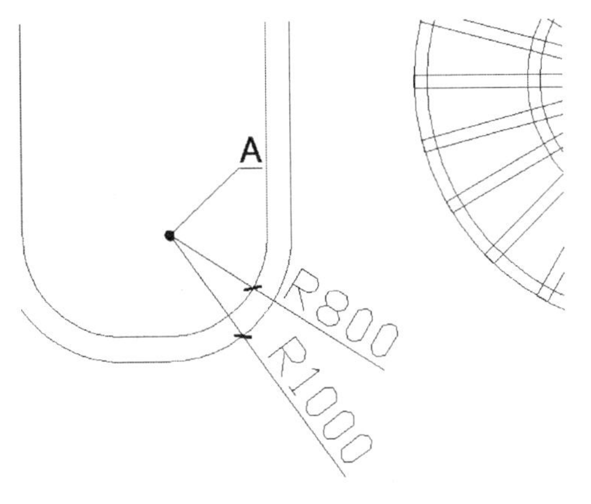

图 8.11　半径标注

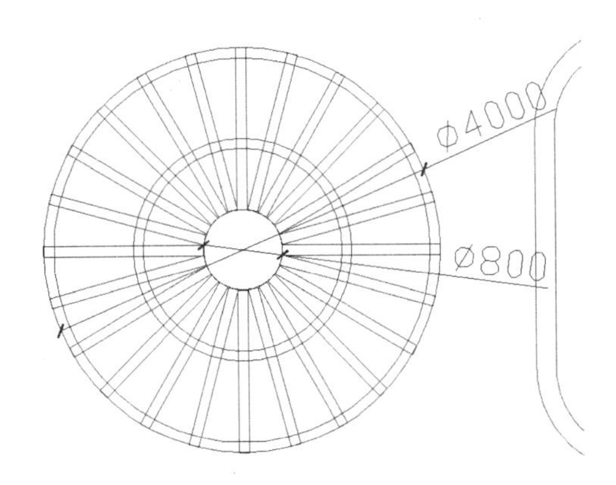

图 8.12　直径标注

8.2.4　直径标注

操　作　卡

- 功能区："注释"选项卡 →"标注"面板 →"直径"
- 菜单："标注"→"直径"
- 工具栏：标注
- 命令行输入：DIMDIAMETER

半径标注与直径标注是测量选定圆或圆弧的直径，并显示前面带有直径符号的标注文字。可以使用夹点轻松地重新定位生成的直径标注。小游园设计中心花架设计直径标注如图8.12所示。

操作提示列表：

选择圆弧或圆：指定尺寸线位置或[Mtext(M)/Text(T)/Angle(A)]：指定点或输入选项

提示说明：

(1) 尺寸线位置：确定尺寸线的角度和标注文字的位置。如果由于未将标注放置在圆弧上而导致标注指向圆弧外，则 AutoCAD 会自动绘制圆弧尺寸界线。

(2) 多行文字：显示在位文字编辑器，可用它来编辑标注文字。

角度：修改标注文字的角度。

8.2.5　角度尺寸标注

操　作　卡

- 功能区："注释"选项卡→"标注"面板 →"角度"
- 菜单："标注"→"角度"
- 工具栏：标注
- 命令行输入：DIMANGULAR

角度标注：测量选定的对象或 3 个点之间的角度。可以选择的对象包括圆弧、圆和直线等。

操作提示列表：

选择圆弧、圆、直线或<指定顶点>：选择圆弧、圆、直线，或按 Enter 键通过指定三个点来创建角度标注

提示说明：

(1) 选择圆弧：使用选定圆弧上的点作为三点角度标注的定义点。圆弧的圆心是角度的顶点。圆弧端点成为尺寸界线的原点。在尺寸界线之间绘制一条圆弧作为尺寸线。尺寸界线从角度端点绘制到尺寸线交点。

(2) 选择圆：将选择点(1)作为第一条尺寸界线的原点。圆的圆心是角度的顶点。第二个角度顶点是第二条尺寸界线的原点，且无需位于圆上。

(3) 选择直线：用两条直线定义角度。程序通过将每条直线作为角度的矢量，将直线的交点作为角度顶点来确定角度。尺寸线跨越这两条直线之间的角度。如果尺寸线与被标注的直线不相交，将根据需要添加尺寸界线，以延长一条或两条直线。圆弧总是小于 180 度。

(4) 指定三点：创建基于指定三点的标注。角度顶点可以同时为一个角度端点。如果需要尺寸界线，那么角度端点可用作尺寸界线的原点。在尺寸界线之间绘制一条圆弧作为尺寸线。尺寸界线从角度端点绘制到尺寸线交点。

(5) 标注圆弧线位置：指定尺寸线的位置并确定绘制尺寸界线的方向。

(6) 多行文字：显示在位文字编辑器，可用它来编辑标注文字。要添加前缀或后缀，请在生成的测量值前后输入前缀或后缀。

(7) 文字：在命令提示下，自定义标注文字。角度：修改标注文字的角度。

(8) 象限：指定标注应锁定到的象限。打开象限行为后，将标注文字放置在角度标注外时，尺寸线会延伸超过尺寸界线。

8.2.6 弧长的标注

操 作 卡

- 功能区："注释"选项卡→"标注"面板→"弧长"
- 菜单："标注"→"弧长"
- 工具栏：标注
- 命令行输入：DIMARC

弧长标注用于测量圆弧或多段线圆弧上的距离。弧长标注的尺寸界线可以正交或径向。在标注文字的上方或前面将显示圆弧符号。

操作提示列表：

选择圆弧或多段线圆弧：使用对象选择方法；指定弧长标注位置或[Mtext(M)/Text(T)/Angle(A)/Partial(P)/Leader(L)]：指定点或输入选项

提示说明：

(1) 弧长标注位置：指定尺寸线的位置并确定尺寸界线的方向。

(2) 多行文字：显示在位文字编辑器，可用它来编辑标注文字。

角度：修改标注文字的角度。

(3) 部分：缩短弧长标注的长度。

(4) 引线：添加引线对象。仅当圆弧(或圆弧段)大于90度时才会显示此选项。引线是按径向绘制的，指向所标注圆弧的圆心。

(5) 无引线：创建引线之前取消"引线"选项。要删除引线，请删除弧长标注，然后重新创建不带引线选项的弧长标注。

8.2.7 折弯标注

操 作 卡

- 功能区："注释"选项卡→"标注"面板→"折弯"
- 菜单："标注"→"折弯"
- 工具栏：标注
- 命令行输入：DIMJOGGED

折弯标注是测量选定对象的半径，并显示前面带有一个半径符号的标注文字。可以在任意合适的位置指定尺寸线的原点，当圆弧或圆的中心位于布局之外并且无法在其实际位置显示时，将创建折弯半径标注。可以在更方便的位置指定标注的原点(这称为中心位置替代)。弯半径标注也称为缩放半径标注。

操作提示列表：

选择圆弧或圆：选择一个圆弧、圆或多段线圆弧

指定图示中心位置：指定点

指定尺寸线位置或[多行文字(M)/Text(T)/Angle(A)]：指定点或输入选项

提示说明：

(1) 尺寸线位置：确定尺寸线的角度和标注文字的位置。如果由于未将标注放置在圆弧上而导致标注指向圆弧外，则 AutoCAD 会自动绘制圆弧尺寸界线。

(2) 多行文字：显示在位文字编辑器，可用它来编辑标注文字。

(3) 文字：在命令提示下，自定义标注文字。

(4) 角度：修改标注文字的角度。还可以确定尺寸线的角度和标注文字的位置。

(5) 指定折弯位置：指定折弯的中点。折弯的横向角度由"标注样式管理器"确定。

8.2.8 坐标标注

操 作 卡

- 功能区："注释"选项卡 →"标注"面板 →"坐标"
- 菜单："标注"→"坐标"
- 工具栏：标注
- 命令行输入：DIMORDINATE

坐标标注用于测量从原点(称为基准)到要素(例如种植设计平面图上的定位点)的水平或垂直距离。这些标注通过保持特征与基准点之间的精确偏移量,来避免误差增大。

操作提示列表:

指定点坐标:指定点或捕捉对象

指定引线端点或[X 基准(X)/Y 基准(Y)/多行文字(M)/文字(T)/角度(A)]:指定点或输入选项

提示说明:

(1) 指定引线端点:使用点坐标和引线端点的坐标差可确定它是 X 坐标标注还是 Y 坐标标注。如果 Y 坐标的坐标差较大,标注就测量 X 坐标,否则就测量 Y 坐标。

(2) X 基准:测量 X 坐标并确定引线和标注文字的方向。将显示"引线端点"提示,从中可以指定端点。

(3) Y 基准:测量 Y 坐标并确定引线和标注文字的方向。将显示"引线端点"提示,从中可以指定端点。

(4) 多行文字:显示在位文字编辑器,可用它来编辑标注文字。

(5) 文字:在命令提示下,自定义标注文字。

(6) 角度:修改标注文字的角度。

8.2.9 基线标注

操 作 卡

功能区:"注释"选项卡 →"标注"面板 →"基线"

菜单:"标注"→"基线"

工具栏:标注

命令行输入:DIMBASELINE

通过标注样式管理器、"直线"选项卡和"基线间距"设定基线标注之间的默认间距。如果当前任务中未创建任何标注,将提示用户选择线性标注、坐标标注或角度标注,以用作基线标注的基准,如图 8.13 所示。

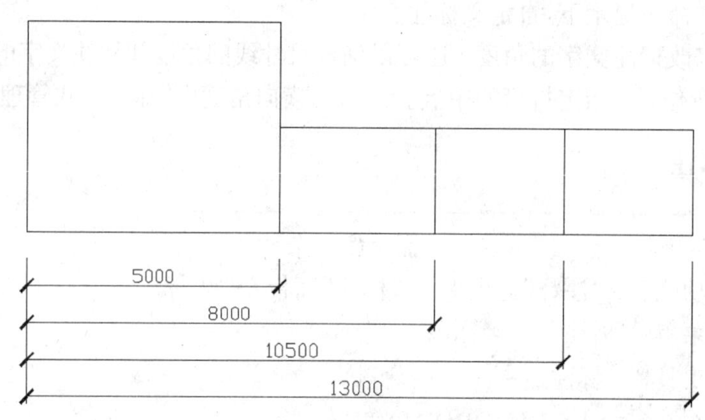

图 8.13 基线标注

操作提示列表：

选择基准标注：选择线性标注、坐标标注或角度标注

指定第二个尺寸界线原点或[Undo(U)/Select(S)]＜选择＞：指定点，输入选项或按Enter键选择基准标注

指定点坐标或[放弃(U)/选择(S)]＜选择＞：

提示说明：

(1) 第二条尺寸界线原点：默认情况下，使用基准标注的第一条尺寸界线作为基线标注的尺寸界线原点。可以通过显式地选择基准标注来替换默认情况，这时作为基准的尺寸界线是离选择拾取点最近的基准标注的尺寸界线。选择第二点之后，将绘制基线标注并再次显示"指定第二条尺寸界线原点"提示。若要结束此命令，按Esc键。若要选择其他线性标注、坐标标注或角度标注用作基线标注的基准，按Enter键。

(2) 点坐标：将基准标注的端点用作基线标注的端点，系统将提示指定下一个点坐标。选择点坐标之后，将绘制基线标注并再次显示"指定点坐标"提示。若要选择其他线性标注、坐标标注或角度标注用作基线标注的基准，按Enter键。

(3) 放弃：放弃在命令任务期间上一次输入的基线标注。

(4) 选择：AutoCAD提示选择一个线性标注、坐标标注或角度标注作为基线标注的基准。

8.2.10　连续标注

操　作　卡

- 功能区："注释"选项卡→"标注"面板→"连续"
- 菜单："标注"→"连续"
- 工具栏：标注
- 命令行输入：DIMCONTINUE

自动从创建的上一个线性约束、角度约束或坐标标注继续创建其他标注，或者从选定的尺寸界线继续创建其他标注，将自动排列尺寸线。如果当前任务中未创建任何标注，将提示用户选择线性标注、坐标标注或角度标注，以用作连续标注的基准，如图8.14所示。

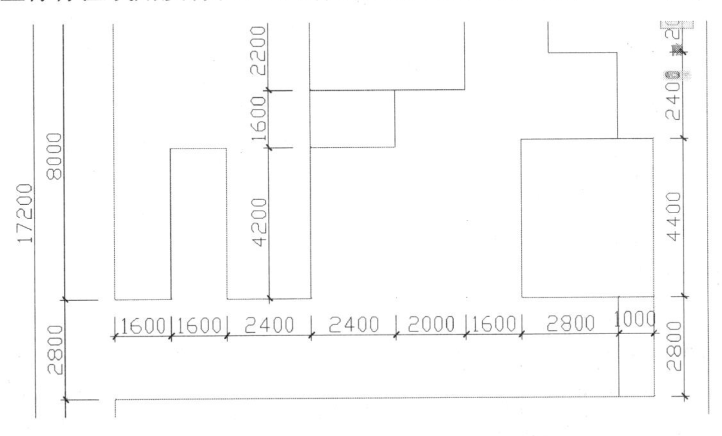

图8.14　连续标注

操作提示列表：

选择连续标注：选择线性标注、坐标标注或角度标注

指定第二个尺寸界线原点或[Undo(U)/Select(S)] <选择>：指定点，输入选项或按Enter键选择基准标注

指定点坐标或[放弃(U)/选择(S)] <选择>：

提示说明：

(1) 第二条尺寸界线原点：使用连续标注的第二条尺寸界线原点作为下一个标注的第一条尺寸界线原点。当前标注样式决定文字的外观。选择连续标注后，将再次显示“指定第二条尺寸界线原点”提示。若要结束此命令，按Esc键。若要选择其他线性标注、坐标标注或角度标注用作连续标注的基准，按Enter键。

(2) 点坐标：将基准标注的端点作为连续标注的端点，系统将提示指定下一个点坐标。选择点坐标之后，将绘制连续标注并再次显示“指定点坐标”提示。若要结束此命令，按Esc键。若要选择其他线性标注、坐标标注或角度标注用作连续标注的基准，按Enter键。

(3) 放弃：放弃在命令任务期间上一次输入的连续标注。

(4) 选择：AutoCAD提示选择线性标注、坐标标注或角度标注作为连续标注。选择连续标注之后，将再次显示“指定第二条尺寸界线原点”或“指定点坐标”提示。若要结束此命令，按Esc键。

8.2.11 快速标注

操 作 卡

- 功能区：“注释”选项卡→“标注”面板→“快速标注”
- 菜单：“标注”→“快速标注”
- 工具栏：标注
- 命令行输入：QDIM

从选定对象快速创建一系列标注。创建系列基线或连续标注，或者为一系列圆或圆弧创建标注时，此命令特别有用。

操作提示列表：

选择要标注的几何图形：选择要标注的对象或要编辑的标注并按Enter键指定尺寸线位置或[连续(C)/并列(S)/基线(B)/坐标(O)/半径(R)/直径(D)/基准点(P)/编辑(E)/设置(T)] <当前>：输入选项或按Enter键

提示说明：

(1) 连续：创建一系列连续标注。

(2) 并列：创建一系列并列标注。

(3) 基线：创建一系列基线标注。

(4) 坐标：创建一系列坐标标注。

(5) 半径：创建一系列半径标注。

(6) 直径：创建一系列直径标注。

(7) 基准点：为基线标注和坐标标注设定新的基准点。

(8) 编辑：编辑一系列标注。将提示用户在现有标注中添加或删除点。

(9) 设置：为指定尺寸界线原点设置默认对象捕捉。

8.2.12 标注调整间距

操 作 卡

功能区："注释"选项卡→"标注"面板→"调整间距"

菜单："标注"→"调整间距"

工具栏：标注

命令行输入：DIMSPACE

调整线性标注或角度标注之间的间距。平行尺寸线之间的间距将设为相等。也可以通过使用间距值 0 使一系列线性标注或角度标注的尺寸线齐平。间距仅适用于平行的线性标注或共用一个顶点的角度标注。

操作提示列表：

选择基准标注：选择平行线性标注或角度标注

选择要产生间距的标注：选择平行线性标注或角度标注以从基准标注均匀隔开，并按 Enter 键

输入值或[Auto(A)] <自动>：指定间距或按 Enter 键

提示说明：

(1) 输入间距值：将间距值应用于从基准标注中选择的标注。例如，如果输入值 0.500 0，则所有选定标注将以 0.500 0 的距离隔开。可以使用间距值 0(零)将选定的线性标注和角度标注的标注线末端对齐。

(2) 自动：基于在选定基准标注的标注样式中指定的文字高度自动计算间距。所得的间距值是标注文字高度的两倍。

8.2.13 折断标注

操 作 卡

功能区："注释"选项卡→"标注"面板→"打断"

菜单："标注"→"折断标注"

工具栏：标注

命令行输入：DIMBREAK

在标注和尺寸界线与其他对象的相交处打断或恢复标注和尺寸界线。可以将折断标注添加到线性标注、角度标注和坐标标注等。

操作提示列表：

选择要添加/删除折断的标注或[Multiple(M)]：选择标注，或输入 m 并按 Enter 键

选择要折断标注的对象或[Auto(A)/Manual(M)/Remove(R)] <自动>：选择与标注相交或与选定标注的尺寸界线相交的对象，输入选项，或按 Enter 键

选择要折断标注的对象：选择通过标注的对象或按 Enter 键结束命令

提示说明：

(1) 多个：指定要向其中添加折断或要从中删除折断的多个标注。

(2) 自动：自动将折断标注放置在与选定标注相交的对象的所有交点处。修改标注或相交对象时，会自动更新使用此选项创建的所有折断标注。在具有任何折断标注的标注上方绘制新对象后，在交点处不会沿标注对象自动应用任何新的折断标注。要添加新的折断标注，必须再次运行此命令。

(3) 删除：从选定的标注中删除所有折断标注。

(4) 手动：手动放置折断标注。为折断位置指定标注或尺寸界线上的两点。如果修改标注或相交对象，则不会更新使用此选项创建的任何折断标注。使用此选项，一次仅可以放置一个手动折断标注。

8.2.14 创建圆心标记

操 作 卡

- 功能区："注释"选项卡 →"标注"面板 →"圆心标记"
- 菜单："标注"→"圆心标记"
- 工具栏：标注 ⊕
- 命令行输入：DIMCENTER

创建圆和圆弧的圆心标记或中心线。可以选择圆心标记或中心线，并在设置标注样式时指定它们的大小。

8.2.15 创建折弯标注

操 作 卡

- 功能区："常用"选项卡 →"注释"面板→"标注，折弯标注"
- 菜单："标注"→"折弯线性"
- 工具栏：标注

在线性标注或对齐标注中添加或删除折弯线。标注中的折弯线表示所标注的对象中的折断。标注值表示实际距离，而不是图形中测量的距离。

操作提示列表：

选择要添加折弯的标注或[Remove(R)]：选择线性标注或对齐标注

提示说明：

(1) 添加折弯：指定要向其添加折弯的线性标注或对齐标注。系统将提示用户指定折弯的位置。按 Enter 键可在标注文字与第一条尺寸界线之间的中点处放置折弯，或在基于标注文字位置的尺寸线的中点处放置折弯。

(2) 删除：指定要从中删除折弯的线性标注或对齐标注。

8.3 多重引线标注

8.3.1 多重引线样式

操 作 卡
功能区："注释"选项卡 →"引线"面板 →"多重引线样式"
菜单："格式"→"多重引线样式"
工具栏：多重引线
工具栏：样式
命令行输入：MLEADERSTYLE

1) "多重引线样式管理器"对话框

设置当前多重引线样式，以及创建、修改和删除多重引线样式。多重引线样式可以控制多重引线外观。这些样式可指定基线、引线、箭头和内容的格式，如图8.15所示。

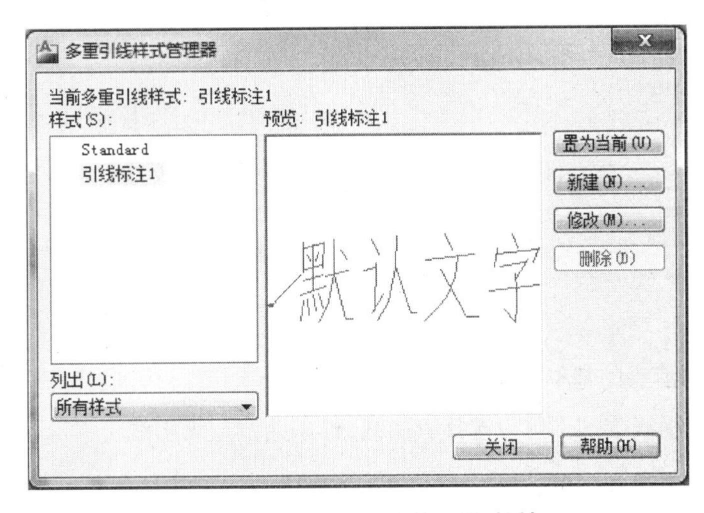

图8.15 多重引线样式管理器对话框

提示说明：

(1) 当前多重引线样式：显示应用于所创建的多重引线的多重引线样式的名称。默认的多重引线样式为STANDARD。

(2) 样式：显示多重引线列表。当前样式被亮显。

(3) 列出：控制"样式"列表的内容。单击"所有样式"，可显示图形中可用的所有多重引线样式。单击"正在使用的样式"，仅显示被当前图形中的多重引线参照的多重引线样式。

(4) 预览：显示"样式"列表中选定样式的预览图像。

(5) 设置为当前：将"样式"列表中选定的多重引线样式设定为当前样式。所有新的多重引线都将使用此多重引线样式进行创建。

(6) 新建：显示“创建新多重引线样式”对话框，从中可以定义新多重引线样式。

(7) 修改：显示“修改多重引线样式”对话框，从中可以修改多重引线样式。

(8) 删除：删除“样式”列表中选定的多重引线样式。不能删除图形中正在使用的样式。

2)“修改多重引线样式”对话框

提示说明：

(1) 预览：显示已修改样式的预览图像。

(2) 了解多线样式：单击该链接或信息图标可了解有关多重引线和多重引线样式的详细信息。

“引线格式”选项卡：如图 8.16 所示。

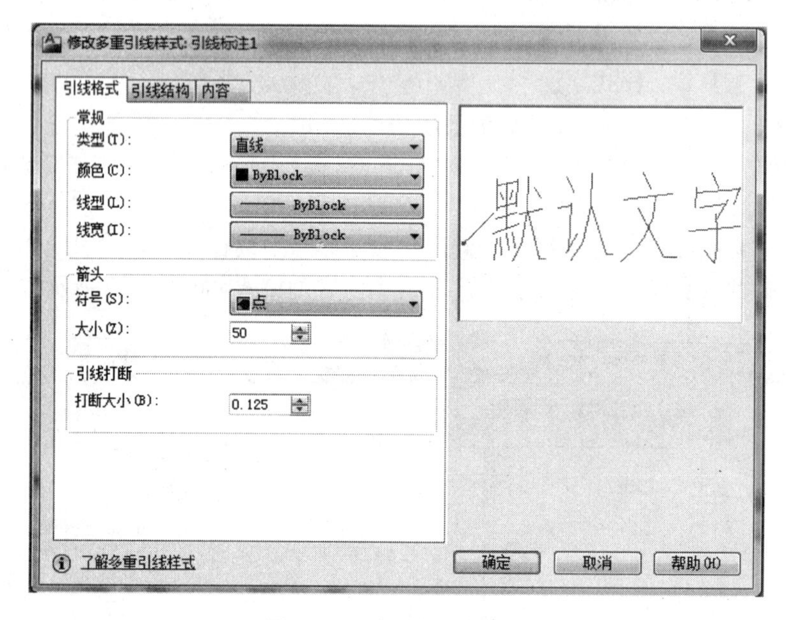

图 8.16　引线格式选项卡

① 常规：控制箭头的基本设置。

类型　确定引线类型。可以选择直引线、样条曲线或无引线。

颜色　确定引线的颜色。

线型　确定引线的线型。

线宽　确定引线的线宽。

② 箭头：控制多重引线箭头的外观。

符号　设置多重引线的箭头符号。

大小　显示和设置箭头的大小。

③ 引线打断：控制将折断标注添加到多重引线时使用的设置。

打断大小　显示和设置选择多重引线后用于 DIMBREAK 命令的折断大小。

“引线结构”选项卡：如图 8.17 所示。

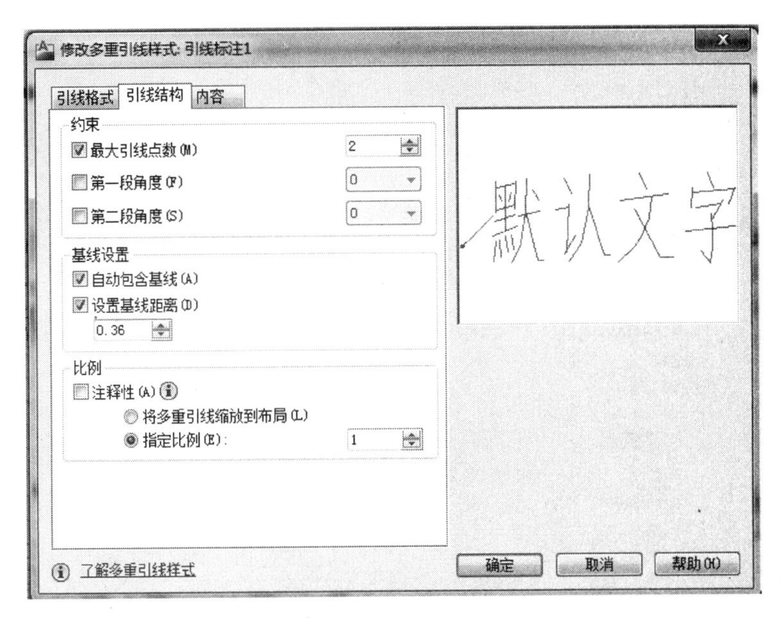

图 8.17　引线结构选项卡

① 约束：控制多重引线的约束。

最大引线点数　指定引线的最大点数。

第一段角度　指定引线中的第一个点的角度。

第二段角度　指定多重引线基线中的第二个点的角度。

② 基线设置：控制多重引线的基线设置。

自动包含基线　将水平基线附着到多重引线内容。

设置基线距离　确定多重引线基线的固定距离。

③ 比例：控制多重引线的缩放。

注释性　指定多重引线为注释性。单击信息图标以了解有关注释性对象的详细信息。

将多重引线缩放到布局　根据模型空间视口和图纸空间视口中的缩放比例确定多重引线的比例因子。当多重引线不为注释性时，此选项可用。

指定缩放比例　指定多重引线的缩放比例。当多重引线不为注释性时，此选项可用。

“内容”选项卡：是多重引线类型确定多重引线包含文字还是包含块。如图 8.18 所示。

① 文字选项：修改文字。

默认文字　设定多重引线内容的默认文字。单击“...”按钮将启动多行文字在位编辑器。

文字样式　列出可用的文本样式。

“文字样式”按钮　显示“文字样式”对话框，从中可以创建或修改文字样式。

文字角度　指定多重引线文字的旋转角度。

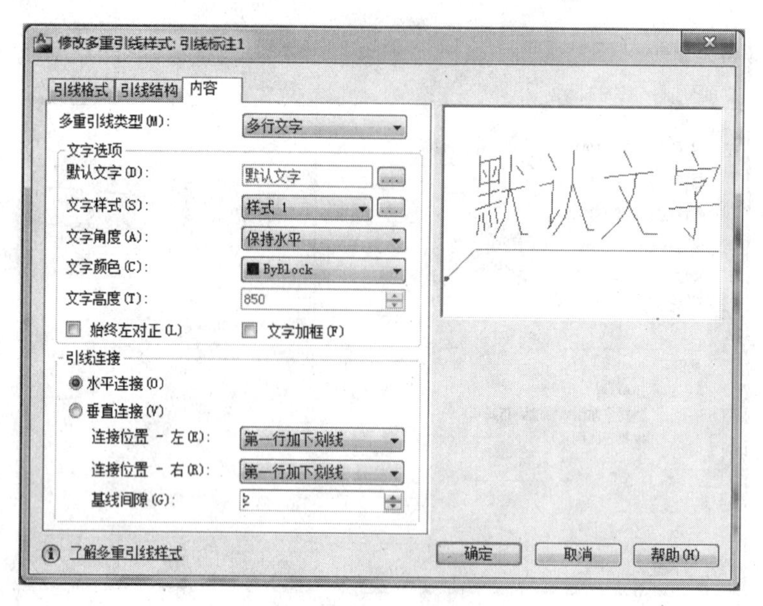

图 8.18 内容选项卡

文字颜色 指定多重引线文字的颜色。

文字高度 指定多重引线文字的高度。

始终左对齐 指定多重引线文字始终左对齐。

“文字边框”复选框 使用文本框对多重引线文字内容加框。

② 引线连接：控制多重引线的引线连接设置。

水平连接：将引线插入到文字内容的左侧或右侧。水平附着包括文字和引线之间的基线。

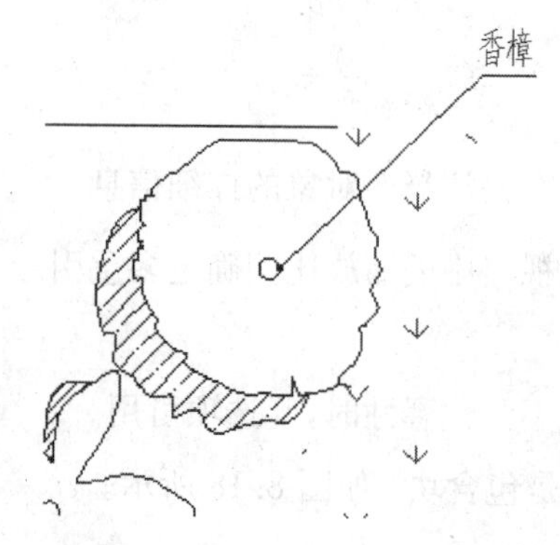

图 8.19 第一行加下划线效果

连接位置-左 控制文字位于引线右侧时基线连接到多重引线文字的方式，第一行加下划线效果如图 8.19 所示。

连接位置-右 控制文字位于引线左侧时基线连接到多重引线文字的方式。

基线间隙 指定基线和多重引线文字之间的距离。

垂直连接：将引线插入到文字内容的顶部或底部。垂直连接不包括文字和引线之间的基线。

连接位置-上 将引线连接到文字内容的中上部。单击下拉菜单以在引线连接和文字内容之间插入上划线。

连接位置-下 将引线连接到文字内容的底部。单击下拉菜单以在引线连接和文字内容之间插入下划线。

③ 块：控制多重引线对象中块内容的特性。在园林设计中针对多图进行管理标注，如图 8.20 所示。

源块 指定用于多重引线内容的块。

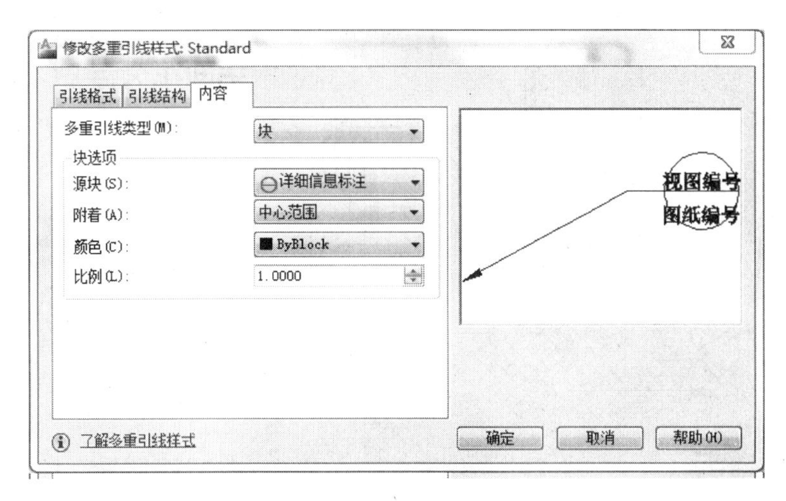

图 8.20　添加引线与删除引线

附着　指定将块附着到多重引线对象的方式。可以通过指定块的插入点或块的圆心来附着块。

颜色　指定多重引线块内容的颜色。“MLEADERSTYLE 内容”选项卡中的块颜色控制仅当块中包含的对象颜色设定为“ByBlock”时才有效。

比例　指定插入时块的比例。例如，如果块为 1 立方英寸，指定的比例为 0.500 0，则将块插入为 1/2 立方英寸。

8.3.2　标注多重引线

操　作　卡

- 功能区：“常用”选项卡 →“注释”面板 →“多重引线”
- 菜单：“标注”→“多重引线”
- 工具栏：多重引线
- 命令行输入：MLEADER

多重引线对象通常包含箭头、水平基线、引线或曲线和多行文字对象或块。多重引线可创建为箭头优先、引线基线优先或内容优先。如果已使用多重引线样式，则可以从该指定样式创建多重引线，如图 8.21 所示。

操作提示列表：

定引线箭头的位置或[引线基线优先(L)/内容优先(C)/选项(O)] <选项>：

提示说明：

(1) 引线箭头优先：指定多重引线对象箭头的位置。

(2) 引线基线优先：指定多重引线对象的基线的位置。

(3) 内容优先：指定与多重引线对象相关联的文字或块的位置。

点选择　将与多重引线对象相关联的文字标签的位置设定为文本框。完成文字输入

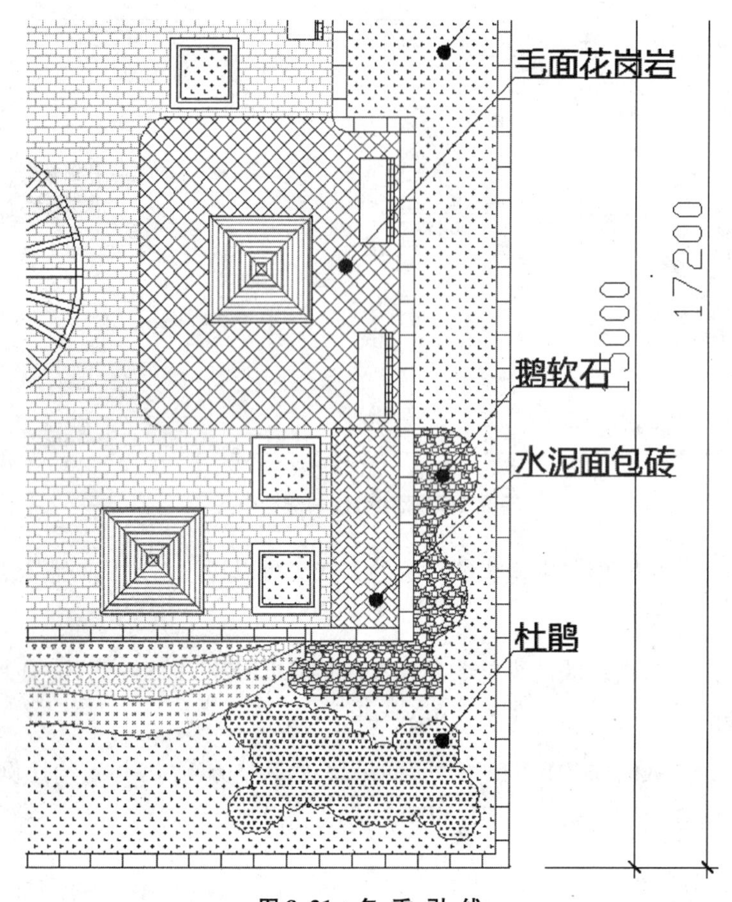

图 8.21 多重引线

后，单击“确定”或在文本框外单击。如果此时选择“端点”，则不会有基线与多重引线对象相关联。

（4）选项：指定用于放置多重引线对象的选项。

引线类型 指定直线、样条曲线或无引线。

引线基线 更改水平基线的距离，如果此时选择“否”，则不会有与多重引线对象相关联的基线。

内容类型 指定要用于多重引线的内容类型。

块 指定图形中的块，以与新的多重引线相关联。

多行文字 指定多行文字包含在多重引线中。

无 指定“无”内容类型。

最大节点数 指定新引线的最大点数。

第一个角度 约束新引线中的第一个点的角度。

第二个角度 约束新引线中的第二个角度。

8.3.3 添加引线

操 作 卡
功能区："注释"选项卡 →"多重引线"面板 →"添加引线"上未提供
工具栏：多重引线

操作提示列表：

指定引线箭头的位置或[删除引线(R)]

提示说明：

(1) 添加引线：将引线添加至选定的多重引线对象。根据光标的位置，新引线将添加到选定多重引线的左侧或右侧，如图 8.22 所示。

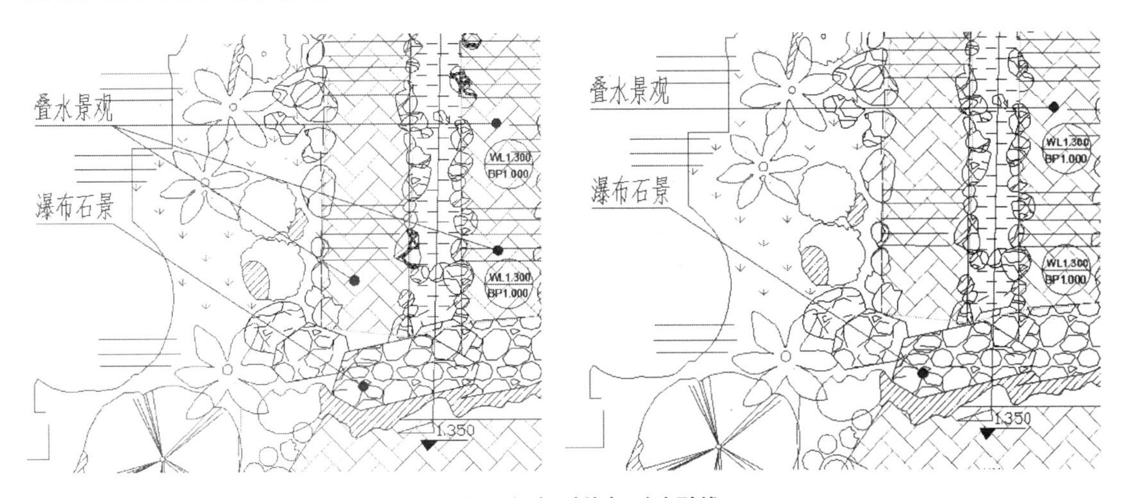

图 8.22 添加引线与删除引线

(2) 删除引线：从选定的多重引线对象中删除引线。

8.3.4 对齐多重引线

操 作 卡
功能区："注释"选项卡 →"多重引线"面板 →"对齐"
工具栏：多重引线
命令行输入：MLEADERALIGN

选择多重引线后，指定所有其他多重引线要与之对齐的多重引线，如图 8.23 所示。

操作提示列表：

选择要对齐的多重引线或[选项(O)]

提示说明：

(1) 选项：指定用于对齐并分隔选定的多重引线的选项。

(2) 分布：将内容在两个选定的点之间均匀隔开。

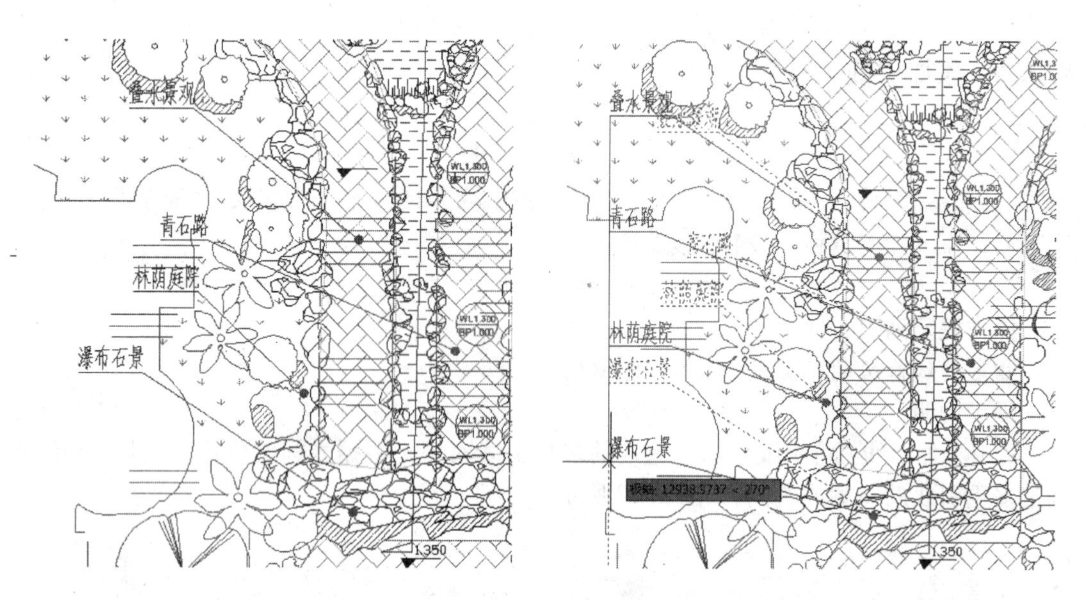

图 8.23 对齐多重引线

(3) 使引线线段平行：放置内容，从而使选定多重引线中的每条最后的引线线段均平行。

(4) 指定间距：指定选定的多重引线内容范围之间的间距。

(5) 使用当前间距：使用多重引线内容之间的当前间距。

练习思考题

(1) 新建一个文件，创建文字式样、标注式样、引线式样在上次作业图中加以使用。

(2) 如何设置样条曲线样式的引线？

第9章　利用外部参照与AutoCAD设计中心进行园林设计

外部参照是把已有的图形文件以参照的形式插入到当前图形，在园林设计中一般是扫描的图片、植物图例、基础环境设计等可以以外部参照的形式插入到设计图内，通过AutoCAD设计中心浏览、查找、预览、使用和管理AutoCAD图形、块、外部参照等不同的资源。

教学目标：通过本章的学习，应掌握在AutoCAD 2011中能够在图形中附着外部参照图形，熟练掌握AutoCAD设计中心。

教学重点：AutoCAD设计中心。

教学难点：外部参照。

9.1 外 部 参 照

9.1.1 外部参照

操 作 卡

- 功能区："插入"选项卡→"参照"面板→"外部参照"
- 菜单："插入"→"外部参照"
- 命令行输入：EXTERNALREFERENCES
- 工具栏：参照

"外部参照"选项板用于组织、显示和管理参照文件，例如DWG文件(外部参照)、DWF、DWFx、PDF或DGN参考底图以及光栅图像。只有DWG、DWF、DWFx、PDF和光栅图像文件可以从"外部参照"选项板中直接打开，如图9.1所示。

"外部参照"选项板按钮

(1) "附着"(文件类型)按钮：

附着DWG　启动XATTACH命令。

附着图像　启动IMAGEATTACH命令。

附着DWF　启动DWFATTACH命令。

附着 DGN　启动 DGNATTACH 命令。

附着 PDF　启动 PDFATTACH 命令。

从 Vault 附着　提供访问存储在 Vault 客户端中的内容的权限。

(2) 刷新参照：同步参照图形文件的状态数据与内存中的数据。刷新主要与 Autodesk Vault 进行交互。

(3) 重载所有参照：更新所有文件参照以确保使用的是最新版本。首次打开包含文件参照的图形时也会进行更新。

"文件参照列表图/树状图"窗格

列表视图：列出的信息包括参照名、状态、文件大小、文件类型、创建日期和保存路径，如图 9.2 所示。

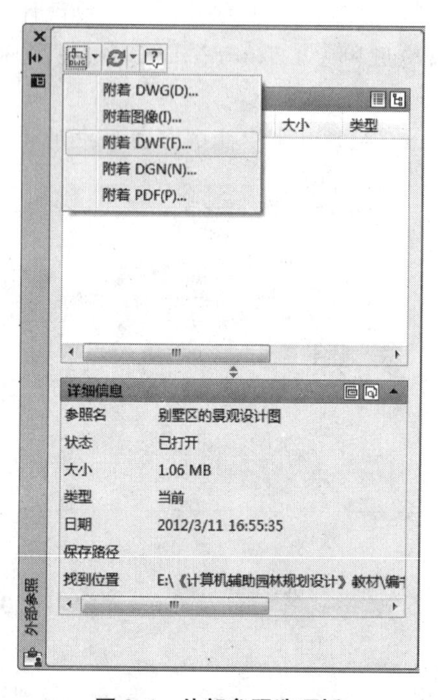

图 9.1　外部参照选项板

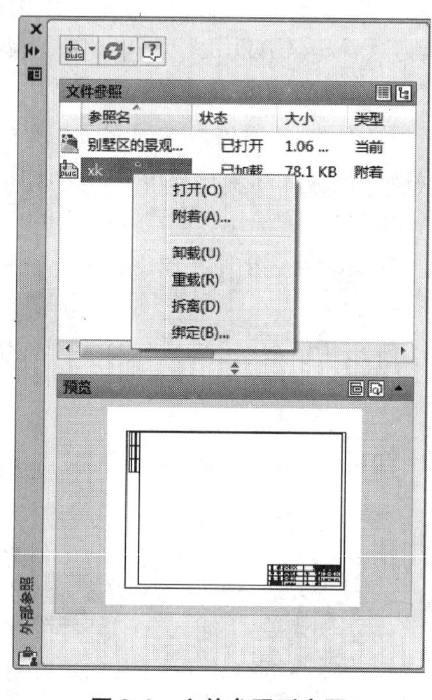

图 9.2　文件参照列表图

(1) 参照名："参照名"列始终将当前图形显示为第一个条目，然后依次列出其他附着文件(按照其附着次序)。

(2) 状态：参照文件的状态包括：

① 已加载参照文件当前已附着到图形中。

② 已卸载参照文件标记为已从图形中卸载。

③ 未找到参照文件不再存在于有效搜索路径中。

④ 未融入无法读取参照文件。

⑤ 已孤立参照文件被附着到其他处于未融入状态的文件。

⑥ 未参照可以通过删除工具而非拆离工具删除参照文件。

(3) 大小：附着的文件参照的大小。

(4) 类型：参照文件的文件类型。图形(外部参照)文件显示为附着或覆盖，光栅图像显示其自身的文件格式；DWF、DWFx、DGN 和 PDF 参考底图按照各自的文件类型列出。

(5) 日期：参照文件的创建日期或上次保存的日期。

(6) 保存路径：显示附着参照文件时与图形一起保存的路径。

树状图：树状图的顶层始终显示当前图形。参照文件显示在下一层。可以打开包含其自身嵌套文件参照的参照文件以显示更深的层级。在树状图中进行选择时，一次只能选择一个文件参照。

"详细信息/预览"窗格

可以将"外部参照"选项板下方的数据窗格设定为显示选定文件参照的文件参照特性或预览图像，如图 9.3 所示。

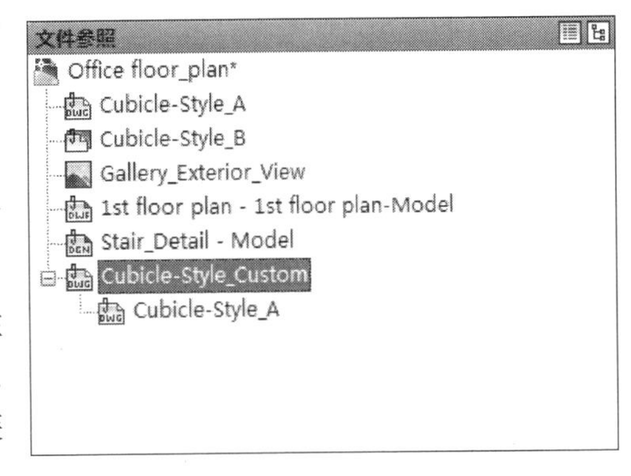

图 9.3　文件参照特性

(1) "详细信息"窗格：显示详细信息模式时，将报告选定文件参照的特性。每个文件参照都有一组核心特性，且某些文件参照(如参照图像)可以显示文件类型特有的特性。详细信息的核心特性包括参照名、状态、文件大小、文件类型、创建日期、保存路径、找到位置路径和文件版本(如果已安装 Vault 客户端)。可以对某些特性进行编辑。

参照名　显示文件参照名。仅在选择单个文件参照时才可编辑此特性。如果选择多个文件参照，参照名将显示" * 多种 * "。对于所有文件参照均可编辑此特性。

状态　显示文件参照已加载、已卸载还是未找到。无法对此特性进行编辑。

大小　显示选定文件参照的文件大小。不显示已卸载或未找到的文件参照的大小。无法对此特性进行编辑。

类型　指示文件参照为附着、覆盖、图像文件类型、DWF/DWFx 参考底图、DGN 参考底图还是 PDF 参考底图。无法对此特性进行编辑。但是，如果文件参照为 DWG 外部参照，则可以切换"附着"或"覆盖"特性。

日期　显示文件参照的最后修改日期。如果文件参照已卸载或未找到，则不显示此日期。无法对此特性进行编辑。

保存路径　显示选定文件参照的保存路径(不一定是找到此文件参照的路径)。无法对此特性进行编辑。

找到位置　显示当前选定文件参照的完整路径。此路径是实际能够找到参照文件的路径，它不一定和保存路径相同。单击"…"按钮将显示"选择图像文件"对话框，从中可以选择其他路径或文件名，也可以直接在路径字段中键入路径。如果新路径有效，这些更改将存储到"保存路径"特性中。

文件版本　"文件版本"特性由 Vault 客户端定义。仅在登录到 Vault 之后才会显示此特性。

(2) 特定图像特性：如果选择参照图像，将显示其他特性。无法对所有添加的图像特性进行编辑。

颜色系统　显示颜色系统。

颜色深度　存储在光栅图像的每个像素中的信息量。较高的颜色深度值可以生成平滑度较高的着色。

像素宽度　以像素为单位测量的光栅图像的宽度。

像素高度　以像素为单位测量的光栅图像的高度。

分辨率　以每英寸点数(dpi)为单位的宽度和高度分辨率。

默认尺寸(以 AutoCAD 单位表示)　测量的光栅图像的宽度和高度(以 AutoCAD 单位表示)。

(3) "预览"窗格：仅在从"文件参照"窗格中选择单个文件参照后才会显示预览图像，该数据窗格中不包含其他控件。未选定参照文件时，预览窗格将显示纯灰色区域。如果没有可显示的预览，则将在窗格中央显示"不能预览"文字。

(4) 信息框："详细信息/预览"窗格下方是一个信息框，用于提供有关某些选定文件参照的信息。选择一个或多个嵌套参照后，将显示与文件参照相关的信息。如果更改文件参照的名称，也将显示信息。

9.1.2 光栅图像参照

操　作　卡

功能区："插入"选项卡 →"参照"面板 →"附着"

菜单："插入"→"光栅图像参照"

命令行输入：IMAGEATTACH

工具栏：参照

附加图像文件时，将该参照文件链接到当前图形。打开或重新加载参照文件时，当前图形中将显示对该文件所做的所有更改。

"附着图像"对话框：定位、插入、命名和定义附着图像的参数和详细信息。

9.1.3 剪裁图像

操　作　卡

功能区："图像"上下文选项卡 →"剪裁"面板 →"创建剪裁边界"

菜单："修改"→"剪裁"→"图像"

命令行输入：IMAGECLIP

工具栏：参照

剪裁边界决定光栅图像的隐藏部分(边界内部或者外部)。指定边界必须位于与图像对象平行的平面中。选择图像后,“图像”功能区上下文选项卡将显示用于创建和删除剪裁边界的选项。

(1) 打开:打开剪裁并显示剪裁到以前定义边界的图像。

(2) 关闭:关闭剪裁并显示整个图像和边框。如果剪裁处于关闭状态时又重新剪裁图像,剪裁将自动打开。即使在剪裁处于关闭状态并且剪裁边界不可见的情况下,仍会提示用户删除原边界。

(3) 删除:删除预定义的剪裁边界并重新显示整个原始图像。

(4) 新建边界:定义一个矩形或多边形剪裁边界,或者用多段线生成一个多边形剪裁边界。

选择多段线　使用选定的多段线定义边界。此多段线可以是开放的,但是它必须由直线段组成并且不能自交。

多边形　使用指定的多边形顶点中的三个或更多点定义多边形剪裁边界。

矩形　使用指定的对角点定义矩形边界。

反向剪裁　反转剪裁边界的模式:剪裁边界外部或边界内部的对象。

9.1.4 图像调整

操 作 卡

菜单:“修改”→“对象”→“图像”→“调整”

命令行输入:IMAGEFRAME

工具栏:参照

调整这些值将更改图像的显示,但不更改图像文件本身。

(1) 亮度:控制图像的亮度,从而间接控制图像的对比度。此值越大,图像就越亮,增大对比度时变成白色的像素点也会越多。

(2) 对比度:控制图像的对比度,从而间接控制图像的淡入效果。此值越大,每个像素就会在更大程度上被强制使用主要颜色或次要颜色。

(3) 淡入度:控制图像的淡入效果。值越大,图像与当前背景色的混合程度就越高。值为 100 时,图像完全溶进背景中,更改屏幕的背景色可以将图像淡入至新的颜色。打印时,淡入的背景色为白色。

(4) 图像预览:显示选定图像的预览图。预览图像将进行动态更新来反映对亮度、对比度和淡入度的设置的修改。

(5) 重置:将亮度、对比度和淡入度重置为默认设置(分别为 50、50 和 0)。

9.1.5 图像质量

操　作　卡

- 菜单："修改"→"对象"→"图像"→"质量"
- 命令行输入：IMAGEQUALITY
- 工具栏：参照

控制图像的显示质量。质量设置影响显示性能，高质量的图像需花费较长的时间显示。对此设置的修改将立即更新显示，但并不重新生成图形。

(1) 高：生成图像的高质量显示。

(2) 草稿：生成较低质量的图像显示。

9.1.6 图像透明度

操　作　卡

- 菜单："修改"→"对象"→"图像"→"透明度"
- 命令行输入：TRANSPARENCY
- 工具栏：参照

控制图像的背景像素是否透明。

(1) 打开：打开透明度模式，使图像下的对象可见。

(2) 关闭：关闭透明度模式，使图像下的对象不可见。

9.2 AutoCAD 设计中心运用

操　作　卡

- 功能区："插入"选项卡 →"内容"面板 →"设计中心"
- 菜单："工具""选项板"→"设计中心"
- 命令行输入：ADCENTER
- 工具栏：标准

设计中心能够浏览、查找、预览以及操作插入内容，包括块、图案填充和外部参照。显示用户计算机和网络驱动器上的文件与文件夹的层次结构、打开图形的列表、自定义内容以及上次访问过的位置的历史记录。选择树状图中的项目以便在内容区域中显示其内容，在园林设计中非常实用的工具，可以直接把以前在其他文件里创建的图层、植物图例、标注式样、文字式样等调入本设计图纸里使用，如图 9.4、图 9.5、图 9.6 所示。

(1) 文件夹：显示计算机或网络驱动器(包括"我的电脑"和"网上邻居")中文件和文件夹的层次结构。可以使用 ADCNAVIGATE 在设计中心树状图中定位到指定的文件名、目录位

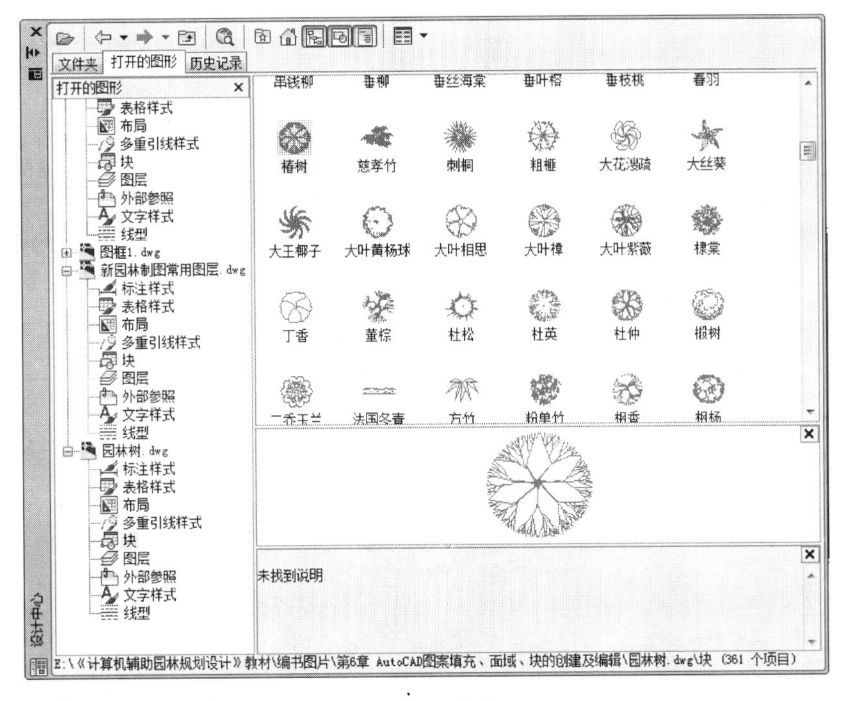

图 9.4　设 计 中 心

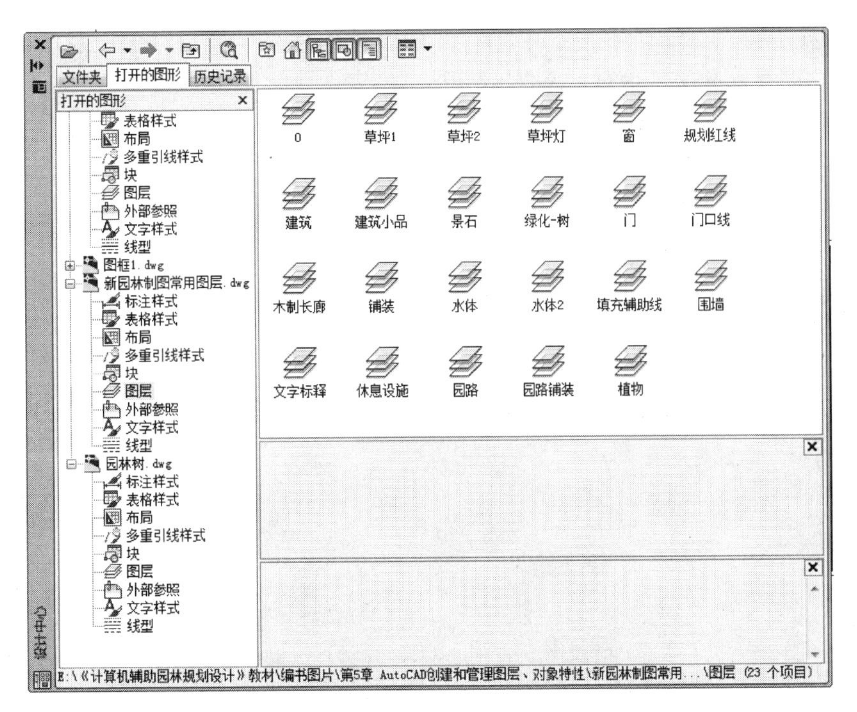

图 9.5　设计中心图层

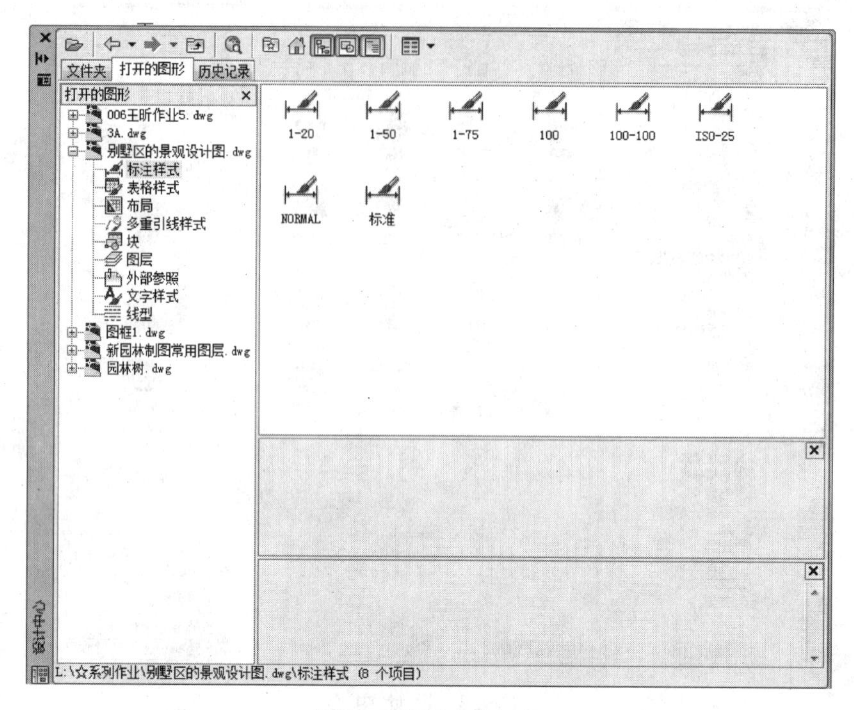

图 9.6　设计中心标注

置或网络路径。

(2) 打开的图形：显示当前工作任务中打开的所有图形,包括最小化的图形。

(3) 历史记录：显示最近在设计中心打开的文件的列表。显示历史记录后,在一个文件上单击鼠标右键显示此文件信息或从"历史记录"列表中删除此文件。

(4) 联机设计中心：访问联机设计中心 Web 页。建立网络连接时,"欢迎"页面中将显示两个窗格。左边窗格显示了包含符号库、制造商站点和其他内容库的文件夹。当选定某个符号时,它会显示在右窗格中,并且可以下载到用户的图形中。

练习思考题

(1) 如何插入光栅图片?

(2) CAD 设计中心能够使用哪些设置完成的样式?

第 10 章　AutoCAD 园林三维设计

在园林设计和绘图过程中，运用 AutoCAD 三维图形可以增强园林艺术化效果图的表现。效果图表现有三维建模、场景渲染、图像后期处理三个部分，AutoCAD 可以运用三种方式来创建三维图形，即线架模型方式、曲面模型方式和实体模型方式。线架模型方式为一种轮廓模型，它由三维的直线和曲线组成，没有面和体的特征，实体模型不仅具有线和面的特征，而且还具有体的特征，各实体对象间可以进行各种布尔运算操作，从而创建复杂的三维实体图形，一般用实体模型来创建园林三维实体模型。

在 AutoCAD 中，可以使用三维编辑命令，在三维空间中移动、复制、镜像、对齐以及阵列三维对象，剖切实体以获取实体的截面，编辑它们的面、边或体。为了使实体对象看起来更加清晰，可以消除图形中的隐藏线，但要创建更加逼真的园林效果图，就需要对三维实体对象进行材质贴图、灯光设置和最终渲染效果图。

教学目标：通过本章的学习，掌握 AutoCAD 2011 中三维坐标系，园林三维模型的绘制方法，基本能够掌握材质贴图、灯光设置和渲染出图。

教学重点：三维坐标系、实体的绘制方法、材质、灯光、渲染。

教学难点：三维坐标系、材质。

10.1　设置三维环境

10.1.1　创建用户坐标系

操　作　卡

- 功能区："视图"选项卡 →"坐标"面板→"世界"
- 菜单："工具"→"新 UCS"→"世界"
- 命令行输入：UCS
- 工具栏：UCS

三维建模首先要运用管理用户坐标系，在三维坐标系下，同样可以使用直角坐标或极坐标方法来定义点。此外，在绘制三维图形时，还可使用柱坐标和球坐标来定义点。如图 10.1 所示。

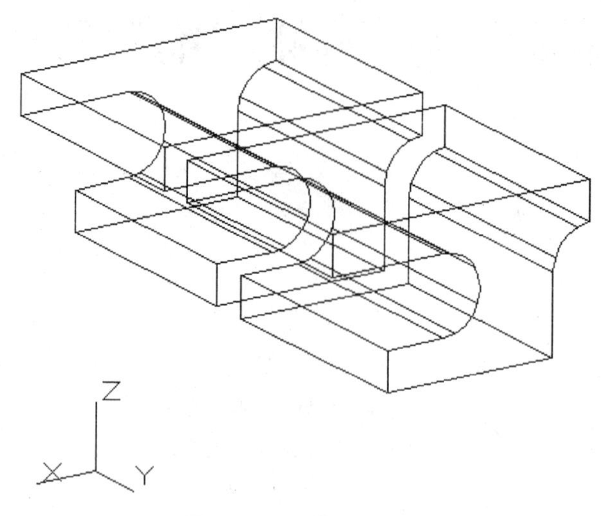

图 10.1 三维坐标系

操作提示列表：

指定 UCS 的原点或者[面(F)/命名(NA)/对象(OB)/上一个(P)/视图(V)/世界(W)/X/Y/Z/Z 轴(ZA)]<世界>：

提示说明：

(1) 指定 UCS 的原点：使用一点、两点或三点定义一个新的 UCS。如果指定单个点，当前 UCS 的原点将会移动而不会更改 X、Y 和 Z 轴的方向。如果指定第二点，UCS 将绕先前指定的原点旋转，以使 UCS 的 X 轴正半轴通过该点。如果指定第三点，UCS 将绕 X 轴旋转，以使 UCS 的 XY 平面的 Y 轴正半轴包含该点。这三点可以指定原点、正 X 轴上的点以及正 XY 平面上的点。注意如果输入了一个点的坐标且未指定 Z 坐标值，将使用当前 Z 值。

(2) 面：将用户坐标系与三维实体上的面对齐。通过单击面的边界内部或面的边来选择面。UCS X 轴与选定原始面上最靠近的边对齐。

下一个　将 UCS 定位于邻接的面或选定边的后向面。

X 轴反向　将 UCS 绕 X 轴旋转 180 度。

Y 轴反向　将 UCS 绕 Y 轴旋转 180 度。

接受　如果按 Enter 键，则将接受该位置。否则将重复出现提示，直到接受位置为止。

(3) 命名：按名称保存并恢复通常使用的 UCS 方向。

恢复　恢复已保存的 UCS，使它成为当前 UCS。

保存　把当前 UCS 按指定名称保存。

删除　从已保存的用户坐标系列表中删除指定的 UCS。如果删除的已命名 UCS 为当前 UCS，当前 UCS 将重命名为 UNNAMED。

➤？　列出当前已定义的 UCS 的名称。

(4) 对象：将用户坐标系与选定的对象对齐。UCS 的正 Z 轴与最初创建对象的平面垂直对齐。该选项不能用于下列对象：三维多段线、三维网格和构造线。对于大多数对象，新

UCS 的原点位于离选定对象最近的顶点处,并且 X 轴与一条边对齐或相切。对于平面对象,UCS 的 XY 平面与该对象所在的平面对齐。对于复杂对象,将重新定位原点,但是轴的当前方向保持不变。

(5) 上一个:恢复上一个 UCS。

(6) 视图:将用户坐标系的 XY 平面与垂直于观察方向的平面对齐。原点保持不变,但 X 轴和 Y 轴分别变为水平和垂直。

(7) 世界:将当前用户坐标系设定为世界坐标系(WCS)。WCS 是所有用户坐标系的基准,不能被重新定义。

(8) X、Y、Z:绕指定轴旋转当前 UCS,如图 10.2 所示。

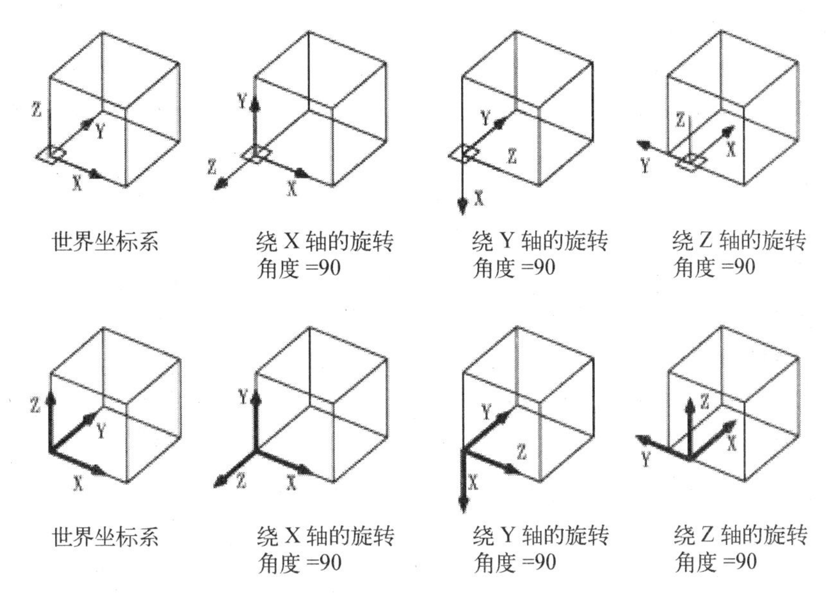

图 10.2　UCS 旋转设置

(将右手拇指指向 X 轴的正向,卷曲其余四指。其余四指所指的方向即绕轴的正旋转方向;将右手拇指指向 Y 轴的正向,卷曲其余四指。其余四指所指的方向即绕轴的正旋转方向;将右手拇指指向 Z 轴的正向,卷曲其余四指。其余四指所指的方向即绕轴的正旋转方向;通过指定原点和一个或多个绕 X、Y 或 Z 轴的旋转,可以定义任意的 UCS。)

(9) Z 轴:将用户坐标系与指定的正 Z 轴对齐。UCS 原点移动到指定的第一点,其正 Z 轴通过指定的第二点。

对象　将 Z 轴与离选定对象最近的端点的切线方向对齐。Z 轴正半轴指向背离对象的方向。

应用　其他视口保存有不同的 UCS 时将当前 UCS 设置应用到指定的视口或所有活动视口。

视口　将当前 UCS 应用到指定的视口并结束 UCS 命令。

全部　将当前 UCS 应用到所有活动视口。

10.1.2 观察显示三维模型

1）动态观察

操　作　卡

- 功能区："视图"选项卡 →"导航"面板 →"动态观察"
- 命令行输入：3DORBIT
- 工具栏：三维导航
- 菜单："视图"→"动态观察"→"受约束的动态观察"

(1) 按 Shift 键并单击鼠标滚轮可临时进入"三维动态观察"模式。

(2) 快捷菜单：启动任意三维导航命令，在绘图区域中单击鼠标右键，然后依次单击"其他导航模式"/"受约束的动态观察"。

(3) 启动此命令之前选择多个对象中的一个可以限制为仅显示此对象。

(4) 命令处于激活状态时，单击鼠标右键可以显示快捷菜单中的其他选项。

(5) 3DORBIT 在当前视口中激活三维动态观察视图。启动命令之前，可以查看整个图形，或者选择一个或多个对象。当 3DFORBIT 处于活动状态时，视图的目标将保持静止，而相机的位置（或视点）将围绕目标移动，但看似三维模型正在随着鼠标光标的拖动而旋转。此方式可用于指定模型的任意视图，显示三维动态观察光标图标。如果水平拖动光标，相机将平行于世界坐标系（WCS）的 XY 平面移动。如果垂直拖动光标，相机将沿 Z 轴移动。

注意：3DORBIT 命令处于活动状态时，无法编辑对象。

2）自由动态观察

操　作　卡

- 功能区："视图"选项卡 →"导航"面板 →"动态观察"下拉列表 →"自由动态观察"
- 命令行输入：3DFORBIT
- 菜单："视图"→"动态观察"→"自由动态观察"
- 工具栏：三维导航

按住 SHIFT + CTRL 组合键，然后单击鼠标滚轮以暂时进入 3DFORBIT 模式。快捷菜单：启动任意三维导航命令，在绘图区域中单击鼠标右键，然后依次单击"其他导航模式"、"自由动态观察"启动此命令之前选择多个对象中的一个可以限制为仅显示此对象。命令处于激活状态时，单击鼠标右键可以显示快捷菜单中的其他选项。

3DORBIT 在当前视口中激活三维自由动态观察视图。如果用户坐标系（UCS）图标为开，则表示当前 UCS 的着色三维 UCS 图标显示在三维动态观察视图中。启动命令之前，可以查看整个图形，或者选择一个或多个对象。

三维自由动态观察视图显示一个导航球，它被更小的圆分成四个区域。取消选择快捷菜单中的"启用动态观察自动目标"选项时，视图的目标将保持固定不变。相机位置或视点将绕目标移动。目标点是导航球的中心，而不是正在查看的对象的中心。与 3DORBIT 不同，3DFORBIT 不会约束为防止回卷对视图所做的更改，以及围绕与屏幕平面正交的轴的视图旋转。如图 10.3 所示。注意：3DFORBIT 命令处于活动状态时，无法编辑对象。在导航球的不同部分之间移动光标将更改光标图标，以指示视图旋转的方向。

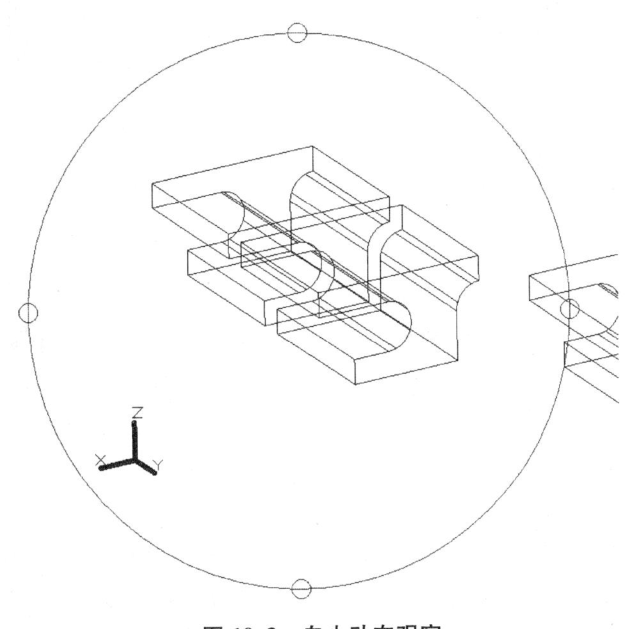

图 10.3 自由动态观察

3）视觉样式

操 作 卡

- 功能区：“视图”选项卡 →“视觉样式”面板 →“视觉样式管理器”
- 菜单：“工具”→“选项板”→“视觉样式”
- 工具栏：视觉样式
- 命令行输入：VSCURRENT

操作提示列表：

输入选项[二维线框(2)/线框(W)/消隐(H)/真实(R)/概念(C)/着色(S)/带边缘着色(E)/灰度(G)/勾画(SK)/X 射线(X)/其他(O)] <二维线框>：

提示说明：

要显示从点光源、平行光、聚光灯或阳光发出的光线，请将视觉样式设定为真实、概念或带有着色对象的自定义视觉样式。

(1) 二维线框：显示用直线和曲线表示边界的对象。

(2) 线框：显示用直线和曲线表示边界的对象。显示着色三维 UCS 图标。

(3) 消隐：显示用三维线框表示的对象并隐藏表示后向面的直线。

(4) 真实：着色多边形平面间的对象，并使对象的边平滑化。将显示已附着到对象的材质。

图 10.4　视觉样式管理器设置

(5) 概念：着色多边形平面间的对象，并使对象的边平滑化。着色使用冷色和暖色之间的过渡。效果缺乏真实感，但是可以更方便地查看模型的细节。

(6) 着色：产生平滑的着色模型。

(7) 带边缘着色：产生平滑、带有可见边的着色模型。

(8) 灰度：使用单色面颜色模式可以产生灰色效果。

(9) 勾画：使用外伸和抖动产生手绘效果。

(10) X 射线：更改面的不透明度使整个场景变成部分透明。

(11) 其他：输入视觉样式名称[?]：输入以前创建的视觉式样即可。

视觉样式管理器设置：

图形中可用的视觉样式：显示图形中可用的视觉样式的样例图像。选定的视觉样式的面设置、环境设置和边设置将显示在设置面板中。样例图像上的图标用于指示视觉样式的状态：

中下部的"将选定的视觉样式应用于当前视口"按钮的图标用于指示应用于当前视口的视觉样式；中下部的图形图标用于指示当前图形(而不是当前视口)中使用的视觉样式；右下部的产品图标用于指示产品附带的默认视觉样式。

(1) 工具条中的按钮：对常用选项提供按钮访问。

创建新的视觉样式　新的样例图像被置于面板末端并被选中。

将选定的视觉样式应用于当前视口

将选定的视觉样式输出到工具选项板　为选定的视觉样式创建工具并将其置于活动工具选项板上。

删除选定的视觉样式　从图形中删除视觉样式。默认视觉样式或正在使用的视觉样式无法被删除。

(2) 快捷菜单：对于可以从工具条的按钮中获得的选项和以下只能从快捷菜单上获得的附加选项提供菜单访问。在面板中的样例图像上单击鼠标右键可以访问快捷菜单。

应用到所有视口　将选定的视觉样式应用到图形中的所有视口。

编辑说明　当光标在样例图像上晃动时，将在工具栏中显示说明。

复制　将视觉样式样例图像复制到剪贴板。可以将其粘贴至"工具选项板"窗口以创建视觉样式工具，或者可以将其粘贴至"可用视觉样式"面板以创建一个副本。

粘贴　将视觉样式工具粘贴至面板并将该视觉样式添加到图形中，或者将视觉样式的副本粘贴至"可用视觉样式"面板中。

大小 设定样例图像的大小。“完全”选项使用一个图像填充面板。

重置为默认值 恢复某个默认视觉样式的原来设置。

(3) 面设置：控制面在视口中的外观。

“亮显强度”按钮 将“亮显强度”的值从正值更改为负值，反之亦然。

“不透明度”按钮 将“不透明度”的值从正值更改为负值，反之亦然。

面样式 定义面上的着色。真实，此默认选项非常接近于面在现实中的表现方式；古氏，使用冷色和暖色而不是暗色和亮色来增强面的显示效果，在真实显示中这些面可能会被附加阴影而很难看；无，不应用面样式。其他面样式被禁用。

光源质量 设定为三维实体的面和当前视口中的曲面插入颜色的方法(VSLIGHTINGQUALITY 系统变量)。

颜色 控制面上的颜色的显示。

不透明度 控制面在视口中的不透明度或透明度。

(4) 材质和颜色：控制面上的材质和颜色的显示。

材质 控制是否显示材质和纹理。

单色/染色 显示“选择颜色”对话框，从中用户可以根据面颜色模式选择单色或染色。面颜色模式设定为“普通”或“降饱和度”时，此设置不可用。

(5) 环境设置：控制阴影和背景。

阴影 控制阴影的显示。

背景 控制背景是否显示在视口中。

(6) 边设置：控制如何显示边。显示，将边显示设定为“镶嵌面边”、“素线”或“无”；颜色，设定边的颜色。

边修改器 控制应用到所有边模式(“无”除外)的设置。线延伸，将线延伸至超过其交点，以达到手绘的效果。该按钮可以打开和关闭外伸效果。突出效果打开时，可以更改设置；“抖动”按钮和设置，使线显示出经过勾画的特征；折痕角，设定面内的镶嵌面边不显示的角度，以达到平滑的效果；光晕间隔%，指定一个对象被另一个对象遮挡处要显示的间隔的大小。选择概念视觉样式或三维隐藏视觉样式或者基于二者的视觉样式时，该选项可用。如果光晕间隔值大于 0(零)，将不显示轮廓边。

轮廓边 控制应用到轮廓边的设置。轮廓边不显示在线框或透明对象上。显示，控制轮廓边的显示；宽度，指定轮廓边显示的宽度。

被阻挡边 控制应用到所有边模式(“无”除外)的设置。显示，控制是否显示被阻挡边；颜色，设定被阻挡边的颜色；线型，为被阻挡边设定线型。

相交边 控制当边模式设定为“镶嵌面边”时应用到相交边的设置。显示，控制是否显示相交边；颜色，设定相交边的颜色；线型，为相交边设置线型。

(7) 光源设置：控制与光源相关的效果。

曝光控制 控制亮显在无材质的面上的大小。

阴影显示 控制视口中阴影的显示。关闭阴影以增强性能。

10.2 创建和编辑园林三维实体模型

10.2.1 创建10种基本形体

1) 创建三维实体——多段体

操 作 卡

- 功能区："常用"选项卡 →"建模"面板→"多段体"
- 菜单："绘图"→"建模"→"多段体"
- 命令行输入：POLYSOLID
- 工具栏：建模

可以创建具有固定高度和宽度的直线段和曲线段的墙。通过 POLYSOLID 命令，用户可以将现有直线、二维多行段、圆弧或圆转换为具有矩形轮廓的实体。多实体可以包含曲线段，但是默认情况下轮廓始终为矩形，如图所示。

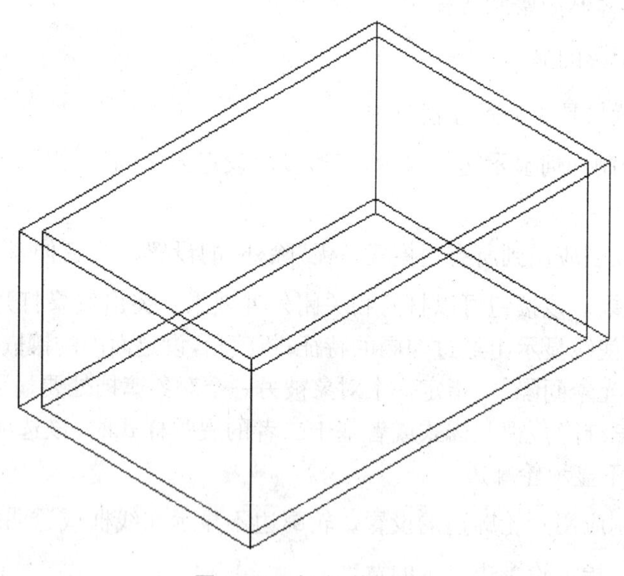

图10.5 多段体建模

操作提示列表：

指定起点或[对象(O)/高度(H)/宽度(W)/对正(J)] <对象>：指定实体轮廓的起点，按 ENTER 指定要转换为实体的对象，或输入选项

指定下一点或[圆弧(A)/放弃(U)]：指定实体轮廓的下一点，或输入选项

提示说明：

(1) 对象：指定要转换为实体的对象。可以转换：直线、圆弧、二维多段线、圆。

(2) 高度：指定实体的高度。

(3) 宽度：指定实体的宽度。

(4) 对正：使用命令定义轮廓时，可以将实体的宽度和高度设定为左对正、右对正或居中。对正方式由轮廓的第一条线段的起始方向决定。

下一点：指定下一点或[圆弧(A)/闭合(C)/放弃(U)]：指定实体轮廓的下一点、输入选项或按 ENTER 键结束命令

(5) 圆弧：将圆弧段添加到实体中。圆弧的默认起始方向与上次绘制的线段相切。可以使用“方向”选项指定不同的起始方向。

指定圆弧的端点或[闭合(C)/方向(D)/直线(L)/第二个点(S)/放弃(U)]：指定端点或输入选项

(6) 闭合。通过从指定的实体的最后一点到起点创建直线段或圆弧段来闭合实体。必须至少指定两个点才能使用该选项。

(7) 方向：指定圆弧段的起始方向。

指定圆弧的起点切向：指定点

指定圆弧的端点：指定点

直线。退出“圆弧”选项并返回初始 POLYSOLID 命令提示。

(8) 第二点：指定三点圆弧段的第二个点和端点。

指定圆弧上的第二点：指定点

指定圆弧的端点：指定点

(9) 放弃：删除最后添加到实体的圆弧段。

(10) 关闭：通过从指定的实体的上一点到起点创建直线段或圆弧段来闭合实体。必须至少指定三个点才能使用该选项。

(11) 放弃：删除最后添加到实体的圆弧段。

(12) 圆弧：将圆弧段添加到实体中。圆弧的默认起始方向与上次绘制的线段相切。可以使用“方向”选项指定不同的起始方向。

指定圆弧的端点或[闭合(C)/方向(D)/直线(L)/第二个点(S)/放弃(U)]：指定端点或输入选项

(13) 关闭：通过从实体的上一顶点到起始点创建线段或圆弧段来闭合实体。

(14) 方向：指定圆弧段的起始方向。

指定圆弧的起点切向：指定点

指定圆弧的端点：指定点

(15) 直线：退出“圆弧”选项并返回初始 POLYSOLID 命令提示。

(16) 第二点：指定三点圆弧段的第二个点和端点。

指定圆弧上的第二点：指定点

指定圆弧的端点：指定点

放弃：删除最后添加到实体的圆弧段。

(17) 放弃：删除最后添加到实体的线段。

2) 创建三维实体——长方体

操 作 卡

功能区:“常用”选项卡 →“建模”面板 →“长方体”
菜单:“绘图”→“建模”→“长方体”
命令行输入:BOX
工具栏:建模

操作提示列表:

指定第一个角点或[中心点(C)]:指定点或输入 C 指定圆心
指定其他角点或[立方体(C)/长度(L)]:指定长方体的另一角点或输入选项
指定高度或[两点(2P)] <默认值>:指定高度或为“两点”选项输入 2P

提示说明:

如果长方体的另一角点指定的 Z 值与第一个角点的 Z 值不同,将不显示高度提示。

输入正值将沿当前 UCS 的 Z 轴正方向绘制高度。输入负值将沿 Z 轴负方向绘制高度。始终将长方体的底面绘制为与当前 UCS 的 XY 平面(工作平面)平行。在 Z 轴方向上指定长方体的高度。可以为高度输入正值和负值。

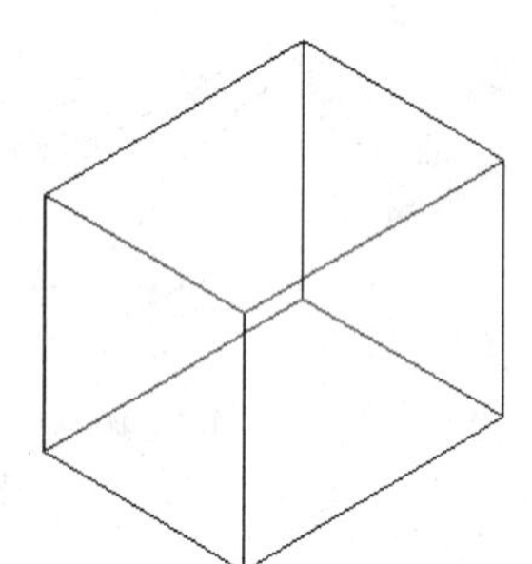
图 10.6 长方体建模

(1) 中心点:使用指定的中心点创建长方体。

立方体 创建一个长、宽、高相同的长方体。

长度 按照指定长宽高创建长方体。长度与 X 轴对应,宽度与 Y 轴对应,高度与 Z 轴对应,如图 10.6 所示。

(2) 立方体:创建一个长、宽、高相同的长方体。

(3) 长度:按照指定长宽高创建长方体。如果输入值,长度与 X 轴对应,宽度与 Y 轴对应,高度与 Z 轴对应。如果拾取点以指定长度,则还要指定在 XY 平面上的旋转角度。

(4) 两点:指定长方体的高度为两个指定点之间的距离。

3) 创建三维实体——楔体

操 作 卡

功能区:“常用”选项卡 →“建模”面板 →“楔体”
菜单:“绘图”→“建模”→“楔体”
命令行输入:WEDGE
工具栏:建模

倾斜方向始终沿 UCS 的 X 轴正方向,如图 10.7 所示。

操作提示列表:

指定第一个角点或[中心点(C)]:指定点或输入 C 指定圆心
指定其他角点或[立方体(C)/长度(L)]:指定楔体的另一角点或输入选项

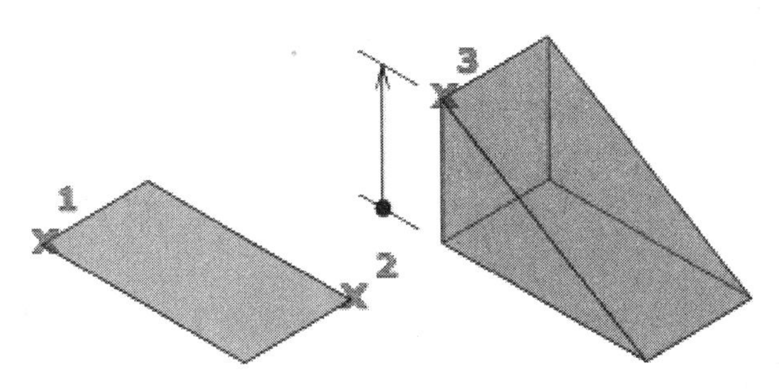

图 10.7 楔体建模

指定高度或[两点(2P)] <默认值>：指定高度或为“两点”选项输入 2P

提示说明：

如果使用与第一个角点不同的 Z 值指定楔体的其他角点，那么将不显示高度提示。

输入正值将沿当前 UCS 的 Z 轴正方向绘制高度。输入负值将沿 Z 轴负方向绘制高度。

(1) 中心点：使用指定的中心点创建楔体。

(2) 长度：按照指定长宽高创建楔体。长度与 X 轴对应，宽度与 Y 轴对应，高度与 Z 轴对应。如果拾取点以指定长度，则还要指定在 XY 平面上的旋转角度。

(3) 立方体：创建等边楔体。

(4) 长度：按照指定长宽高创建楔体。长度与 X 轴对应，宽度与 Y 轴对应，高度与 Z 轴对应。

(5) 两点：指定楔体的高度为两个指定点之间的距离。

4) 创建三维实体——圆锥体

操 作 卡

- 功能区：“常用”选项卡 →“建模”面板 →“圆锥体”
- 菜单：“常用”→“建模”→“实体建模”下拉式菜单→“圆锥体”
- 命令行输入：CONE
- 工具栏：建模

创建一个三维实体，该实体以圆或椭圆为底面，以对称方式形成锥体表面，最后交于一点，或交于圆或椭圆的平整面。可以通过 FACETRES 系统变量控制着色或隐藏视觉样式的三维曲线式实体(例如圆锥体)的平滑度。使用“顶面半径”选项创建圆台。最初，默认底面半径未设定任何值。执行绘图任务时，底面半径的默认值始终是先前输入的任意实体图元的底面半径值，如图 10.8 所示。

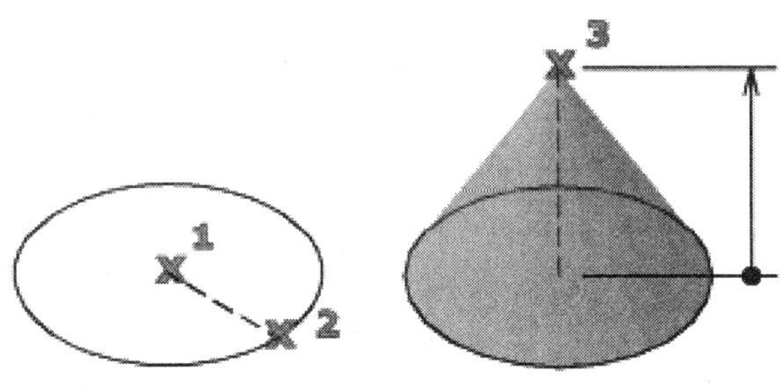

图 10.8 圆锥体建模

操作提示列表：

指定底面的圆心或[三点(3P)/两点(2P)/相切、相切、半径(T)/椭圆(E)]：指定点(1)或输入选项

指定底面半径或[直径(D)]<默认值>：指定底面半径、输入 D 指定直径或按 Enter 键指定默认的底面半径值

指定高度或[两点(2P)/轴端点(A)/顶面半径(T)]<默认值>：指定高度、输入选项或按 Enter 键指定默认高度值

提示说明：

(1) 底面的中心点：

两点　指定圆锥体的高度为两个指定点之间的距离。

轴端点　指定圆锥体轴的端点位置。轴端点是圆锥体的顶点，或圆台的顶面圆心（"顶面半径"选项）。轴端点可以位于三维空间的任意位置。轴端点定义了圆锥体的长度和方向。

顶面半径　指定创建圆锥体平截面时圆锥体的顶面半径。最初，默认顶面半径未设定任何值。执行绘图任务时，顶面半径的默认值始终是先前输入的任意实体图元的顶面半径值。

直径　指定圆锥体的底面直径。最初，默认直径未设定任何值。执行绘图任务时，直径的默认值始终是先前输入的任意实体图元的直径值。

(2) 三点(3P)：通过指定三个点来定义圆锥体的底面周长和底面。

(3) 两点(2P)：通过指定两个点来定义圆锥体的底面直径。

(4) 切点、切点、半径：定义具有指定半径，且与两个对象相切的圆锥体底面。有时会有多个底面符合指定的条件。程序将绘制具有指定半径的底面，其切点与选定点的距离最近。

(5) 椭圆：指定圆锥体的椭圆底面。

5) 创建三维实体——球体

操　作　卡

- 功能区："常用"选项卡 →"三维建模"面板 →"球体"
- 菜单："绘图"→"建模"→"球体"
- 命令行输入：SPHERE
- 工具栏：建模

可以通过指定圆心和半径上的点创建球体，如图 10.9 所示。

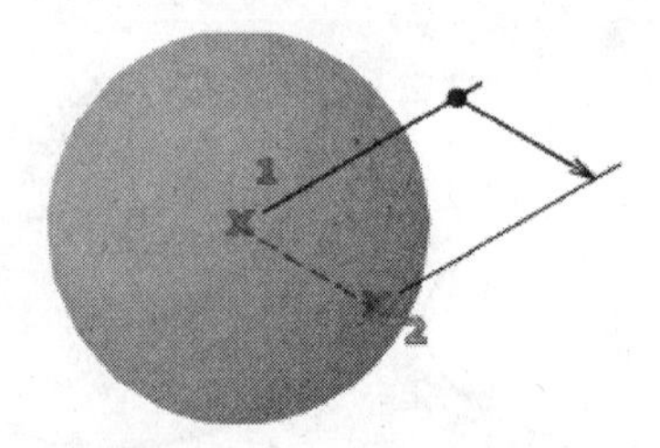

图 10.9　球体建模

操作提示列表：

指定中心点或[三点(3P)/两点(2P)/切点、切点、半径(T)]：指定点或输入选项

提示说明：

(1) 圆心：指定球体的圆心。指定圆心后，将放置球体以使其中心轴与当前用户坐标系(UCS)的 Z 轴平行。纬线与 XY 平面平行。

(2) 三点(3P)：通过在三维空间的任意位置指定三个点来定义球体的圆周。三个指定点也可以定义圆周平面。

(3) 两点(2P)：通过在三维空间的任意位置指定两个点来定义球体的圆周。第一点的 Z 值定义圆周所在平面。

(4) 切点、切点、半径：通过指定半径定义可与两个对象相切的球体。指定的切点将投影到当前 UCS。

6) 创建三维实体——圆柱体

操 作 卡

功能区："常用"选项卡 →"建模"面板 →"实体图元"下拉式菜单 →"圆柱体"

菜单："绘图"→"建模"→"圆柱体"

命令行输入：CYLINDER

工具栏：建模

在图例中，使用圆心(1)、半径上的一点(2)和表示高度的一点(3)创建了圆柱体。圆柱体的底面始终位于与工作平面平行的平面上。可以通过 FACETRES 系统变量控制着色或隐藏视觉样式的三维曲线式实体(例如圆柱体)的平滑度。执行绘图任务时，底面半径的默认值始终是先前输入的底面半径值，如图 10.10 所示。

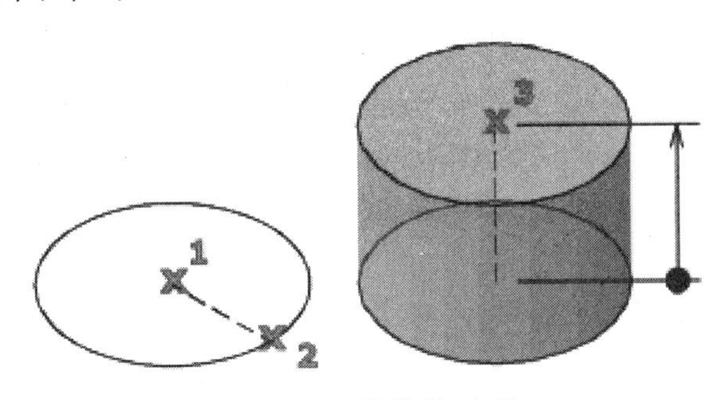

图 10.10 圆柱体建模

操作提示列表：

指定底面的圆心或[三点(3P)/两点(2P)/相切、相切、半径(T)/Elliptical(E)]：指定圆心或输入选项

指定底面半径或[Diameter(D)] <默认值>：指定底面半径、输入 D 指定直径或按 Enter 键指定默认的底面半径值

指定高度或[2Point(2P)/轴端点(A)] <默认值>：指定高度、输入选项或按 Enter 键指

定默认高度值

提示说明：

(1) 三点(3P)：通过指定两个点来定义圆柱体的底面直径。

(2) 切点、切点、半径：定义具有指定半径，且与两个对象相切的圆柱体底面。有时会有多个底面符合指定的条件。程序将绘制具有指定半径的底面，其切点与选定点的距离最近。

(3) 椭圆：指定圆柱体的椭圆底面。

(4) 直径：指定圆柱体的底面直径。

7) 创建三维实体——圆环体

操　作　卡

功能区："常用"选项卡 →"建模"面板 →"圆环体"

菜单："绘图"→"建模"→"圆环体"

命令行输入：TORUS

工具栏：建模

可以通过指定圆环体的圆心、半径或直径以及围绕圆环体的圆管的半径或直径创建圆环体。可以通过 FACETRES 系统变量控制着色或隐藏视觉样式的曲线式三维实体(例如圆环体)的平滑度，如图 10.11 所示。

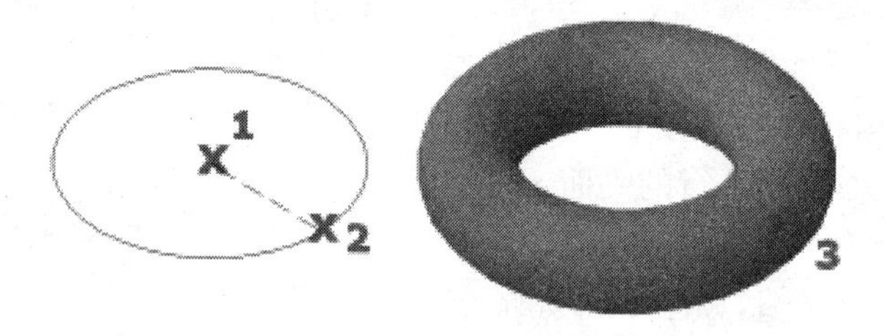

图 10.11　圆环体建模

操作提示列表：

指定中心点或[三点(3P)/两点(2P)/切点、切点、半径(TTR)]：指定点(1)或输入选项

指定半径或[直径(D)] <默认值>：指定距离或输入 D

指定圆心后，将放置圆环体以使其中心轴与当前用户坐标系(UCS)的 Z 轴平行。圆环体与当前工作平面的 XY 平面平行且被该平面平分。

提示说明：

(1) 三点(3P)：用指定的三个点定义圆环体的圆周，也可以定义圆周平面。

(2) 两点(2P)：用指定的两个点定义圆环体的圆周，第一点的 Z 值定义圆周所在平面。

(3) 切点、切点、半径：使用指定半径定义可与两个对象相切的圆环体，指定的切点将投影到当前 UCS。

(4) 半径：定义圆环体的半径(从圆环体中心到圆管中心的距离)，负的半径值创建形似美式橄榄球的实体。

(5) 直径：定义圆环体直径。

8) 创建三维实体——棱锥体

操 作 卡

功能区："常用"选项卡 →"建模"面板 →"棱锥体"

菜单："绘图"→"建模"→"棱锥体"

命令行输入：PYRAMID

工具栏：建模

默认情况下，可以通过基点的中心、边的中点和确定高度的另一个点来定义一个棱锥体。最初，默认底面半径未设定任何值。执行绘图任务时，底面半径的默认值始终是先前输入的任意实体图元的底面半径值。使用"顶面半径"来创建棱锥体平截面，如图 10.12 所示。

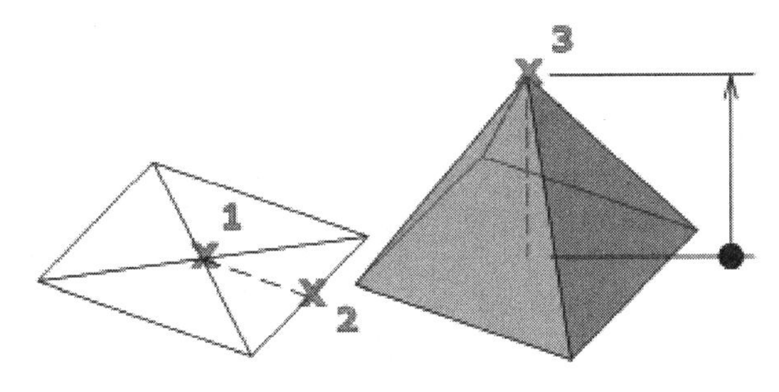

图 10.12 棱锥体建模

(1) 边：指定棱锥体底面一条边的长度；拾取两点。

(2) 侧面：指定棱锥体的侧面数。可以输入 3 到 32 之间的数。

指定侧面数 <默认>　指定直径或按 ENTER 键指定默认值，最初，棱锥体的侧面数设定为 4。执行绘图任务时，侧面数的默认值始终是先前输入的侧面数的值。

(3) 内接：指定棱锥体底面内接于(在内部绘制)棱锥体的底面半径。

(4) 外切：指定棱锥体外切于(在外部绘制)棱锥体的底面半径。

(5) 两点：将棱锥体的高度指定为两个指定点之间的距离。

(6) 轴端点：指定棱锥体轴的端点位置。该端点是棱锥体的顶点。轴端点可以位于三维空间的任意位置。轴端点定义了棱锥体的长度和方向。

(7) 顶面半径：指定棱锥体的顶面半径，并创建棱锥体平截面，最初，默认顶面半径未设定任何值。执行绘图任务时，顶面半径的默认值始终是先前输入的任意实体图元的顶面半径值。

指定高度或[两点(2P)/轴端点(A)] <默认值>　指定高度、输入选项或按 ENTER 键指定默认的高度值

两点　将棱锥体的高度指定为两个指定点之间的距离。

轴端点　指定棱锥体轴的端点位置。该端点是棱锥体的顶点。轴端点可以位于三维空间的任意位置。轴端点定义了棱锥体的长度和方向。

9）创建二维螺旋或三维弹簧

操 作 卡

功能区："常用"选项卡→"绘图"面板→"螺旋"

菜单："绘图"→"螺旋"

命令行输入：HELIX

工具栏：建模

将螺旋用作 SWEEP 命令的扫掠路径以创建弹簧、螺纹和环形楼梯。最初，默认底面半径设定为 1。执行绘图任务时，底面半径的默认值始终是先前输入的任意实体图元或螺旋的底面半径值。顶面半径的默认值始终是底面半径的值。底面半径和顶面半径不能都设定为 0，如图 10.13 所示。

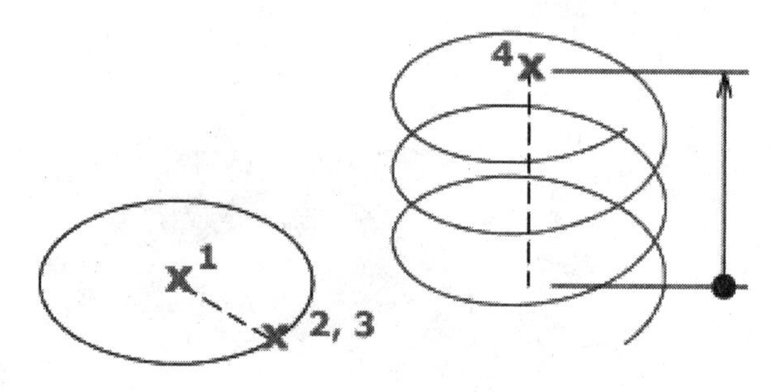

图 10.13 螺旋线建模

操作提示列表：

圈数＝3(默认)　扭曲＝逆时针(默认)

指定底面的圆心：指定点

指定底面半径或[直径(D)] <1.0000>：指定底面半径、输入 D 指定直径或按 ENTER 键指定默认的底面半径值

指定顶面半径或[直径(D)] <1.0000>：指定顶面半径、输入 D 指定直径或按 ENTER 键指定默认的顶面半径值

指定螺旋高度或[轴端点(A)/圈(T)/圈高(H)/扭曲(W)] <1.0000>：指定螺旋高度或输入选项

提示说明：

(1) 直径(底面)：指定螺旋底面的直径。

(2) 直径(顶面)：指定螺旋顶面的直径。

(3) 轴端点：指定螺旋的圈(旋转)数。螺旋的圈数不能超过 500。最初，圈数的默认值为三。执行绘图任务时，圈数的默认值始终是先前输入的圈数值。

(4) 圈：指定螺旋的圈(旋转)数。螺旋的圈数不能超过 500。最初，圈数的默认值为三。执行绘图任务时，圈数的默认值始终是先前输入的圈数值。

(5) 圈高：指定螺旋内一个完整圈的高度。当指定圈高值时，螺旋中的圈数将相应地自动更新。如果已指定螺旋的圈数，则不能输入圈高的值。

(6) 扭曲：指定以顺时针(CW)方向还是逆时针方向(CCW)绘制螺旋。螺旋扭曲的默认值是逆时针。

10) 创建平面曲面

操　作　卡

- 功能区："曲面"选项卡 →"创建"面板 →"平面"
- 菜单："绘图"→"建模"→"平面曲面"
- 命令行输入：PLANESURF
- 工具栏：建模

可以通过选择关闭的对象或指定矩形表面的对角点创建平面曲面。支持首先拾取选择并基于闭合轮廓生成平面曲面。通过命令指定曲面的角点时，将创建平行于工作平面的曲面，如图 10.14 所示。

操作提示列表：

指定第一个角点或［对象(O)］：指定平面曲面的第一个点

指定其他角点：指定平面曲面的第二个点(其他角点)

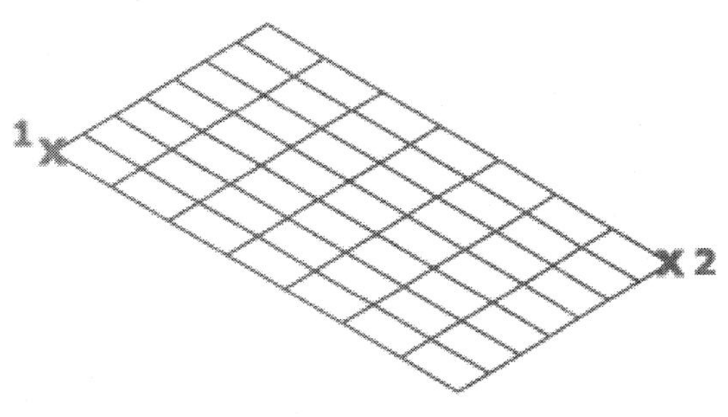

图 10.14　平面曲面建模

提示说明：

对象：通过对象选择来创建平面曲面或修剪曲面。可以选择构成封闭区域的一个闭合对象或多个对象。

10.2.2　几种由平面图形生成园林三维实体的方法

1) 拉伸

操　作　卡

- 功能区："常用"选项卡 →"建模"→"拉伸"
- 菜单："绘图"→"建模"→"拉伸"
- 工具栏：建模
- 命令行输入：EXTRUDE

可以拉伸开放或闭合的对象以创建三维曲面或实体。

(1) 要拉伸的对象：指定要拉伸的对象，按住 Ctrl 键的同时选择面和边子对象。

(2) 模式：控制拉伸对象是实体还是曲面。

(3) 拉伸高度：如果输入正值，将沿对象所在坐标系的 Z 轴正方向拉伸对象。如果输入负值，将沿 Z 轴负方向拉伸对象。对象不必平行于同一平面。如果所有对象均处于同一平面上，将沿该平面的法线方向拉伸对象。默认情况下，将沿对象的法线方向拉伸平面对象,如图 10.15 所示。

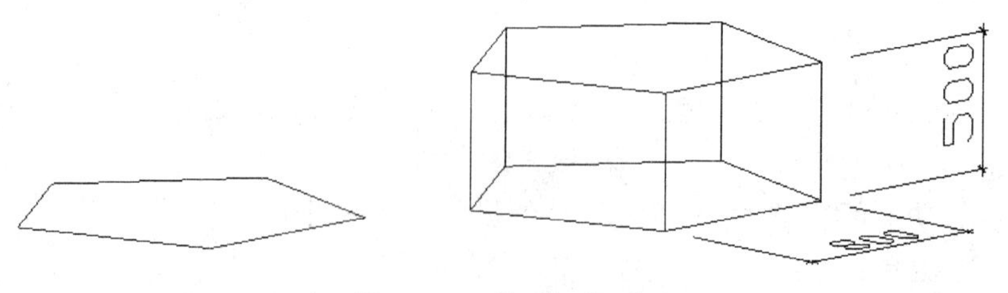

图 10.15 拉伸高度

(4) 方向：用两个指定点指定拉伸的长度和方向。(方向不能与拉伸创建的扫掠曲线所在的平面平行。)

指定方向的起点　指定方向矢量中的第一个点。

指定方向的端点　指定方向矢量中的第二个点。

(5) 路径：指定基于选定对象的拉伸路径。路径将移动到轮廓的质心。然后沿选定路径拉伸选定对象的轮廓以创建实体或曲面,如图 10.16 所示。

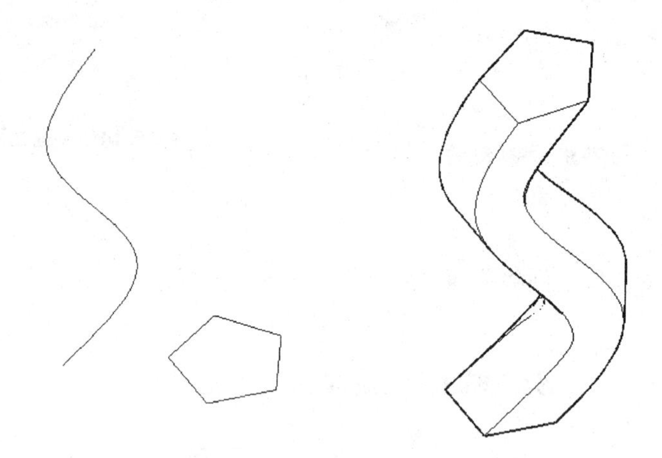

图 10.16 路径拉伸

(6) 倾斜角：指定拉伸的倾斜角,如图 10.17 所示。

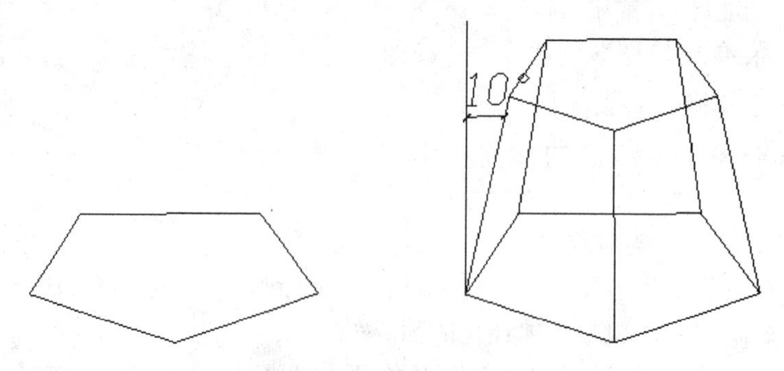

图 10.17 倾斜拉伸

倾斜角　指定.90 到 +90 度之间的倾斜角。

指定两个点　指定基于两个指定点的倾斜角。倾斜角是这两个指定点之间的距离。

(7) 表达式：输入公式或方程式以指定拉伸高度。

2) *按住/拖动*

操　作　卡

- 功能区："常用"选项卡 →"建模"面板 →"按住/拖动"
- 工具栏：建模
- 命令行输入：PRESSPULL

通过在区域中单击来按住或拖动有边界区域，然后拖动或输入值以指明拉伸量。移动光标时，拉伸将进行动态更改，也可以按住 Ctrl+Shift+E 组合键并单击区域内部以启动按住或拖动活动，如图 10.18 所示。

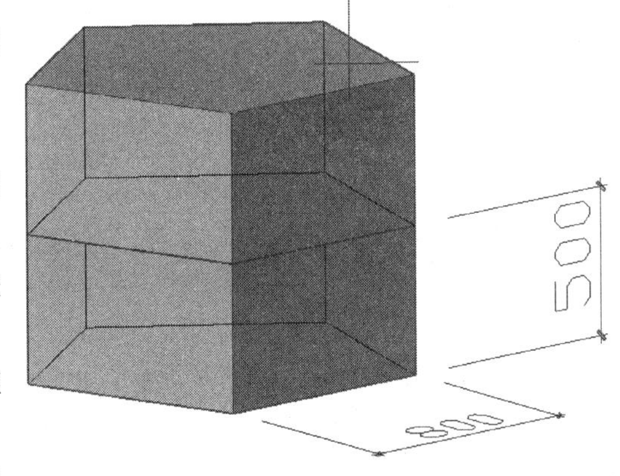

图 10.18　拖动建模

可以按住或拖动的有边界区域：

(1) 可以通过以零间距公差拾取点来填充的区域。

(2) 由交叉共面和线性几何体(包括边和块中的几何体)围成的区域。

(3) 具有共面顶点的闭合多段线、面域、三维面和二维实体的面。

(4) 由与三维实体的面共面的几何图形(包括二维对象和面的边)封闭的区域。

3) *扫掠*

操　作　卡

- 功能区："实体"选项卡→"实体"面板→"扫掠"
- 功能区："曲面"选项卡→"创建"面板→"扫掠"
- 工具栏：建模
- 命令行输入：SWEEP
- 菜单："绘图"→"建模"→"扫掠"

通过沿开放或闭合路径扫掠开放或闭合的平面曲线或非平面曲线(轮廓)，创建实体或曲面。开放的曲线创建曲面，闭合的曲线创建实体或曲面(具体取决于指定的模式)，树池用路径扫掠，如图 10.19 所示。

创建扫掠实体或曲面时，可以使用下列对象和路径：

提示说明：

(1) 要扫掠的对象：指定要用作扫掠截面轮廓的对象。

(2) 扫掠路径：基于选择的对象指定扫掠路径。

(3) 模式：控制扫掠动作是创建实体还是创建曲面。

(4) 对齐：指定是否对齐轮廓以使其作为扫掠路径切向的法向。

(5) 基点：指定要扫掠对象的基点。

(6) 比例：指定比例因子以进行扫掠操作。从扫掠路径的开始到结束，比例因子将统一应用到扫掠的对象。

(7) 扭曲：设置正被扫掠的对象的扭曲角度。扭曲角度指定沿扫掠路径全部长度的旋转量。

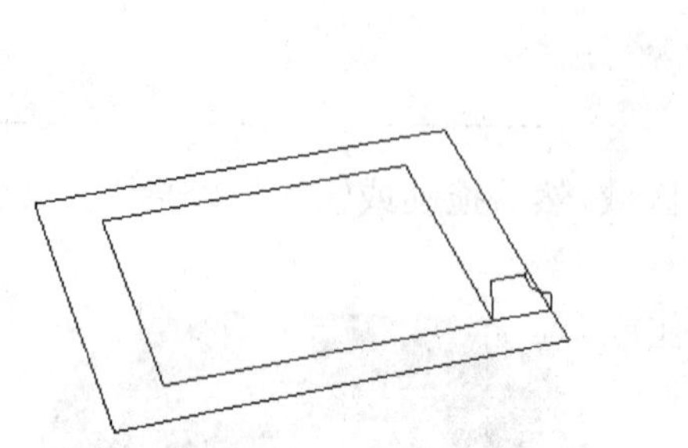

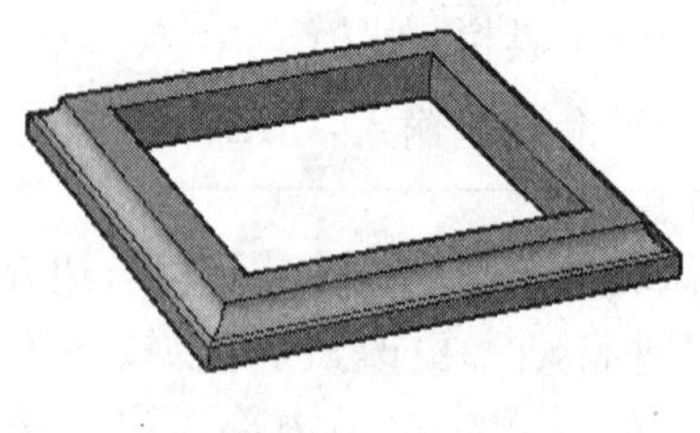

图 10.19 路径扫掠树池

4) 旋转

操 作 卡

- 功能区："常用"选项卡 →"建模"面板 →"旋转"
- 菜单："绘图"→"建模"→"旋转"
- 工具栏：建模
- 命令行输入：REVOLVE

旋转路径和轮廓曲线可以是：开放的或闭合的、平面或非平面、实体边和曲面边、单个对象(为了拉伸多线，使用 JOIN 命令将其转换为单个对象)、单个面域(为了拉伸多个面域，使用 REGION 命令将其转换为单个对象)。

可旋转的对象：曲面、椭圆弧、二维实体、实体、二维和三维样条曲线、宽线、圆弧、二维和三维多段线、椭圆、圆、面域。不能旋转包含在块中的对象或将要自交的对象，如图 10.20 所示。

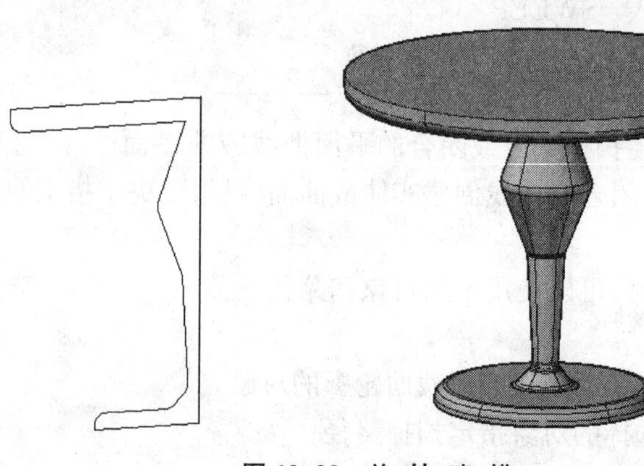

图 10.20 旋转建模

提示说明：

(1) 要旋转的对象：指定要绕某个轴旋转的对象。

(2) 模式：控制旋转动作是创建实体还是曲面。会将曲面延伸为 NURBS 曲面或程序曲面，具体取决于 SURFACEMODELINGMODE 系统变量。

(3) 轴起点：指定旋转轴的第一个点。轴的正方向从第一点指向第二点。

(4) 轴端点：设定旋转轴的端点。

(5) 起点角度：为从旋转对象所在平面开始的旋转指定偏移。可以拖动光标以指定和预览对象的起点角度。

(6) 旋转角度：指定选定对象绕轴旋转的距离。正角度将按逆时针方向旋转对象，负角度将按顺时针方向旋转对象，还可以拖动光标以指定和预览旋转角度。

(7) 对象：指定要用作轴的现有对象。轴的正方向从该对象的最近端点指向最远端点。

(8) 反转：更改旋转方向；类似于输入(负)角度值。右侧的旋转对象显示按照与左侧对象相同的角度旋转，但使用反转选项的样条曲线。

(9) 表达式：输入公式或方程式以指定旋转角度。

5) 放样

操　作　卡

- 功能区：“常用”选项卡 → “建模”面板→“放样”
- 菜单：“绘图”→“建模”→“放样”
- 工具栏：建模
- 命令行输入：LOFT

通过指定一系列横截面来创建三维实体或曲面。横截面定义了结果实体或曲面的形状，必须至少指定两个横截面。放样轮廓可以是开放或闭合的平面或非平面，也可以是边子对象。使用模式选项可选择是创建曲面还是创建实体，如图 10.21 所示。

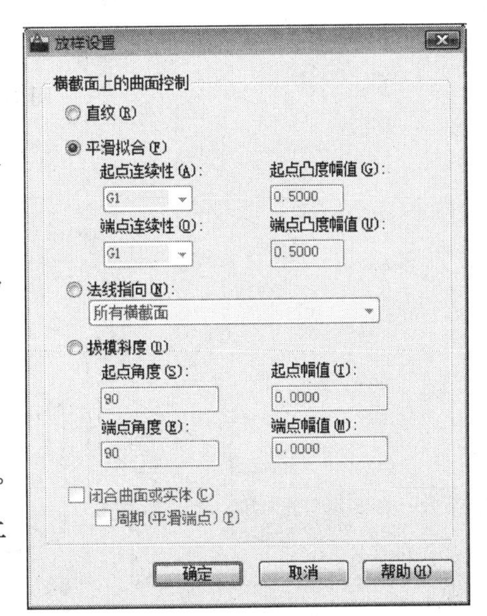

图 10.21　放样设置对话框

提示说明：

(1) 按放样次序选择横截面：按曲面或实体将通过曲线的次序指定开放或闭合曲线。

(2) 点：如果选择“点”选项，还必须选择闭合曲线。

(3) 合并多条曲线：将多个端点相交曲线合并为一个横截面。

(4) 模式：控制放样对象是实体还是曲面。

(5) 选项。

引导　指定控制放样实体或曲面形状的导向曲线。可以使用导向曲线来控制点如何匹配相应的横截面以防止出现不希望看到的效果(例如结果实体或曲面中的皱褶)。

路径　指定放样实体或曲面的单一路径。

仅横截面 在不使用导向或路径的情况下，创建放样对象。

设置 控制放样曲面在其横截面处的轮廓。用户还可以闭合曲面或实体。

(6) 连续性：仅当 LOFTNORMALS 系统变量设定为 1(平滑拟合)时，此选项才显示。指定在曲面相交的位置连续性为 G0、G1 还是 G2。

(7) 凸度幅值：仅当 LOFTNORMALS 系统变量设定为 1(平滑拟合)时，此选项才显示。为其连续性为 G1 或 G2 的对象指定凸度幅值。

10.2.3 布尔运算求并集、交集、差集

1) 并集

操 作 卡

- 功能区："常用"选项卡 →"实体编辑"面板 →"并集"
- 菜单："修改"→"实体编辑"→"并集"
- 工具栏：建模
- 命令行输入：UNION

可以将两个或多个三维实体、曲面或二维面域合并为一个组合三维实体、曲面或面域。必须选择类型相同的对象进行合并，主要是运用于实体和面域。

操作提示列表：

选择对象：选择要合并的三维实体、曲面或面域，具体操作如图 10.22、图 10.23 所示。

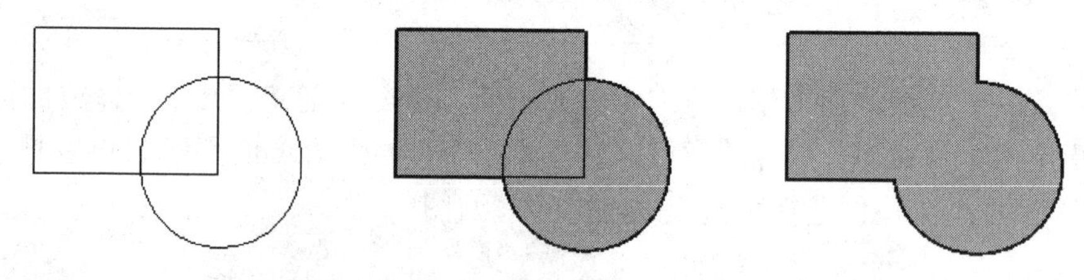

图 10.22 面域布尔运算并集

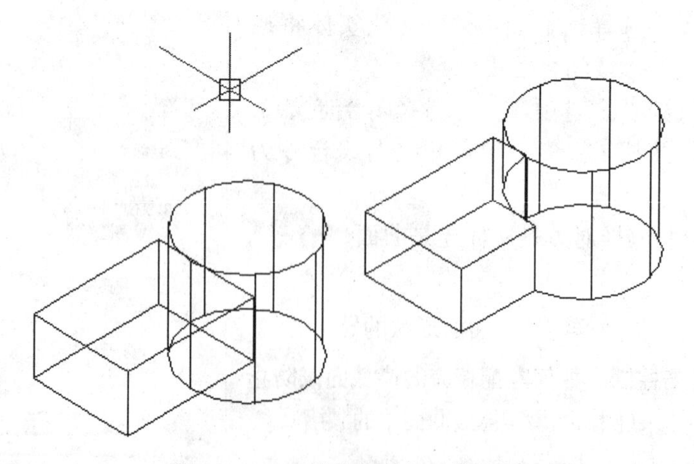

图 10.23 三维实体布尔运算并集

2）差集

操　作　卡
功能区："实体建模"选项卡 →"布尔"面板 →"差集"
菜单："修改"→"实体编辑"→"差集"
工具栏：建模
命令行输入：SUBTRACT

使用差集命令可以通过从另一个重叠集中减去一个现有的三维实体集来创建三维实体。可以通过从另一个重叠集中减去一个现有的面域对象集来创建二维面域对象。此命令只能选择面域配合使用。从第一个选择集中的对象减去第二个选择集中的对象，即创建了一个新的三维实体、曲面或面域，如图 10.24 所示。

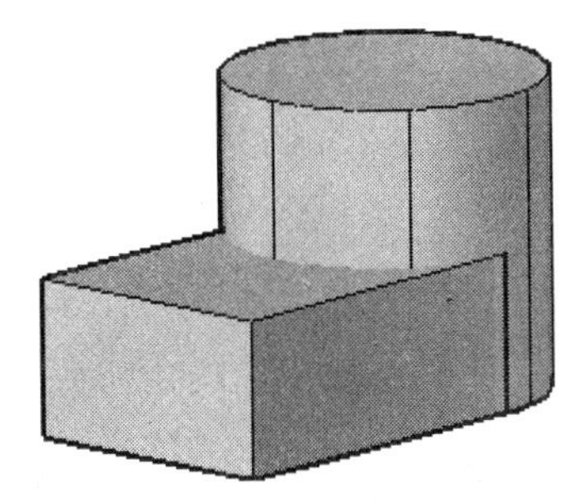
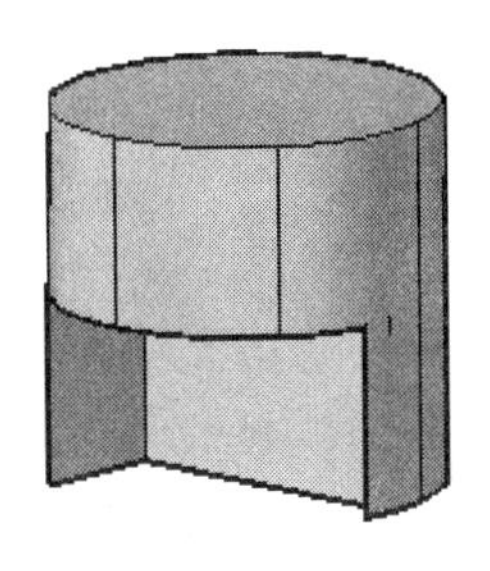

图 10.24　三维实体布尔运算差集

提示说明：

(1) 选择对象(从中减去)：指定要通过差集修改的三维实体、曲面或面域。

(2) 选择对象(减去)：指定要从中减去的三维实体、曲面或面域。

3）交集

操　作　卡
功能区："常用"选项卡 → "实体编辑"面板 → "交集"
菜单："修改"→"实体编辑"→"交集"
工具栏：建模
命令行输入：INTERSECT

使用交集命令，可以从两个或两个以上现有三维实体、曲面或面域的公共体积创建三维实体。如果选择网格，则可以先将其转换为实体或曲面，然后再完成此操作。通过拉伸二维轮廓后使它们相交，可以高效地创建复杂的模型，如图 10.25 所示。

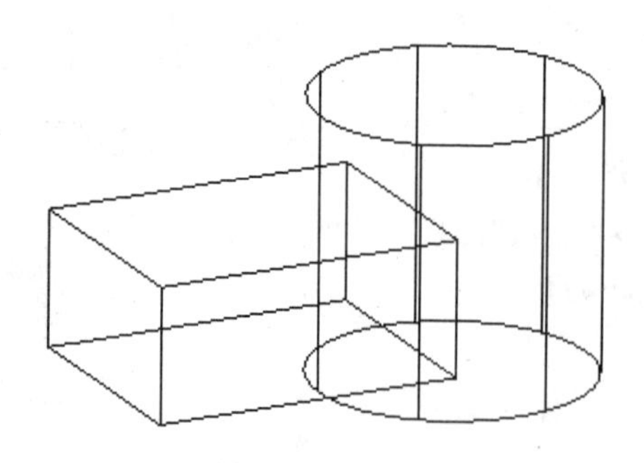
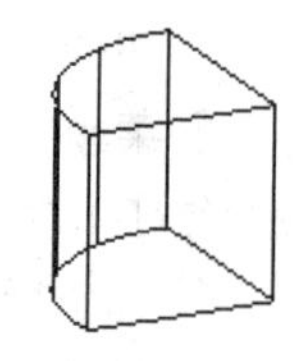

图 10.25 三维实体布尔运算交集

10.2.4 倒角和圆角命令

1）倒直角

操 作 卡

- 功能区："实体"选项卡 →"实体编辑"面板 →"倒角边"
- 菜单："修改"→"实体编辑"→"倒角边"
- 工具栏：实体编辑
- 命令行输入：CHAMFEREDGE

可以同时选择属于相同面的多条边。输入倒角距离值，或单击并拖动倒角夹点，如图10.26所示。

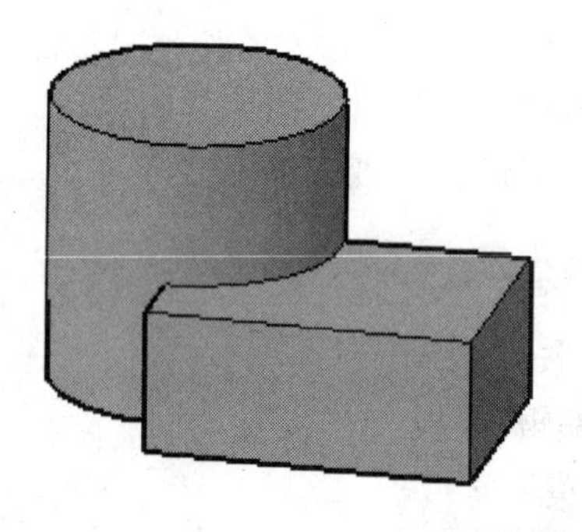
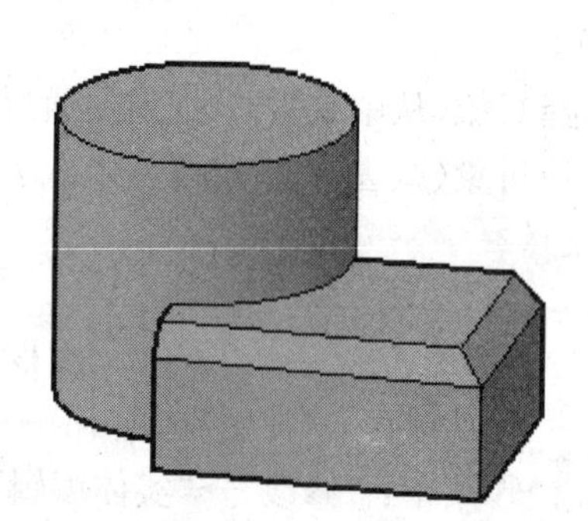

图 10.26 倒 直 角

提示说明：

(1) 选择边：选择要建立倒角的一条实体边或曲面边。
(2) 距离 1：设定第一条倒角边与选定边的距离。默认值为 1。
(3) 距离 2：设定第二条倒角边与选定边的距离。默认值为 1。
(4) 环：对一个面上的所有边建立倒角。
(5) 表达式：使用数学表达式控制倒角距离。

2）倒圆角

操　作　卡

功能区："实体"选项卡 →"实体编辑"面板 →"圆角边"

菜单："修改"→"实体编辑"→"圆角边"

工具栏：实体编辑

命令行输入：FILLETEDGE

可以选择多条边。输入圆角半径值或单击并拖动圆角夹点，如图 10.27 所示。

提示说明：

(1) 选择边：指定要建立圆角的边。按 Enter 键后，可以拖动圆角夹点来指定半径，也可以使用"半径"选项。

(2) 半径：指定半径值。

(3) 链：指定多条边。

图 10.27　倒　圆　角

10.2.5　剖切三维实体

操　作　卡

功能区："常用"选项卡 →"实体编辑"面板 →"剖切"

菜单："修改"→"三维操作"→"剖切"

命令行输入：SLICE

剪切平面是通过 2 个或 3 个点定义的，方法是指定 UCS 的主要平面，或选择曲面对象（而非网格），可以保留剖切三维实体的一个或两个侧面，剖切对象将保留原实体的图层和颜色特性。但是，结果实体或结果曲面对象将不保留原始对象的历史记录，如图 10.28 所示。

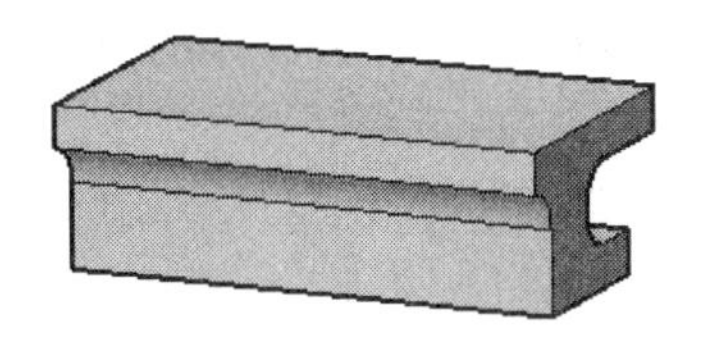
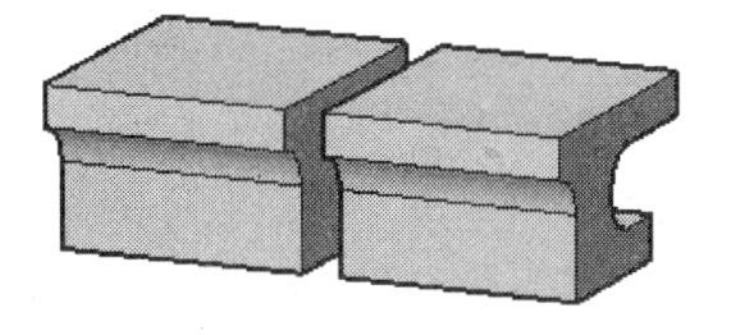

图 10.28　剖　　切

提示说明：

(1) 要剖切的对象：指定要剖切的三维实体或曲面对象。如果选择网格对象，则可以先将其转换为实体或曲面，然后再完成剖切操作。

(2) 指定剖切平面的起点：设置用于定义剖切平面的角度的两个点中的第一点。剖切平面与当前 UCS 的 *XY* 平面垂直。

(3) 平面对象：将剪切平面与包含选定的圆、椭圆、圆弧、椭圆弧、二维样条曲线或二维多段线线段的平面对齐，如图 10.29 所示。

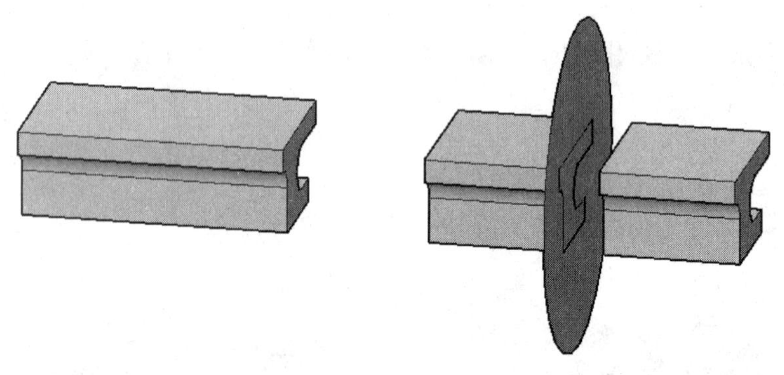

图 10.29 平面剖切

(4) 曲面：指定要用于对齐的曲面。

所需侧面上的点

保留两个侧面

(5) Z 轴：通过平面上指定一点和在平面的 *Z* 轴(法向)上指定另一点来定义剪切平面。

所需侧面上的点

保留两个侧面

(6) 视图：将剪切平面与当前视口的视图平面对齐。指定一点定义剪切平面的位置。

指定当前视图平面中的点　设置要开始剖切的对象上的点。

(7) XY 将剪切平面与当前用户坐标系(UCS) 的 *XY* 平面对齐。指定一点定义剪切平面的位置。

(8) YZ：将剪切平面与当前 UCS 的 *YZ* 平面对齐，指定一点定义剪切平面的位置。

(9) ZX：将剪切平面与当前 UCS 的 *ZX* 平面对齐，指定一点定义剪切平面的位置。

(10) 三点：用三点定义剪切平面。

(11) 所需侧面上的点：定义一点从而确定图形将保留剖切实体的哪一侧。该点不能位于剪切平面上。

(12) 保留两个侧面：剖切实体的两侧均保留。把单个实体剖切为两块，从而在平面的两边各创建一个实体。对于每个选定的实体，剖切决不会创建超过两个的新复合实体。

10.2.6　编辑三维实体的面

操　作　卡

功能区："常用"选项卡 →"实体编辑"面板

菜单："修改"→"实体编辑"

工具栏：实体编辑

命令行输入：SOLIDEDIT

编辑三维实体对象的面和边。

操作提示列表：

[拉伸(E)/移动(M)/旋转(R)/偏移(O)/倾斜(T)/删除(D)/复制(C)/颜色(L)/材质(A)/放弃(U)/退出(X)]

提示说明：

1) 拉伸(如图 10.30、图 10.31 所示)

(1) 拉伸：在 X、Y 或 Z 方向上延伸三维实体面。可以通过移动面来更改对象的形状。

(2) 删除：从选择集中删除以前选择的面。

(3) 放弃：取消选择最近添加到选择集中的面后将重显示提示。

(4) 添加：向选择集中添加选择的面。

(5) 全部：选择所有面并将它们添加到选择集中。

(6) 拉伸高度：设置拉伸的方向和距离。如果输入正值，则沿面的法向拉伸。如果输入负值，则沿面的反法向拉伸。

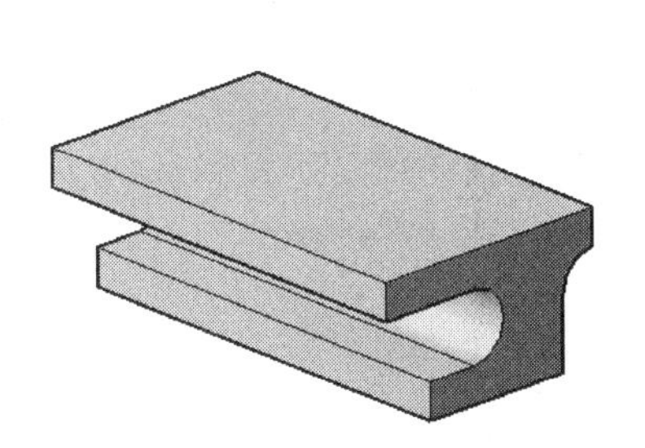
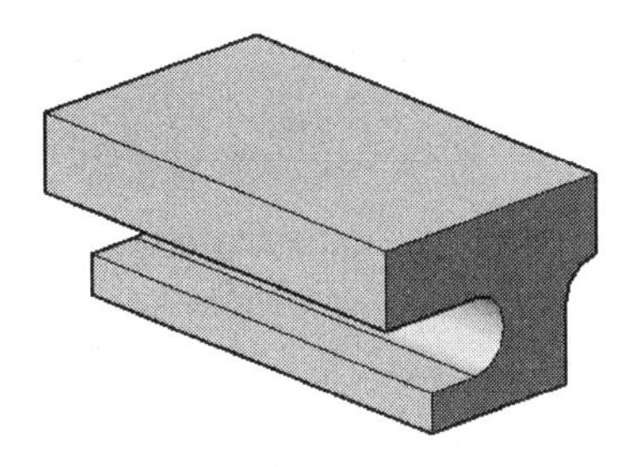

图 10.30　右图坐椅面拉伸高度 100

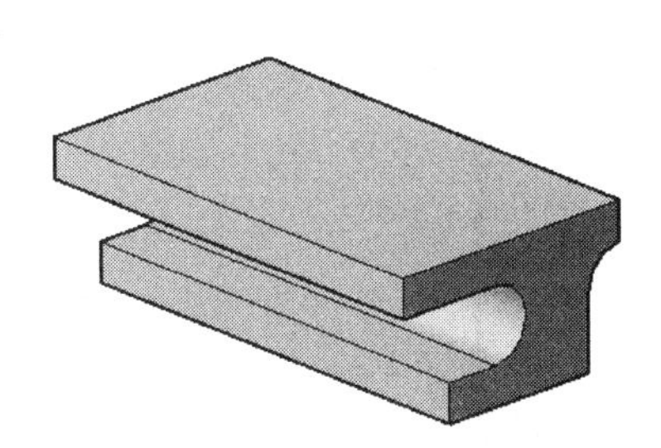
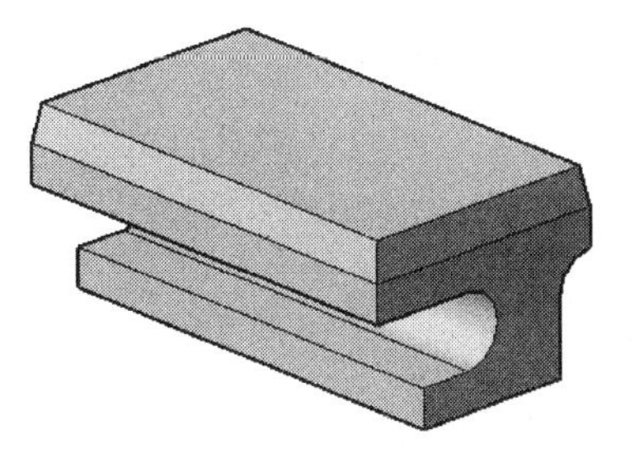

图 10.31　右图坐椅面拉伸高度 100，倾斜角度 10°

指定拉伸的倾斜角度 指定.90 度到 90 度之间的角度。

(7) 路径：以指定的直线或曲线来设置拉伸路径。所有选定面的轮廓将沿此路径拉伸。

2) 移动(如图 10.32 所示)

(1) 移动：沿指定的高度或距离移动选定的三维实体对象的面。一次可以选择多个面。

(2) 选择面：指定要移动的面。

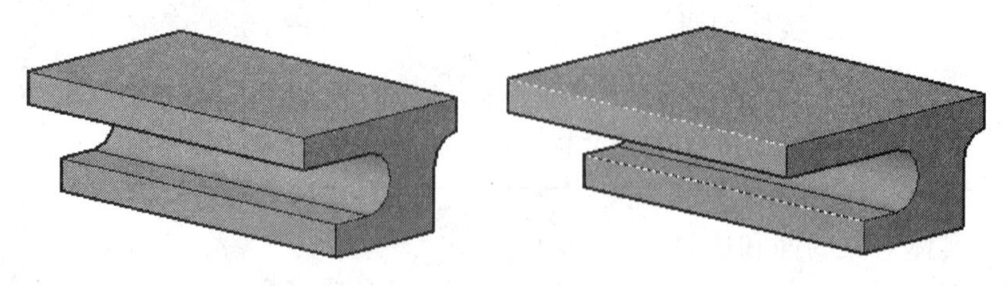

图 10.32 右图坐椅侧面向左移出 100

3) 旋转(如图 10.33 所示)

(1) 旋转：绕指定的轴旋转一个或多个面或实体的某些部分，可以通过旋转面来更改对象的形状。建议将此选项用于小幅调整。

(2) 选择面(旋转)：根据指定的角度和轴旋转面，可在绘图区域中选择一个或多个面。

(3) 轴点，两点：设置两个点定义旋转轴。

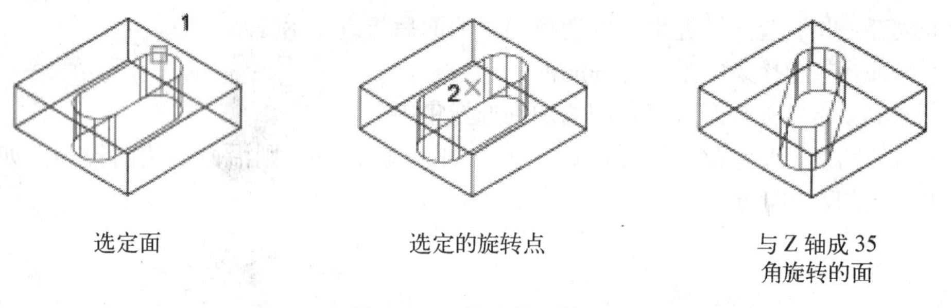

图 10.33 旋 转 面

(4) 经过对象的轴：将旋转轴与现有对象对齐。可选择下列对象：

直线 将旋转轴与选定直线对齐。

圆 将旋转轴与圆的三维轴(此轴垂直于圆所在的平面且通过圆心)对齐。

圆弧 将旋转轴与圆弧的三维轴(此轴垂直于圆弧所在的平面且通过圆弧圆心)对齐。

椭圆 将旋转轴与椭圆的三维轴(此轴垂直于椭圆所在的平面且通过椭圆中心)对齐。

二维多段线 将旋转轴与由多段线的起点和端点构成的三维轴对齐。

三维多段线 将旋转轴与由多段线的起点和端点构成的三维轴对齐。

样条曲线 将旋转轴与由样条曲线的起点和端点构成的三维轴对齐。

(5) 视图：将旋转轴与当前通过选定点的视口的观察方向对齐。

(6) X 轴，Y 轴，Z 轴：将旋转轴与通过选定点的轴(X、Y 或 Z 轴)对齐。

(7) 旋转原点：设置旋转点。

(8) 旋转角度：从当前位置起，使对象绕选定的轴旋转指定的角度。

(9) 参照：指定参照角度和新角度。

4) 偏移(如图 10.34 所示)

(1) 偏移：按指定的距离或通过指定的点，将面均匀地偏移。正值会增大实体的大小或体积。负值会减小实体的大小或体积。

(2) 选择面(偏移)：指定要偏移的面。注意：偏移的实体对象内孔的大小随实体体积的增加而减小。

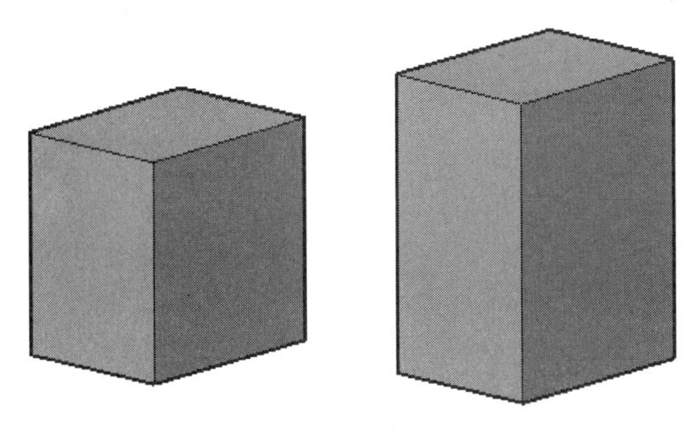

图 10.34　右图向上(Z)偏移 100

5) 倾斜(见图 10.35)

(1) 倾斜：以指定的角度倾斜三维实体上的面。倾斜角的旋转方向由选择基点和第二点(沿选定矢量)的顺序决定。

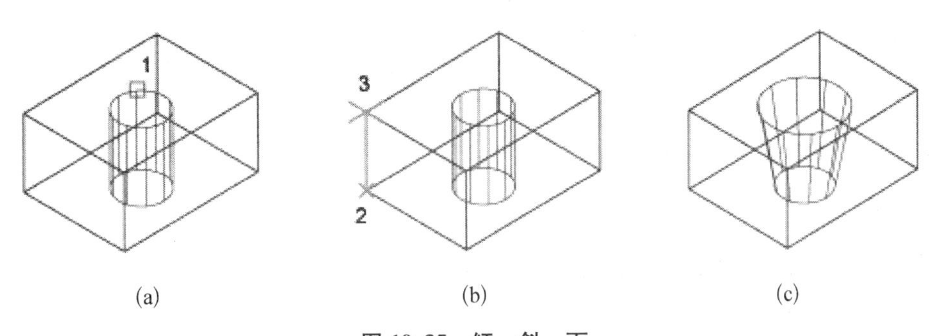

图 10.35　倾　斜　面

(a) 选定面　(b) 基点和选定的第二点　(c) 倾斜 10 度的面

(2) 选择面(倾斜)：指定要倾斜的面，然后设置倾斜度。

6) 删除

(1) 删除：删除面，包括圆角和倒角。使用此选项可删除圆角和倒角边，并在稍后进行修改。如果更改生成无效的三维实体，将不删除面。

(2) 选择面(删除)：指定要删除的面。该面必须位于可以在删除后通过周围的面进行填充的位置处。

7) 复制

(1) 复制：将面复制为面域或体。

(2) 选择面(复制):指定要复制的面。

指定基点或位移　设置用于确定复制的面的放置距离和方向(位移)的第一个点。

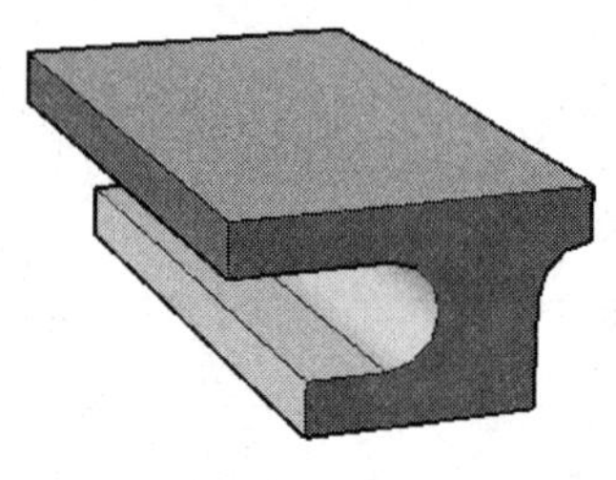
图 10.36　面颜色调整

指定位移的第二点　设置第二个位移点。

8) 颜色(见图 10.36)

修改面的颜色。着色面可用于亮显复杂三维实体模型内的细节。

9) 材质

将材质指定到选定面。

10) 放弃

放弃操作,一直返回到实体编辑任务的开始状态。

11) 退出

退出面编辑选项并显示“输入实体编辑选项”提示。

10.2.7　三维位置操作命令

1) 三维移动

操　作　卡

- 功能区:“常用”选项卡 →“修改”面板 →“三维移动”
- 菜单:“修改”→“三维操作”→“三维移动”
- 工具栏:建模
- 命令行输入:3DMOVE

使用三维移动小控件,可以自由移动选定的对象和子对象,或将移动约束到轴或平面,如图 10.37 所示。

提示说明:

(1) 选择对象:选择要移动的三维对象。选择对象后,请按 Enter 键。选中对象后,将显示小控件。可以通过单击小控件上的以下位置之一来约束移动:

沿轴移动　单击轴以将移动约束到该轴上。

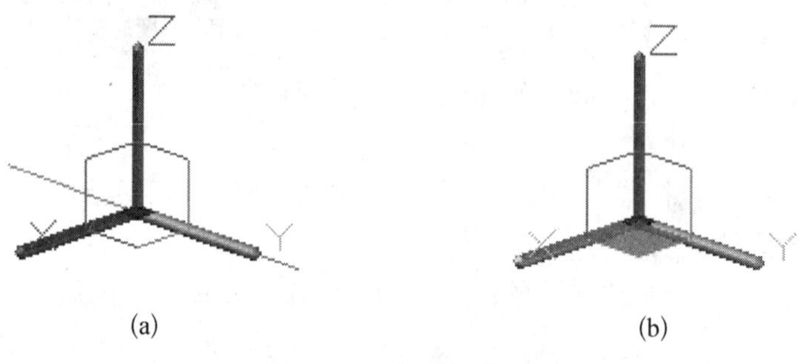

图 10.37　自 由 移 动

(a) 沿轴移动　(b) 沿平面移动

沿平面移动　单击轴之间的区域以将移动约束到该平面上。

(2) 拉伸点：使用小控件指定移动时，将设定选定对象的新位置。拖动并单击以动态移动对象。

(3) 复制：使用小控件指定移动时，将创建选定对象的副本，而非移动选定对象。可以通过继续指定位置来创建多个副本。

(4) 基点：指定要移动的三维对象的基点，如图 10.38 所示。

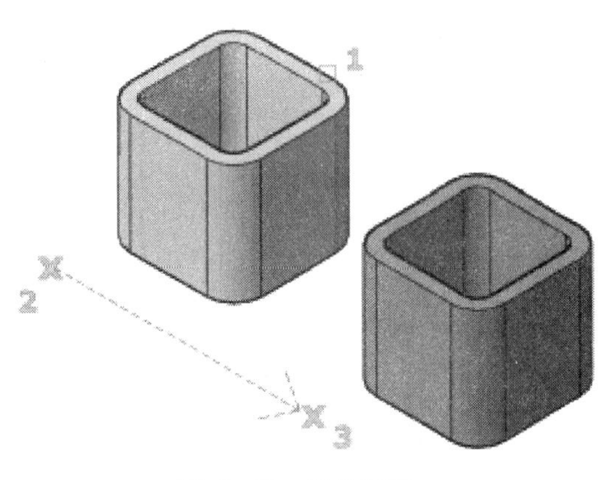

图 10.38　三维移动

2) 三维旋转

操　作　卡

- 功能区：“常用”选项卡 → “修改”面板 →“三维旋转”
- 菜单：“修改”→“三维操作”→“三维旋转”
- 工具栏：建模
- 命令行输入：3DROTATE

使用三维旋转小控件，用户可以自由旋转选定的对象和子对象，或将旋转约束到轴。如果在视觉样式设定为二维线框的视口中绘图，则在命令执行期间，3DROTATE 会将视觉样式暂时更改为三维线框。默认情况下，三维旋转小控件显示在选定对象的中心。可以通过使用快捷菜单更改小控件的位置来调整旋转轴，如图 10.39 所示。

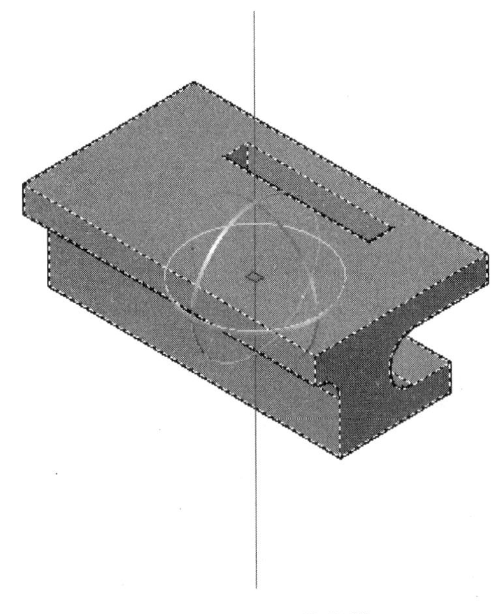
图 10.39　三维旋转

(1) 选择对象：指定要旋转的对象。

(2) 基点：设定旋转的中心点。

(3) 拾取旋转轴：在三维缩放小控件上，指定旋转轴。移动鼠标直至要选择的轴轨迹变为黄色，然后单击以选择此轨迹。

(4) 指定角度起点或输入角度：设定旋转的相对起点。也可以输入角度值。

(5) 指定角度端点：绕指定轴旋转对象。单击结束旋转按钮。

3）三维对齐

操 作 卡

功能区："常用"选项卡 →"修改"面板 →"三维对齐"

菜单："修改"→"三维操作"→"三维对齐"

工具栏：建模

命令行输入：3DALIGN

可以为源对象指定一个、两个或三个点。然后，可以为目标指定一个、两个或三个点，如图10.40所示。

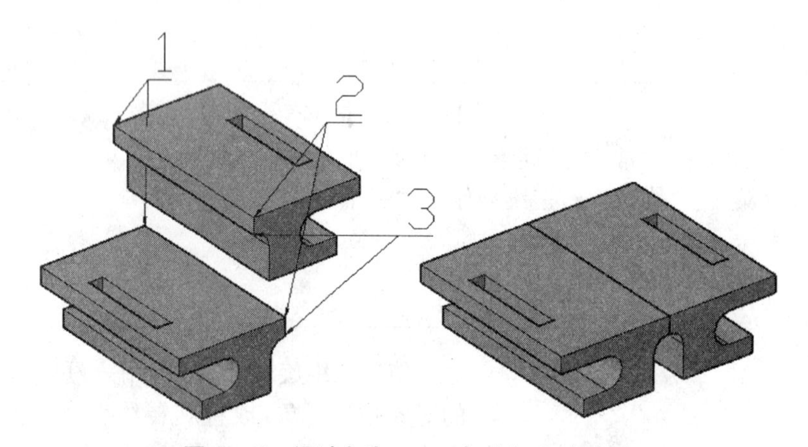

图 10.40 通过左边 1、2、3 点对齐，如右边图

操作提示列表：

选择对象：选择要对齐的对象或按 Enter 键

指定源平面和方向...

(1) 将移动和旋转选定的对象，使三维空间中的源和目标的基点、X 轴和 Y 轴对齐。

指定基点或［复制(C)］：指定点或输入 C 以创建副本

(2) 源对象的基点将被移动到目标的基点。

指定第二个点或［继续(C)］<C>：指定对象的 X 轴上的点，或按 Enter 键向前跳到指定目标点

(3) 第二个点在平行于当前 UCS 的 XY 平面的平面内指定新的 X 轴方向。如果按 Enter 键而没有指定第二个点，将假设 X 轴和 Y 轴平行于当前 UCS 的 X 和 Y 轴。

指定第三个点或［继续(C)］<C>：指定对象的正 XY 平面上的点，或按 Enter 键向前跳到指定目标点

(4) 第三个点将完全指定源对象的 X 轴和 Y 轴的方向，这两个方向将与目标平面对齐。

指定目标平面和方向...

指定第一个目标点：指定点

(5) 该点定义了源对象基点的目标。

指定第二个源点或［退出(X)］<X>：指定目标的 X 轴的点或按 Enter 键

(6) 第二个点在平行于当前 UCS 的 *XY* 平面的平面内为目标指定新的 X 轴方向。如果按 Enter 键而没有指定第二个点，将假设目标的 *X* 轴和 *Y* 轴平行于当前 UCS 的 *X* 轴和 *Y* 轴。

指定第三个目标点或［退出(X)］<X>：指定目标的正 XY 平面的点，或按 Enter 键

(7) 第三个点将完全指定目标平面的 *X* 轴和 *Y* 轴的方向。

4) 三维阵列

操　作　卡

- 功能区："常用"选项卡 →"修改"面板 →"三维阵列"
- 菜单："修改"→"三维操作"→"三维阵列"
- 工具栏：建模
- 命令行输入：3DARRAY

对于三维矩形阵列，除行数和列数外，用户还可以指定 *Z* 方向的层数。对于三维环形阵列，用户可以通过空间中的任意两点指定旋转轴。

操作提示列表：

输入阵列类型［矩形(R)/极轴(P)］<R>：输入选项或按 Enter 键

提示说明：

(1) 矩形阵列：在行(*X* 轴)、列(*Y* 轴)和层(*Z* 轴)矩形阵列中复制对象。一个阵列必须具有至少两个行、列或层，如图 10.41 所示。

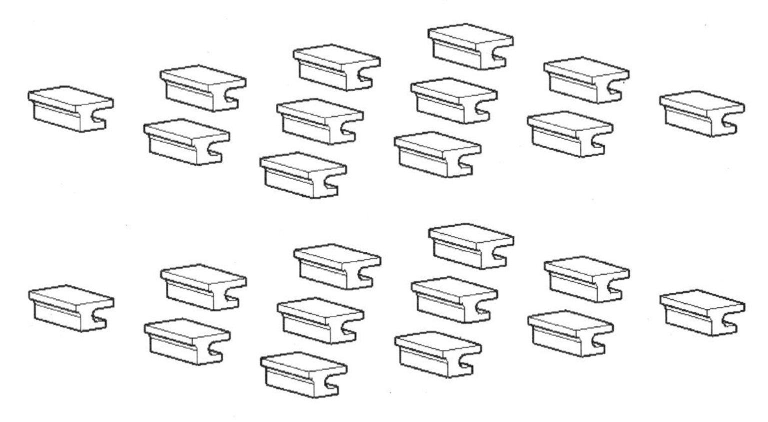

图 10.41　三维矩形阵列 3 行 4 列 2 层阵列

(2) 环形阵列：绕旋转轴复制对象，如图 10.42 所示。

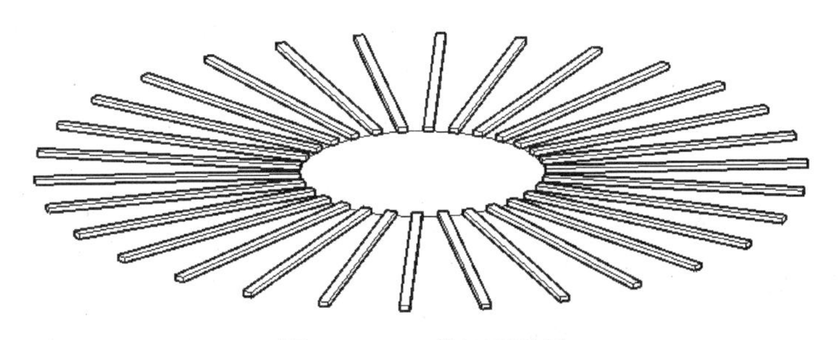

图 10.42　三维环形阵列

10.3 认识材质工具

10.3.1 材质控制台

操 作 卡
功能区："渲染"选项卡 →"材质"面板→"材质浏览器"
菜单："视图"→"渲染"→"材质浏览器"
工具栏：渲染
命令行输入：MATBROWSEROPEN

打开材质浏览器，用户还可以在材质浏览器中管理材质库。使用该浏览器还可以在所有打开的库中和图形中对材质进行搜索和排序，如图 10.43 所示。

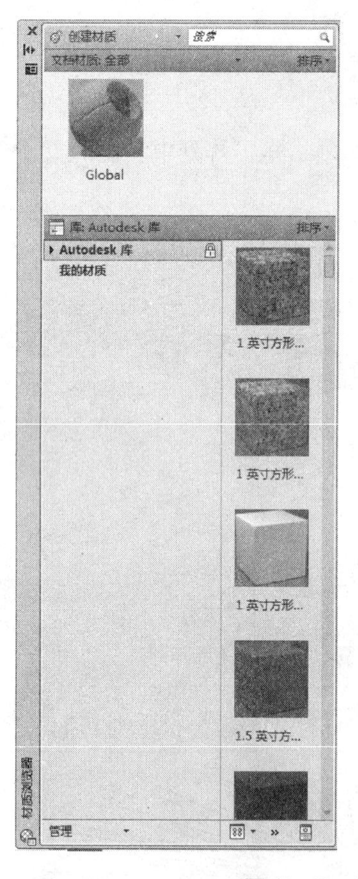

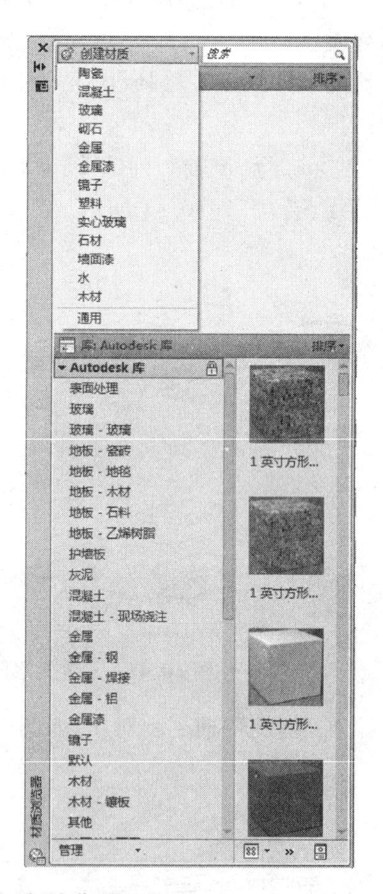

图 10.43 材质浏览器

提示说明：

(1) 显示/隐藏库树：控制库树的可见性。

(2) 搜索：在多个库中搜索材质外观。

(3) 创建新材质：创建或复制材质。

(4) 此文档中的材质：显示随打开的图形保存的材质。

(5) Autodesk 库：由 Autodesk 提供的包含 Autodesk 材质的标准系统库，可供所有应用程序使用。

(6) 我的材质：存储用户定义的材质集合的特殊用户库。该库不可重命名。

(7) 管理：允许用户创建、打开或编辑库和库类别。

(8) 视图：控制库内容的详细视图显示。

(9) 样例大小：调整样例大小。

(10) 材质编辑器：显示材质编辑器。

10.3.2　材质选项面板

内置材质库安装：在初始化安装 AutoCAD 2011 时候提示安装 Express Tools 和"材质库"，要把"材质库"勾选一直安装完成即可。

操　作　卡

功能区："渲染"选项卡 →"材质"面板 →"材质编辑器"

菜单："视图"→"渲染"→"材质编辑器"

工具栏：渲染

材质编辑器的配置将随选定材质和样板类型的不同而有所变化。

(1) "外观"选项卡：包含用于编辑材质特性的控件。

样例预览　预览选定的材质

名称　指定材质的名称。

创建　创建或复制材质。

显示材质浏览器　材质常用参数设置。

(2) "信息"选项卡：包含用于编辑和查看材质的关键字信息的所有控件，如图 10.44、图 10.45、图 10.46 所示。

信息　指定材质的常规说明。说明，提供材质外观的说明信息。关键字，提供材质外观的关键字或标记，关键字用于在材质浏览器中搜索和过滤材质。

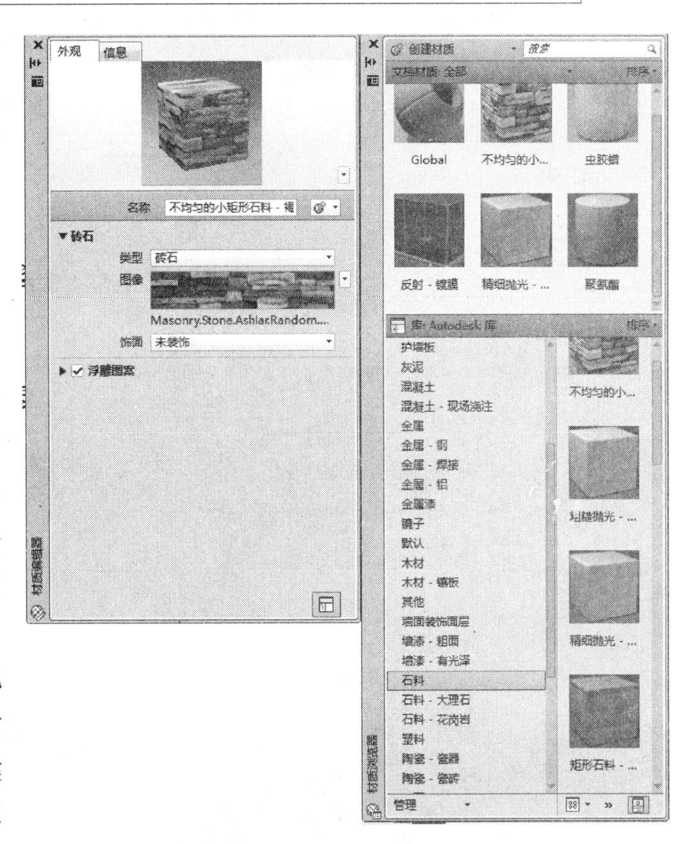

图 10.44　创建材质

图 10.45 花岗岩贴图与木纹贴图

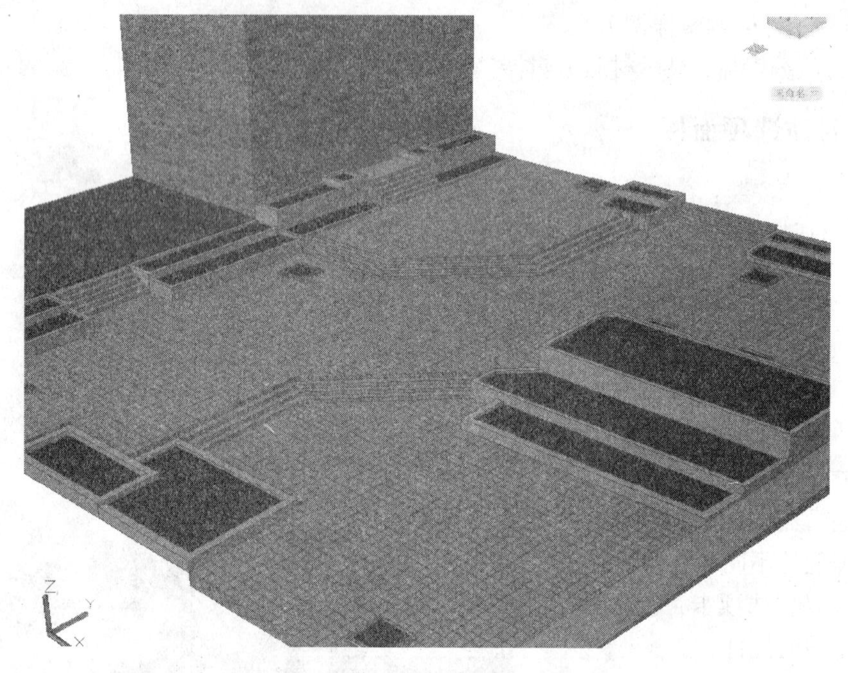

图 10.46 材质贴图综合运用

关于 包含材质的类型、版本和位置。类型，指定材质类型。版本，指定材质的版本号。位置，指定存储材质的库。

纹理路径 显示与材质属性关联的纹理文件的文件路径。

10.4 光源设置

10.4.1 点光源

操 作 卡

- 功能区："渲染"选项卡 →"光源"面板 →"点"
- 菜单："视图"→"渲染"→"光源"→"新建点光源"
- 工具栏：光源
- 命令行输入：POINTLIGHT

可以使用点光源来获得基本照明效果,如图 10.47 所示。

操作提示列表:

指定源位置 <0,0,0>: 输入坐标值或使用定点设备

输入要更改的选项 [名称(N)/强度(I)/状态(S)/阴影(W)/衰减(A)/颜色(C)/退出(X)] <退出>:

输入要更改的选项 [名称(N)/强度因子(I)/状态(S)/Photometry(P)/阴影(W)/衰减(A)/过滤颜色(C)/退出(X)] <退出>:

提示说明:

(1) 名称: 指定光源名。

(2) 强度/强度因子: 设定光源的强度或亮度。

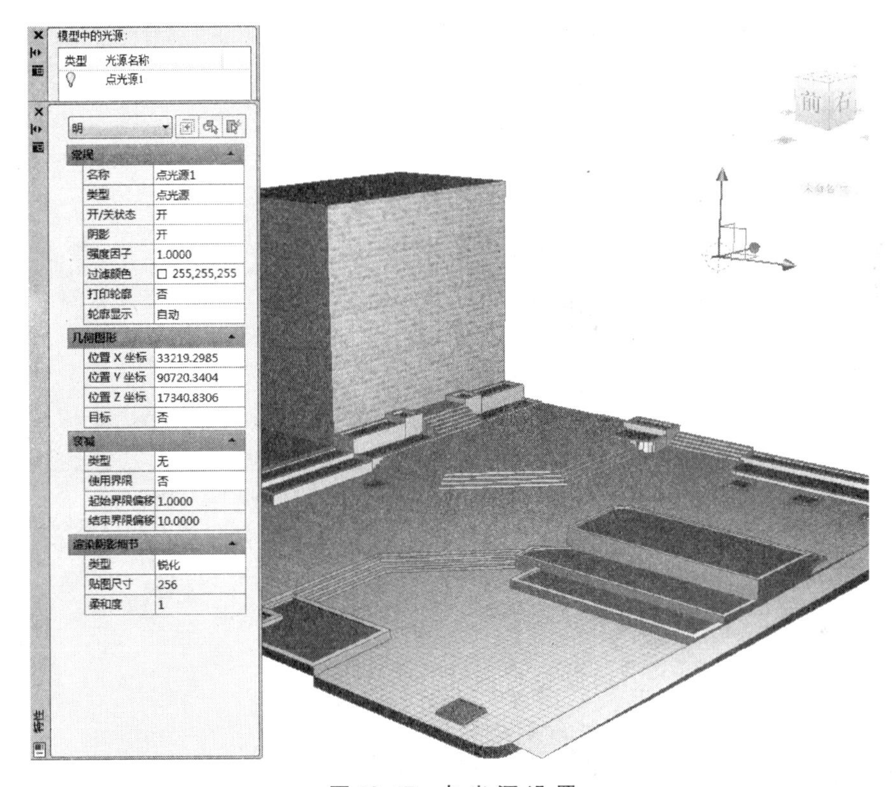

图 10.47　点光源设置

(3) 状态: 打开和关闭光源。如果图形中没有启用光源,则该设置没有影响。

(4) 光度: 在光度中,照度是指对光源沿特定方向发出的可感知能量的测量。光通量是每单位立体角中可感知的能量。一盏灯的总光通量为沿所有方向发射的可感知的能量。亮度是指入射到每单位面积表面上的总光通量。

强度　输入以烛光表示的强度值、以光通量值表示的可感知能量或入射到表面上的总光通量的照度值。

颜色　基于颜色名称或开氏温度指定光源颜色。

退出　退出命令选项。

(5) 阴影：使光源投射阴影。

关闭 关闭光源阴影的显示和计算，关闭阴影可以提高性能。

强烈 显示带有强烈边界的阴影，使用该选项提高性能。

已映射柔和 显示带有柔和边界的真实阴影。

已采样柔和 显示真实阴影和基于扩展光源的较柔和的阴影(半影)。

(6) 衰减。

衰减类型 控制光线如何随距离增加而减弱。对象距点光源越远，则越暗。

使用界限衰减起点界限 指定是否使用界限。

衰减端点界限 指定一个点，光线的亮度相对于光源中心的衰减于该点结束。

(7) 颜色/过滤颜色：控制光源的颜色。

真彩色 指定真彩色。以 R,G,B(红、绿、蓝)格式输入。

索引颜色 指定 ACI(AutoCAD 颜色索引)颜色，编号(1.255)。

HSL 指定 HSL(色调、饱和度、亮度)颜色。

配色系统 从配色系统中指定颜色。

(8) 退出。

10.4.2 聚光灯

操　作　卡

功能区："可视化"选项卡 →"光源"面板 →"聚光灯"

菜单："视图"→"渲染"→"光源"→"新建聚光灯"

工具栏：光源

命令行输入：SPOTLIGHT

创建可发射定向圆锥形光柱的聚光灯，如图 10.48 所示。

操作提示列表：

输入要更改的选项 [名称(N)/强度(I)/状态(S)/聚光角(H)/照射角(F)/阴影(W)/衰减(A)/颜色(C)/退出(X)] <退出>：

提示说明：

(1) 名称：指定光源名。

(2) 强度/强度因子：设定光源的强度或亮度。

(3) 聚光角：指定定义最亮光锥的角度，也称为光束角。

(4) 照射角：指定定义完整光锥的角度，也称为现场角。照射角的取值范围为 0 到 160 度。

(5) 状态：打开和关闭光源。

(6) 光度：光度是指测量可见光源的照度。

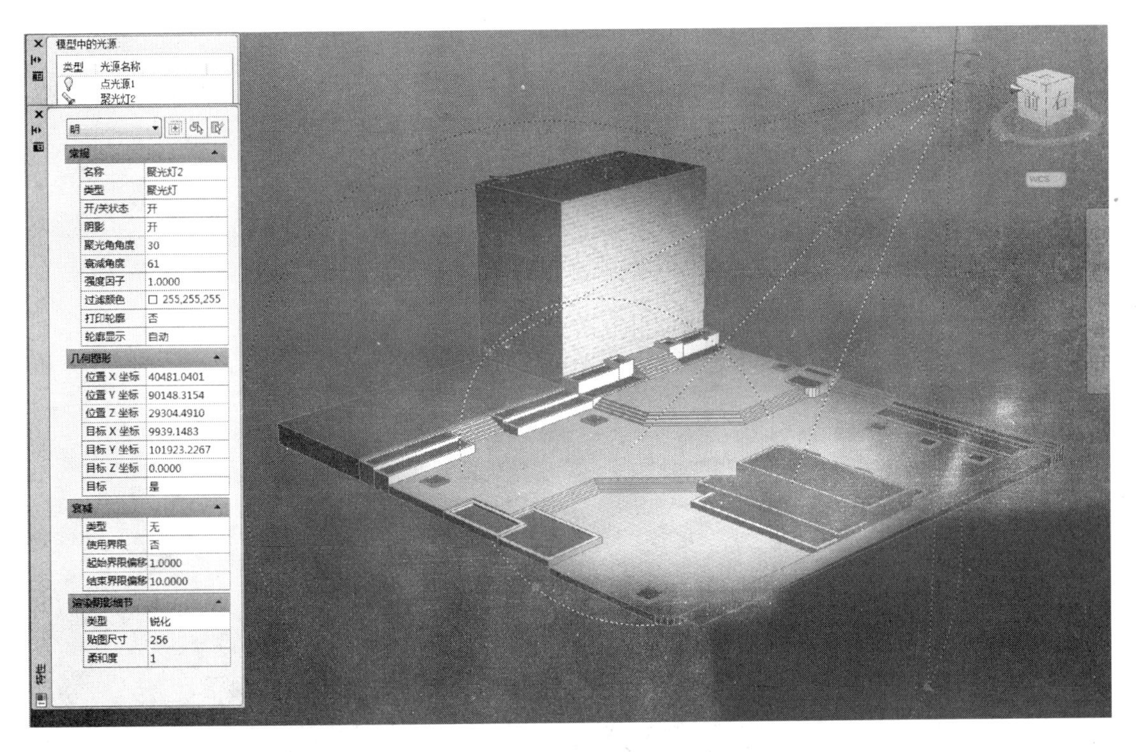

图 10.48 聚光灯设置

(7) 阴影：使光源投射阴影。

关闭　关闭光源阴影的显示和计算。关闭阴影可以提高性能。

强烈　显示带有强烈边界的阴影。使用该选项提高性能。

已映射柔和　显示带有柔和边界的真实阴影。贴图尺寸，指定用于计算阴影贴图的内存量。柔和度，指定用于计算阴影贴图的柔和度。

已采样柔和　显示真实阴影和基于扩展光源的较柔和的阴影(半影)。

(8) 衰减。

衰减类型　控制光线如何随距离增加而减弱。距离聚光灯越远，对象显得越暗。

使用界限　指定是否使用界限。

衰减起点界限　指定一个点，光线的亮度相对于光源中心的衰减于该点开始，默认值为 0。

衰减端点界限　指定一个点，光线的亮度相对于光源中心的衰减于该点结束。没有光线投射在此点之外。在光线的效果很微弱，以致计算将浪费处理时间的位置处，设置端点界限将提高性能。

(9) 颜色/过滤颜色：控制光源的颜色。

(10) 退出。

10.4.3 平行光

操　作　卡

- 功能区："渲染"选项卡 →"光源"面板 →"平行光"
- 菜单："视图"→"渲染"→"光源"→"新建平行光"
- 工具栏：光源
- 命令行输入：DISTANTLIGHT

创建可发射定向平行光灯，如图 10.49 所示。

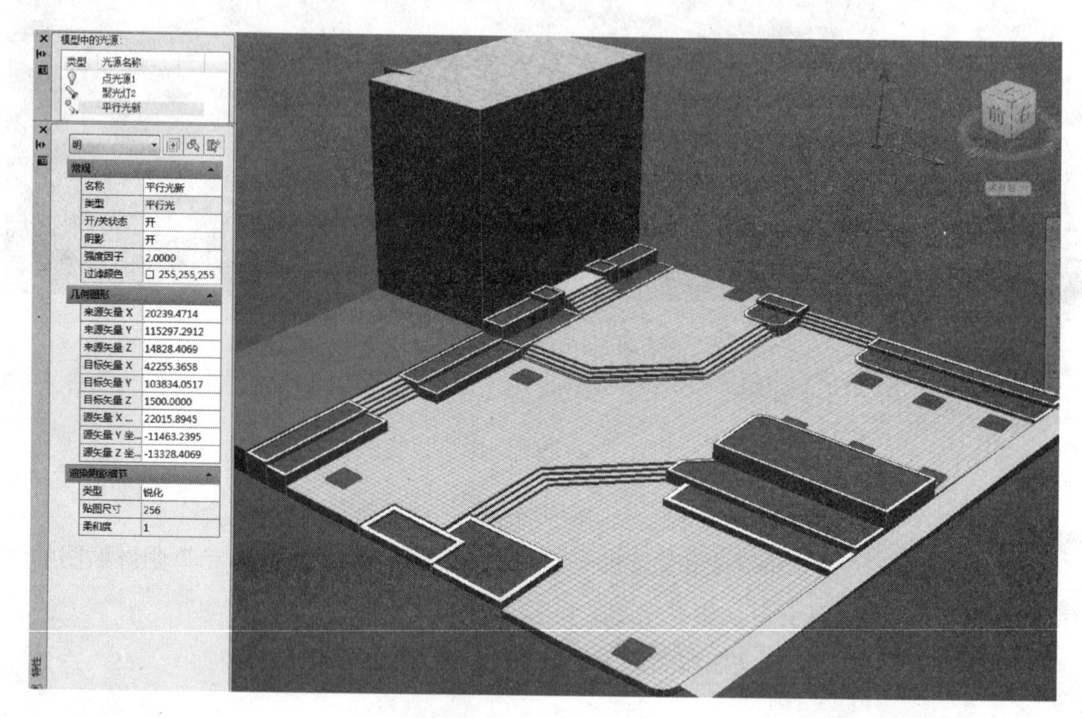

图 10.49　平行光设置

提示说明：

(1) 名称：指定光源名。

(2) 强度/强度因子：设定光源的强度或亮度。

(3) 状态：打开和关闭光源。如果未在图形中使用光源，则此设置没有影响。

(4) 光度：光度是指测量可见光源的照度。

(5) 强度：输入以烛光表示的强度值、以光通量值表示的可感知能量或入射到表面上的总光通量的照度值。

(6) 颜色：基于颜色名称或开氏温度指定光源颜色。

(7) 阴影：使光源投射阴影。

(8) 关闭：关闭光源阴影的显示和计算。关闭阴影可以提高性能。

(9) 强烈：显示带有强烈边界的阴影。使用该选项提高性能。

(10) 已映射柔和：显示带有柔和边界的真实阴影。

(11) 颜色/过滤颜色：控制光源的颜色。

10.5 渲染模型

操 作 卡

- 功能区："渲染"选项卡 →"渲染"面板 →"高级渲染设置"
- 菜单："视图"→"渲染"→"高级渲染设置"
- 菜单："工具"→"选项板"→"高级渲染设置"
- 工具栏：渲染
- 命令行输入：RPREF

"高级渲染设置"选项板包含渲染器使用的所有主要控件。可以从预定义的渲染设置中选择，也可以指定自定义设置，如图 10.50 所示。

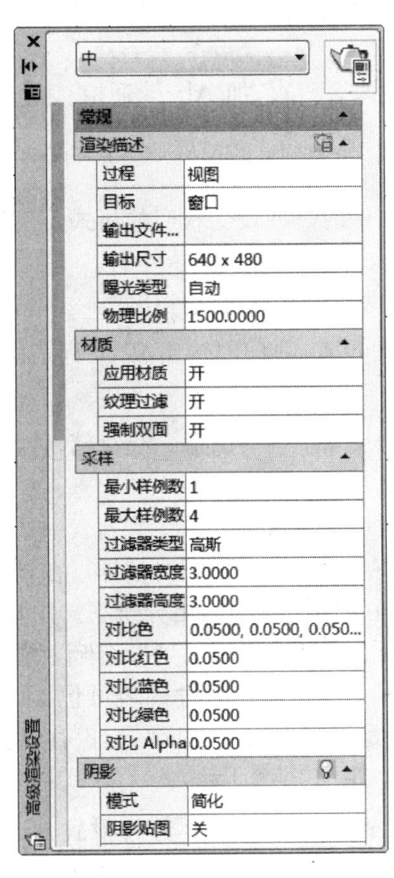

图 10.50　高级渲染设置

提示说明：

(1) 渲染预设列表/选择渲染预设：从最低质量到最高质量列出标准渲染预设，最多可以列出四个自定义渲染预设，而且用户可以访问渲染预设管理器。

(2) 渲染描述：包含影响模型获得渲染的方式的设置。

保存文件 确定是否将渲染图像写入文件。

渲染过程 控制渲染过程中处理的模型内容。

视图，渲染当前视图而不显示渲染对话框。

修剪，在渲染时创建一个渲染区域。选择"修剪窗口"后，单击"渲染"按钮，系统将提示用户在进行渲染之前在图形中指定一个区域。这个选项只有在"目标"框中选择了"视口"时才可用。

选择，显示选择要渲染对象的提示。

目标 确定渲染器用于显示渲染图像的输出位置。

窗口，渲染到"渲染"窗口。

视口，渲染到视口。

输出文件名称 指定文件名和要存储渲染图像的位置。

BMP(*.bmp)，以 Windows 位图(.bmp) 格式表示的静止图像位图文件。

PCX(*.pcx)，提供最小压缩的简单格式。

TGA(*.tga)，支持 32 位真彩色的文件格式(即 24 位色加 Alpha 通道)，通常用作真彩色格式。

TIF(*.tif)，多平台位图格式。

JPEG(*.jpg)，用于在 Internet 上发布图像文件的一种较受欢迎的格式，可以使文件大小和下载时间最小化。

PNG(*.png)，为用于 Internet 和万维网而开发的静止图像文件格式。

输出大小 显示渲染图像的当前输出分辨率设置。打开"输出尺寸"列表将显示以下内容：

最多四种自定义尺寸设置。注意：自定义输出尺寸不会与图形一起存储，并且不会跨绘图任务保留。

四种最常用的输出分辨率。访问"输出尺寸"对话框。从"输出尺寸"列表中选择"指定输出尺寸"时，将显示"输出尺寸"对话框。在该对话框中，用户可以设置渲染图像的输出分辨率。用户设置唯一的输出尺寸后，该尺寸将添加到"渲染设置"选项板的"输出尺寸"列表中。输出尺寸列表可包含四个唯一的输出尺寸，但是不能与当前图形一起保存，也不能跨绘图任务保留，如图 10.51 所示。

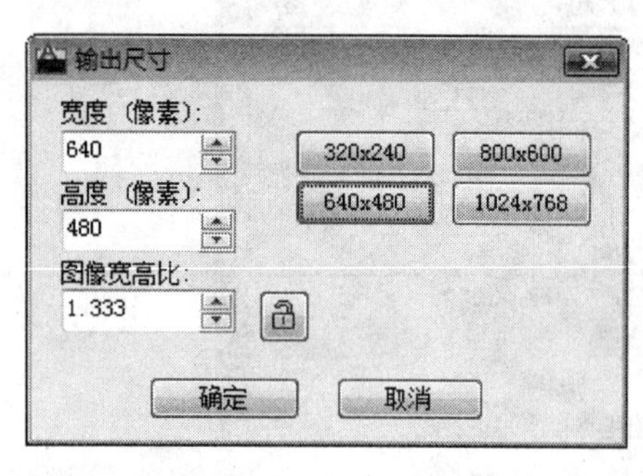

图 10.51 输出尺寸对话框

曝光类型 控制色调运算符设置。这无需存储在命名渲染预设中。而可以将其存储在渲染描述的每个图形中。

物理比例 指定物理比例。默认值=1 500。

(3) 渲染：直接从"高级渲染设置"选项板渲染模型。

(4) 材质：包含影响渲染器处理材质方式的设置。

应用材质　应用用户定义并附着到图形中的对象的表面材质。

纹理过滤　指定过滤纹理贴图的方式。

强制双面　控制是否渲染面的两侧。

(5) 采样：控制渲染器执行采样的方式。

最小样例数　设定最小采样率，该值表示每像素的样例数。

最大样例数　设定最大采样率。

过滤器类型　确定如何将多个样例组合为单个像素值。

Box，使用相等的权值计算过滤区域中所有样例的总和。这是最快的采样方法。

Gauss，使用以像素为中心的 Gauss(bell)曲线计算样例权值。

Triangle，使用以像素为中心的棱锥体计算样例权值。

Mitchell，使用以像素为中心的曲线(比 Gauss 曲线陡峭)计算样例权值。

Lanczos，使用以像素为中心的曲线(比 Gauss 曲线陡峭)计算样例权值，降低样例在过滤区域边缘的影响。

过滤器宽度和过滤器高度　指定过滤区域的大小。增加过滤器宽度和过滤器高度值可以柔化图像，但是将增加渲染时间。

对比色　单击"..."打开"选择颜色"对话框，从中可以交互指定 R，G，B 的阈值。

对比红色、对比蓝色、对比绿色　指定样例的红色、蓝色和绿色分量的阈值。

对比 Alpha　指定样例的 Alpha 分量的阈值。

(6) 阴影：包含影响阴影在渲染图像中显示方式的设置。

启用　指定渲染过程中是否计算阴影。

模式　简化，按随机顺序生成阴影着色器。分类，按从对象到光源的顺序生成阴影着色器。分段，沿光线从体积着色器到对象和光源之间的光线段的顺序生成阴影着色器。

阴影贴图　控制是否使用阴影贴图来渲染阴影。打开时，渲染器将渲染使用阴影贴图的阴影；关闭时，将对所有阴影使用光线跟踪。

采样乘数　全局限制区域光源的阴影采样。

(7) 光线跟踪：包含影响渲染图像着色的设置。

启用　指定着色时是否执行光线跟踪。

最大深度　限制反射和折射的组合。当反射和折射总数达到最大深度时，光线追踪将停止。

最大反射　设定光线可以反射的次数。

最大折射　设定光线可以折射的次数。

(8) 全局照明：影响场景的照明方式。

启用　指定光源是否应该将间接光投射到场景中。

光子/样例　设定用于计算全局照明强度的光子数。增加该值将减少全局照明的噪值，但会增加模糊程度。减少该值将增加全局照明的噪值，但会减少模糊程度。样例值越大，渲染时间越长。

使用"半径"　确定光子的大小。打开时，旋转值可以设定光子的大小。关闭时，每个光子将计算为全场景半径的 1/10。

半径　指定计算照度时将在其中使用光子的区域。

最大深度　限制反射和折射的组合。光子的反射和折射总数等于"最大深度"设置时，反射和折射将停止。例如，如果"最大深度"等于 3 并且两个跟踪深度都等于 2，则光子可以被反射两次，折射一次，反之亦然。但光子不能被反射和折射四次。

最大反射　设定光子可以反射的次数。设定为 0 时，不发生反射。设定为 1 时，光子只能反射一次。设定为 2 时，光子可以反射两次，依此类推。

最大折射　设定光子可以折射的次数。设定为 0 时，不发生折射。设定为 1 时，光子只能折射一次。设定为 2 时，光子可以折射两次，依此类推。

(9) 最终聚集：计算全局照明。

模式　控制最终聚集动态设置。

打开　打开最终聚集中的全局照明。

关闭　关闭最终聚集中全局照明的计算。

自动　指示在渲染时应根据天光状态动态地启用或禁用最终聚集。

射线　设定用于计算最终聚集中间接发光的光线数。增加该值将减少全局照明的噪值，但同时会增加渲染时间。

"半径"模式　确定最终聚集处理的半径模式。可以设置为打开、关闭或视图。打开，指定该设置表示"最大半径"设置将用于最终聚集处理。指定半径以世界单位表示，并且默认值为模型最大周长的 10%。关闭，指定最大半径(以世界单位表示)的默认值为最大模型半径的 10%。视图，指定"最大半径"设置以像素表示而不是以世界单位表示，并用于最终聚集处理。

最大半径　设置在其中处理最终聚集的最大半径。减少该值可以提高质量，但会增加渲染时间。

使用最小值　控制在最终聚集处理过程中是否使用"最小半径"设置。设置为打开时，最小半径设置将用于最终聚集处理。设置为关闭时，将不使用最小半径。

最小半径　设置在其中处理最终聚集的最小半径。增加该值可以提高质量，但会增加渲染时间。

(10) 光源特性：影响计算间接发光时光源的操作方式。默认情况下，能量和光子设置可应用于同一场景中的所有光源。

光子/光源　设定每个光源发射的用于全局照明的光子数。增加该值将增加全局照明的精度，但同时会增加内存占用量和渲染时间；减少该值将改善内存占用和减少渲染时间，且有助于预览全局照明效果。

能量乘数　增加全局照明、间接光源、渲染图像的强度。

(11) 视觉：有助于用户了解渲染器以特定方式工作的原因。

栅格　渲染显示对象、世界或相机的坐标空间的图像。对象，显示本地坐标(UVW)，每个对象都有自己的坐标空间。世界，显示世界坐标(XYZ)，对所有对象应用同一坐标系。相机，显示相机坐标(显示为叠合在视图上的矩形栅格)。

栅格尺寸　设置栅格的尺寸。

光子　渲染光子贴图的效果。该操作要求光子贴图存在。如果光子贴图不存在，则光子渲染类似于场景的无诊断渲染：渲染器首先渲染着色场景，然后使用伪彩色图像替换。

密度　当光子贴图投影到场景中时，渲染光子贴图。高密度以红色显示，且值越小，渲染颜色色调越冷。

发光度　与密度渲染类似，但基于光子的发光度对其进行着色。最大发光度以红色渲染，且值越小，渲染颜色色调越冷。

BSP　使用 BSP 光线跟踪加速方法渲染树使用的可视化参数。如果渲染器消息报告深度或大小值过大，或者如果渲染过程异常缓慢，则该方法可以帮助用户查找问题。深度，显示树的深度，顶面以鲜红色显示，且面越深，颜色色调越冷。大小，显示树中叶子的大小，不同的颜色表示不同大小的叶子。

(12) 处理。

平铺尺寸　确定渲染的平铺尺寸。要渲染场景，会将图像细分为色块。平铺尺寸越小，渲染过程中生成的图像更新越多。减少平铺尺寸时，图像更新数量将增加，这意味着要花费更多时间才能完成渲染。增加平铺尺寸时，图像更新数量将减少，完成渲染所需的时间也越短。

平铺次序　指定渲染图像时用于色块的方法(渲染次序)。可以根据在“渲染”窗口中渲染图像时用户所希望的图像显示方式来选择方法。

Hilbert，根据切换到下一个色块所花费的时间确定下一个将要渲染的色块。

螺旋状，按从图像中心开始向外螺旋的顺序渲染色块。

从左到右，按从下到上、从左到右的顺序纵向渲染色块。

从右到左，按从下到上、从右到左的顺序纵向渲染色块。

从上到下，按从右到左、从上到下的顺序横向渲染色块。

从下到上，按从右到左、从下到上的顺序横向渲染色块。

(13) 内存限制：确定渲染时的内存限制。渲染器将保留其在渲染时使用的内存计数。如果已达到内存限制，将放弃某些对象的几何图形以将内存分配给其他对象。

(14) 最终渲染窗口如 10.52 所示。

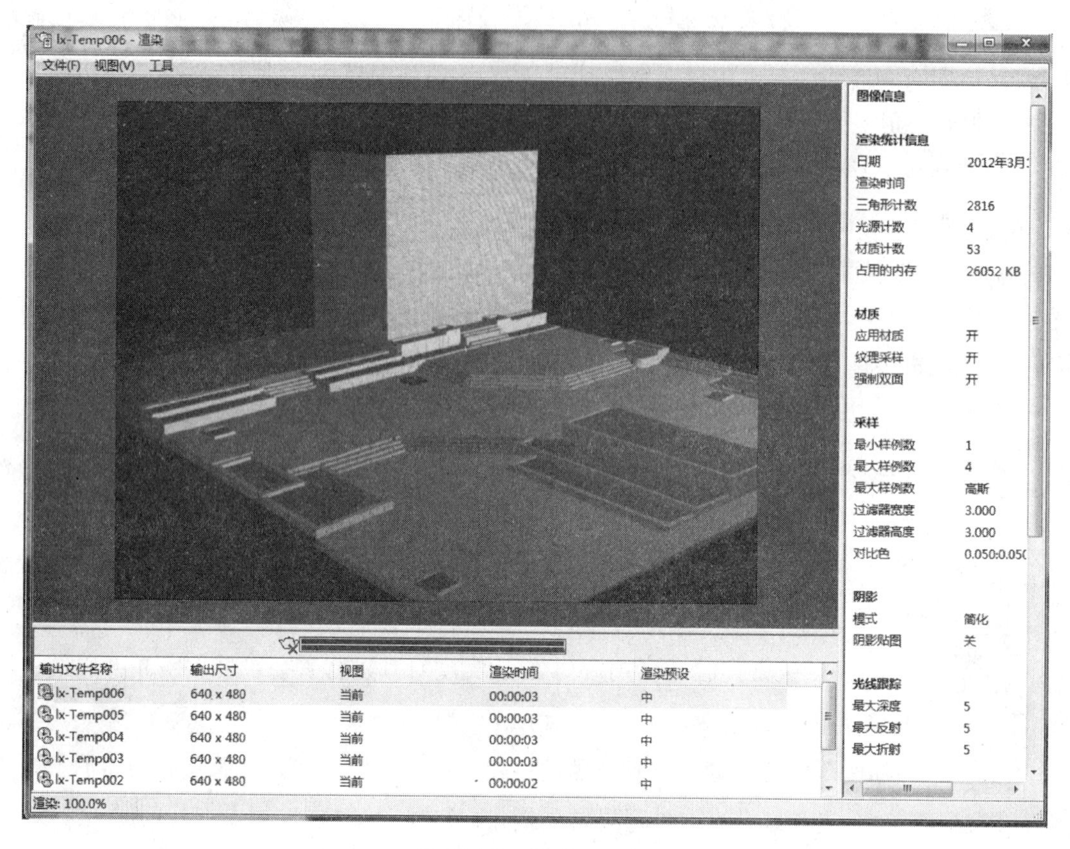

图 10.52 渲 染 窗 口

练习思考题

绘制小广场的三维地形图,创建贴图材质、灯光,最后渲染。

第11章　输出AutoCAD图形

AutoCAD的绘图空间有两种：模型空间和图纸空间（布局）。模型空间是一个三维坐标空间，主要用于几何模型的构建。在模型空间中，一般按1∶1的比例绘制，对几何模型进行打印输出时，则通常在图纸空间中完成。图纸空间就像一张图纸，打印之前可以在上面排放图形。图纸空间用于创建最终的打印布局，而不用于绘图或设计工作。在AutoCAD中，图纸空间是以布局的形式来使用的。布局是一种图纸空间环境，它模拟图纸页面，提供直观的打印设置。在布局中可以创建并放置视口对象，还可以添加标题栏或其他几何图形。可以在图形中创建多个布局以显示不同视图，每个布局可以包含不同的打印比例和图纸尺寸。布局显示的图形与图纸页面上打印出来的图形完全一样。一个图形文件可包含多个布局，每个布局代表一张单独的打印输出图纸。

教学目标：通过本章的学习应掌握AutoCAD 2011布局的设置和综合运用。

教学重点：AutoCAD 2011布局设置。

教学难点：布局中不同比例视口设置。

11.1　布　　局

11.1.1　模型空间和布局空间

CAD绘图界面有模型空间和布局空间，用户可以在“模型空间”或“布局空间”中画图。通常在模型空间中进行大部分的画图和设计工作，来对所要表达的设计图形创建2D或3D模型，也可以在布局空间中配合除模型布局以外的其他布局来安排，便于园林设计图纸的管理和修改。

11.1.2　创建布局

操　作　卡

菜单：“插入”→“布局”→“来自样板的布局”

工具栏：布局

操作提示列表：

输入布局选项[复制/删除/新建/样板/重命名/另存为/设定/?]<设置>：

提示说明：

在布局选项卡名称上单击鼠标右键也可以打开这些选项。

(1) 复制：复制布局。如果不提供名称，则新布局以被复制的布局的名称附带一个递增的数字(在括号中)作为布局名。新选项卡将插到复制的布局选项卡之前。

(2) 删除：删除布局。默认值是当前布局。不能删除“模型”选项卡。若要删除该选项卡上的所有几何图形，必须全部选择然后使用 ERASE 命令。

(3) 新建：创建新的布局选项卡。在单个图形中最多可以创建 255 个布局，且布局名必须唯一。

(4) 样板：基于样板(DWT)、图形(DWG)或图形交换(DXF)文件中现有的布局创建新布局选项卡。

(5) 重命名：给布局重新命名。要重命名的布局的默认值为当前布局，且布局名必须唯一。

(6) 另存为：将布局另存为图形样板(DWT)文件，而不保存任何未参照的符号表和块定义信息。可以使用该样板在图形中创建新的布局，而不必删除不必要的信息。

(7) 设定：设定当前布局。

(8) ？—列出布局：列出图形中定义的所有布局。

11.1.3 页面设置

操 作 卡

功能区：“输出”选项卡→“打印”面板 →“页面设置”

菜单：应用程序菜单 →“打印”→“页面设置”

工具栏：布局

快捷菜单：在“模型”选项卡或某个布局选项卡上单击鼠标右键，然后单击“页面设置管理器”。

也可以创建命名页面设置、修改现有页面设置，或从其他图纸中输入页面设置，如图11.1、图 11.2 所示。

(1) 当前布局或当前图纸集：列出要应用页面设置的当前布局。

“布局”图标 从某个布局打开页面设置管理器时，将显示该图标。

“图纸集”图标 从图纸集管理器打开页面设置管理器时，将显示该图标。

(2) 页面设置：显示当前页面设置，将另一个不同的页面设置为当前，创建新的页面设置，修改现有页面设置，以及从其他图纸中输入页面设置。当前页面设置：显示应用于当前布局的页面设置。用户不能在创建图纸集后向整个图纸集应用页面设置。

页面设置列表 列出可应用于当前布局的页面设置，或列出发布图纸集时可用的页面设置。

置为当前 将所选页面设置设定为当前布局的当前页面设置。不能将当前布局设定为当前页面设置。“置为当前”对图纸集不可用。

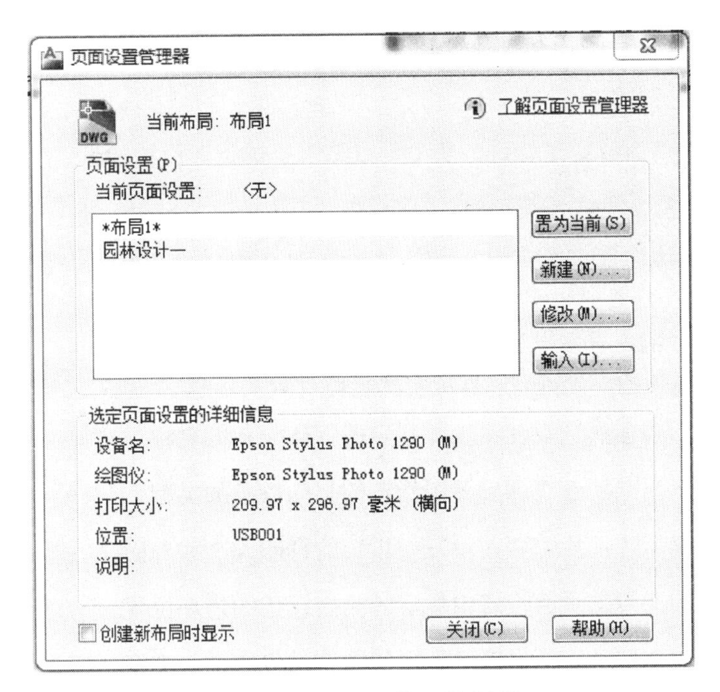

图 11.1　页面设置管理器对话框

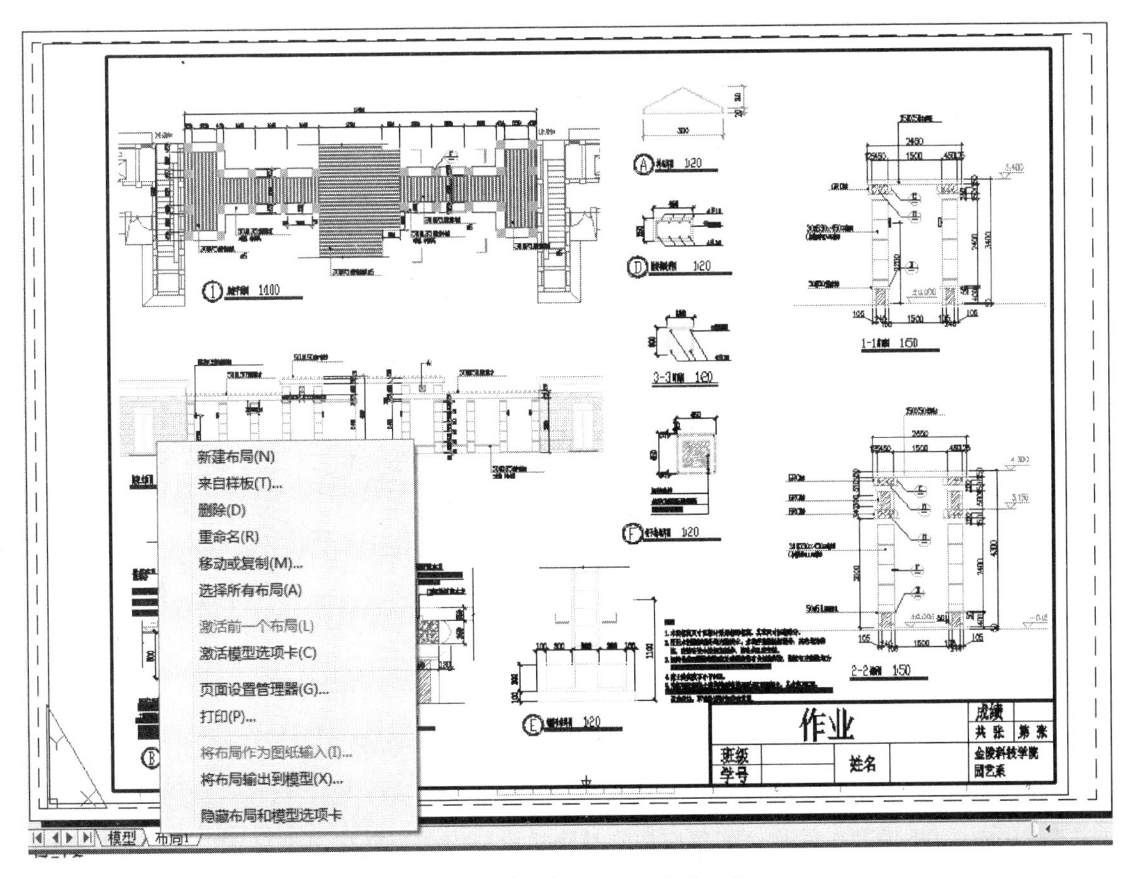

图 11.2　鼠标右键页面设置管理器

新建 显示“新建页面设置”对话框，从中可以为新建页面设置输入名称，并指定要使用的基础页面设置。

修改 显示“页面设置”对话框，从中可以编辑所选页面设置的设置。

输入 显示“从文件选择页面设置”对话框（标准文件选择对话框），从中可以选择图形格式(DWG)、DWT 或图形交换格式(DXF)™文件，从这些文件中输入一个或多个页面设置。如果选择 DWT 文件类型，“从文件选择页面设置”对话框中将自动打开 Template 文件夹。单击“打开”，将显示“输入页面设置”对话框。

(3) 选定页面设置的详细信息：显示所选页面设置的信息。

设备名 显示当前所选页面设置中指定的打印设备的名称。

绘图仪 显示当前所选页面设置中指定的打印设备的类型。

打印大小 显示当前所选页面设置中指定的打印大小和方向。

位置 显示当前所选页面设置中指定的输出设备的物理位置。

说明 显示当前所选页面设置中指定的输出设备的说明文字。

(4) 创建新布局时显示：定当选中新的布局选项卡或创建新的布局时，显示“页面设置”对话框。要重置此功能，请在“选项”对话框的“显示”选项卡上选中“新建布局时显示‘页面设置’对话框”选项。

11.2 视口

操作卡

- 功能区：“视图”选项卡→“视口”面板→“命名视口”
- 菜单：“视图”→“视口”
- 工具栏：布局

可用的选项取决于您配置的是模型空间视口（在“模型”选项卡上）还是布局视口（在布局选项卡上）。

(1) “新建视口”选项卡—模型空间（“视口”对话框），如图 11.3 所示。

新名称 为新模型空间视口配置指定名称。如果不输入名称，将应用视口配置但不保存。如果视口配置未保存，将不能在布局中使用。

标准视口 列出并设定标准视口配置，包括 CURRENT(当前配置)。

预览 显示选定视口配置的预览图像，以及在配置中被分配到每个单独视口的缺省视图。

应用到 将模型空间视口配置应用到整个显示窗口或当前视口。显示：将视口配置应用到整个“模型”选项卡显示窗口。当前视口：仅将视口配置应用到当前视口。

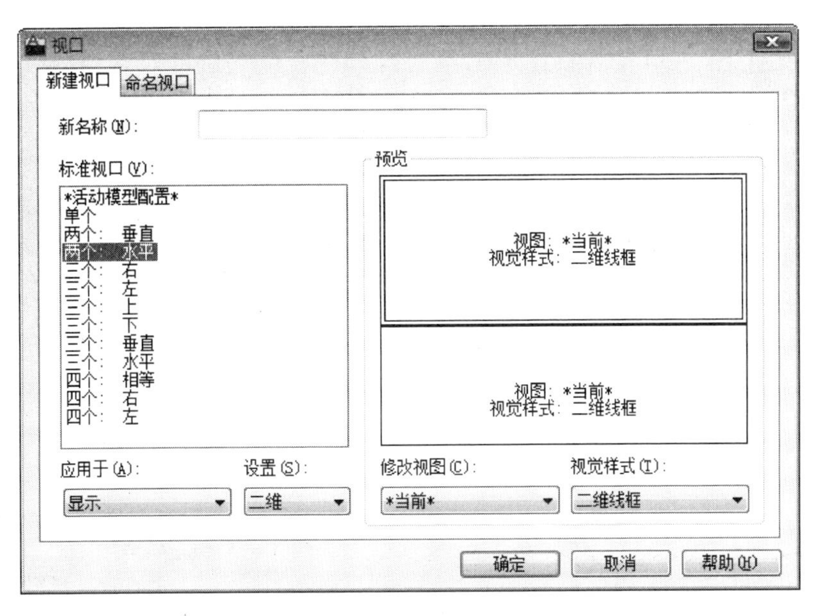

图 11.3　新建视口选项卡

设置　指定二维或三维设置。如果选择二维,新的视口配置将最初通过所有视口中的当前视图来创建。如果选择三维,一组标准正交三维视图将被应用到配置中的视口。

更改视图　用从列表中选择的视图替换选定视口中的视图。可以选择命名视图,如果已选择三维设置,也可以从标准视图列表中选择。使用"预览"区域查看选择。

视觉样式　将视觉样式应用到视口。将显示所有可用的视觉样式。

(2)"命名视口"选项卡—模型空间("视口"对话框),如图 11.4 所示。

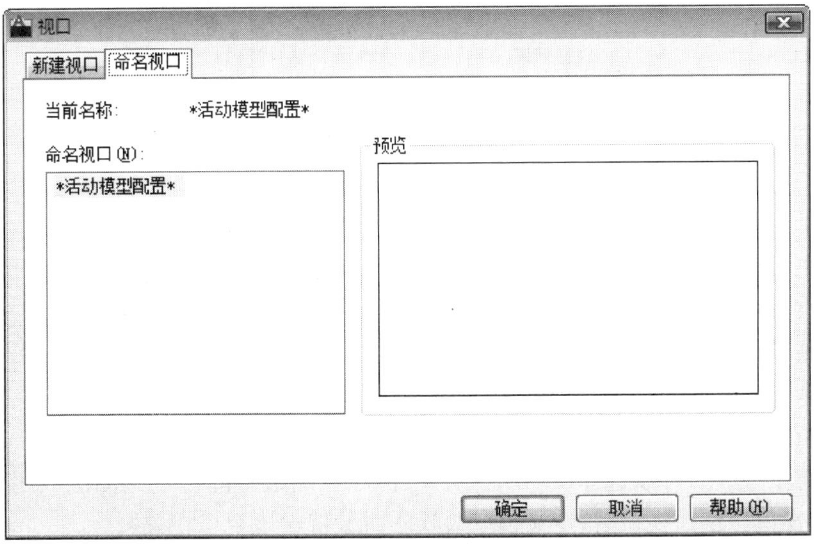

视口
新建视口　命名视口
当前名称:　*活动模型配置*
命名视口(N):
活动模型配置
预览
确定　取消　帮助(H)

图 11.4　命名视口选项卡

(3) 创建和修改布局视口。

在布局视口上,视口是观察图形的不同窗口。透过视口可以看到图纸,所有在视口内的图形都能够打印。一个布局内可以设置多个视口,如视图形中的俯视图、主视图、侧视图,局部放大等视图可以安排在同一布局的不同视口中打印输出。可以根据需要更改其大小、特性、比例以及对其进行移动。在各自的图层上创建布局视口很重要。视口可以是不同形状,比如圆形、多边形,多个视口内能够设置图纸的不同部分,并可设置不同的比例输出。创建视口后,准备打印时,可以关闭布局视口边界的图层,如图 11.5 所示。

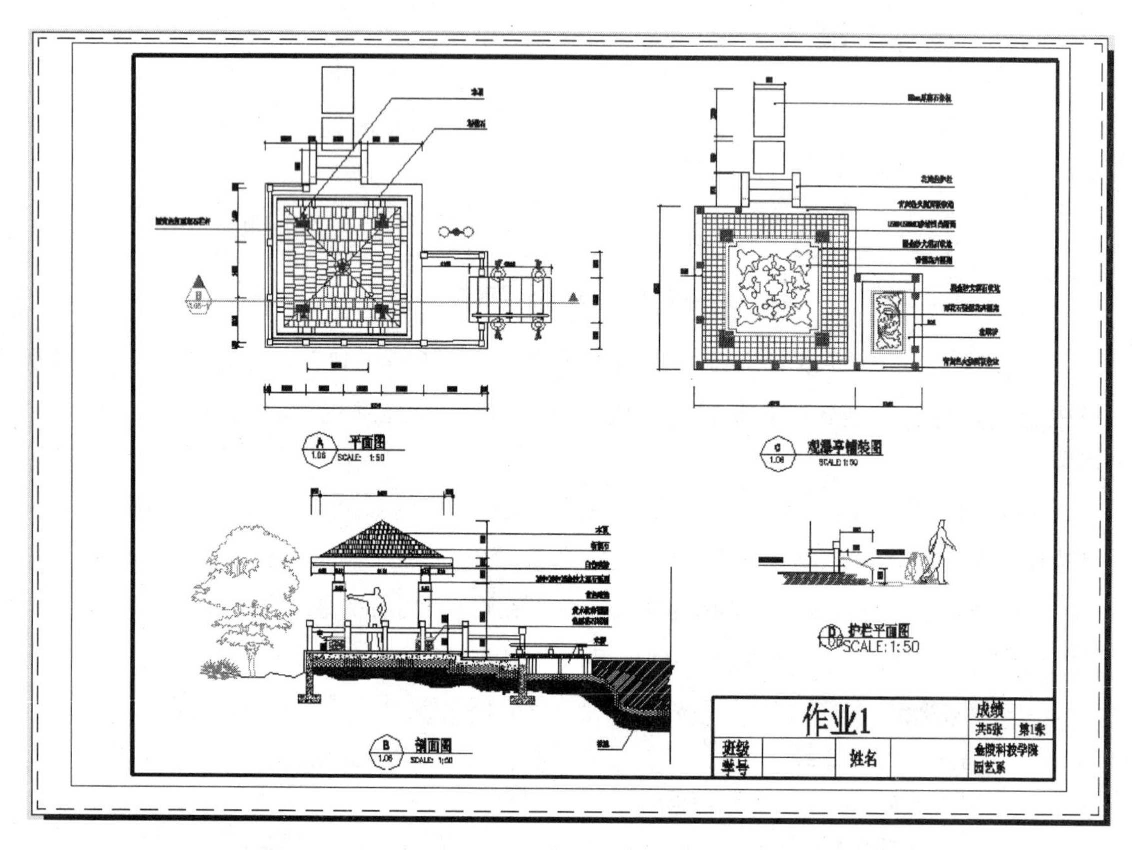

图 11.5 创建和修改布局视口

① 创建单个视口:

在“视口”对话框中“新建视口”选项卡的“标准视口”下,选择“单个”。单击以指定新布局视图的一个角点。单击以指定对角点。将生成一个新的布局视口对象,并显示默认视图。要调整视图,请双击布局视口以访问模型空间。

② 创建非矩形布局视口:

通过将在图纸空间中绘制的对象转换为布局视口,可以创建具有非矩形边界的新视口。

使用“对象”选项,可以选择一个闭合对象(例如在图纸空间中创建的圆或闭合多段线)以转换为布局视口。创建视口后,定义视口边界的对象将与该视口相关联。

通过“多边形”选项,可以通过指定点来创建非矩形布局视口。所显示的提示与用于创建多段线的提示相同如果希望不显示布局视口边界，应该关闭非矩形视口的图层，而不是冻结该图层。如果非矩形布局视口中的图层被冻结，则视口将无法正确剪裁。

③ 改变布局视口大小：

如果要更改布局视口的形状或大小，可以使用夹点编辑顶点，就像使用夹点编辑任何其他对象一样。

④ 剪裁布局视口边界：

点击“视图”选项卡“视口”面板“剪裁”。在命令提示下，输入 vpclip。选择要剪裁的视口，(可选)输入 d(删除)删除现有剪裁边界。输入 p(多边形)指定多个点以定义多边形边界。选择用于定义新视口边界的图纸空间对象。

⑤ 视口比例设定：

选择视口边界在视口缩放控制区选择对应的比例即可，如图所示 11.6 所示。

示例：

AutoCAD 建立布局的基本步骤。

在 CAD 中绘图没有必要先考虑比例和布局，只需在模型空间中按 1∶1 的比例绘图，打印比例和如何布置图纸交由布局设置完成。在模型空间中绘好图之后就可以进行布局的设置。

(1) CAD 中有两个默认的布局，点击布局首先弹出一个页面设置的窗口，设置需要的打印机和纸张，打印比例设置为 1∶1，之后确定即自动生成一个视口，视口应单独设置命名一个临时图层以便以后打印时可以隐藏视口线。

(2) 在合适的图层里插入设计图框。也可以建立自己的模板文件，这样可以以自己的要求进行设置，需要时在绘图区左下角模型和布局选项卡右击就可以来自于样板创建文件。

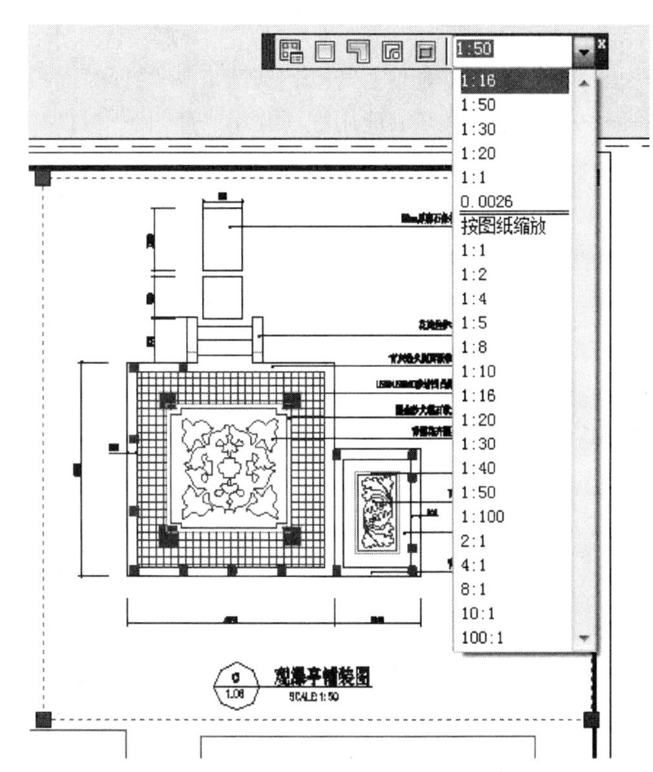

图 11.6　视口比例设定

(3) 在临时图层里插入不同比例的视口。

(4) 用夹点编辑调整视口的大小，放到合适的位置。

(5) 调整比例，由于还没有调整打印比例，建立视口时 cad 默认显示所有的对象最大化，开始调整比例，用鼠标双击视口进入视口(也可用鼠标点击最下边的状态栏上的图纸/模型来切换)在命令行里键入 z 回车，输入比例因子，此图的比例为 1/16xp，回车或者在视口工具栏比例下拉列表选择也可以，然后可以用平移命令移动到合适的位置。

(6) 隐藏临时图层。

(7) 视口调整完之后，开始使用打印样式，编辑打印样式表。一般用颜色来区分线的粗细和打印颜色，通常不需要在图层中设置线的宽度，打印时注意保存自己的打印样式表以备以后继续使用。

11.3 打 印 图 形

11.3.1 打印预览

操 作 卡

功能区："输出"选项卡 →"打印"面板 →"打印"

菜单：应用程序菜单 "打印"→"打印"

工具栏：标准

快捷菜单：在"模型"选项卡或布局选项卡上单击鼠标右键，然后单击"打印"，如图 11.7 所示。

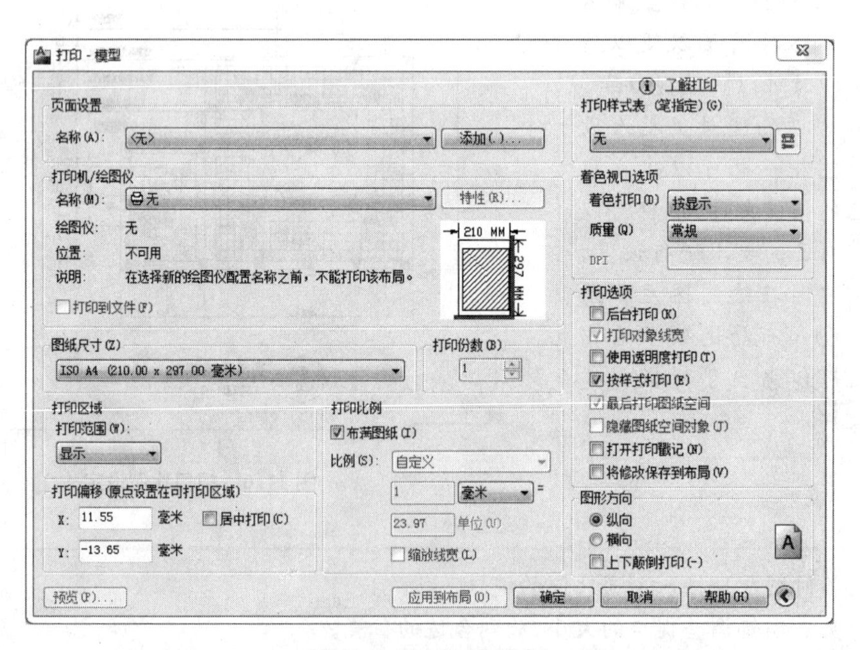

图 11.7 打印对话框

(1) 页面设置：列出图形中已命名或已保存的页面设置。可以将图形中保存的命名页面设置作为当前页面设置，也可以在“打印”对话框中单击“添加”，基于当前设置创建一个新的命名页面设置。

名称　显示当前页面设置的名称。

添加　显示“添加页面设置”对话框，从中可以将“打印”对话框中的当前设置保存到命名页面设置。可以通过“页面设置管理器”修改此页面设置。

(2) 打印机/绘图仪：指定打印布局时使用已配置的打印设备。如果正常出图就选安装的打印机或绘图仪，虚拟打印就选对应安装的虚拟打印机即可，如图 11.8 所示。

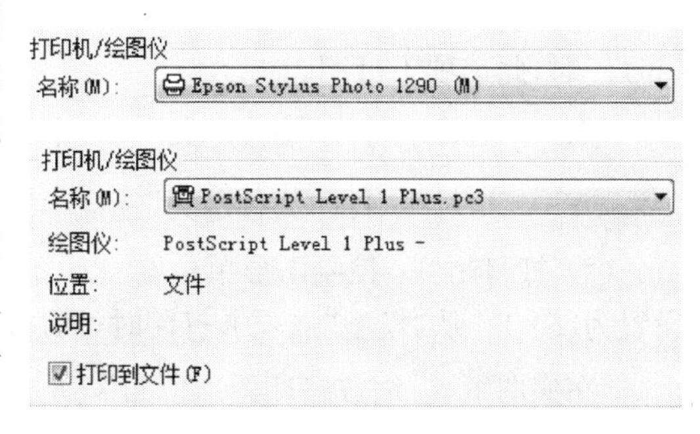

图 11.8　安装真实和虚拟打印机

名称　列出可用的 PC3 文件或系统打印机，可以从中进行选择，以打印当前布局。设备名称前面的图标识别其为 PC3 文件还是系统打印机。

特性　显示绘图仪配置编辑器(PC3 编辑器)，从中可以查看或修改当前绘图仪的配置、端口、设备和介质设置。

绘图仪　显示当前所选页面设置中指定的打印设备。

位置　显示当前所选页面设置中指定的输出设备的物理位置。

说明　显示当前所选页面设置中指定的输出设备的说明文字。

打印到文件　打印输出到文件而不是绘图仪或打印机。

局部预览　精确显示相对于图纸尺寸和可打印区域的有效打印区域。工具提示显示图纸尺寸和可打印区域。

(3) 图纸尺寸：显示所选打印设备可用的标准图纸尺寸。如果未选择绘图仪，将显示全部标准图纸尺寸的列表以供选择。如果所选绘图仪不支持布局中选定的图纸尺寸，将显示警告，用户可以选择绘图仪的默认图纸尺寸或自定义图纸尺寸。

(4) 打印份数：指定要打印的份数。打印到文件时，此选项不可用。

(5) 打印区域：指定要打印的图形部分。在“打印范围”下，可以选择要打印的图形区域。

布局/图形界限　打印布局时，将打印指定图纸尺寸的可打印区域内的所有内容，其原点从布局中的 0,0 点计算得出。从“模型”选项卡打印时，将打印栅格界限定义的整个绘图区域。如果当前视口不显示平面视图，该选项与“范围”选项效果相同。

范围　打印包含对象的图形的部分当前空间。当前空间内的所有几何图形都将被打印。打印之前，可能会重新生成图形以重新计算范围。

显示　打印选定的“模型”选项卡当前视口中的视图或布局中的当前图纸空间视图。

视图　打印先前通过 VIEW 命令保存的视图。可以从列表中选择命名视图，如果图形中没有已保存的视图，此选项不可用。选中“视图”选项后，将显示“视图”列表，列出当前图形中保存的命名视图，可以从此列表中选择视图进行打印。

窗口 打印指定的图形部分。如果选择“窗口”，“窗口”按钮将称为可用按钮。单击“窗口”按钮以使用定点设备指定要打印区域的两个角点，或输入坐标值。

(6) 打印偏移：通过在“X 偏移”和“Y 偏移”框中输入正值或负值，可以偏移图纸上的几何图形。

居中打印 自动计算 X 偏移和 Y 偏移值，在图纸上居中打印。当“打印区域”设定为“布局”时，此选项不可用。

X 相对于“打印偏移定义”选项中的设置指定 X 方向上的打印原点。

Y 相对于“打印偏移定义”选项中的设置指定 Y 方向上的打印原点。

(7) 打印比例：控制图形单位与打印单位之间的相对尺寸。打印布局时，默认缩放比例设置为 1∶1。从“模型”选项卡打印时，默认设置为“布满图纸”。

布满图纸 缩放打印图形以布满所选图纸尺寸，并在“比例”、“英寸 =”和“单位”框中显示自定义的缩放比例因子。

比例 定义打印的精确比例。“自定义”可定义用户定义的比例。可以通过输入与图形单位数等价的英寸(或毫米)数来创建自定义比例。

英寸=/毫米=/像素= 指定与指定的单位数等价的英寸数、毫米数或像素数。

英寸/毫米/像素 在“打印”对话框中指定要显示的单位是英寸还是毫米。默认设置为根据图纸尺寸，并会在每次选择新的图纸尺寸时更改。“像素”仅在选择了光栅输出时才可用。

单位 指定与指定的英寸数、毫米数或像素数等价的单位数。

缩放线宽 与打印比例成正比缩放线宽。线宽通常指定打印对象的线的宽度并按线宽尺寸打印，而不考虑打印比例。

(8) 预览：按执行 PREVIEW 命令时在图纸上打印的方式显示图形。要退出打印预览并返回“打印”对话框，请按 Esc 键，然后按 Enter 键，或单击鼠标右键，然后单击快捷菜单上的“退出”。

(9) 应用到布局：将当前“打印”对话框设置保存到当前布局。

(10) 其他选项：控制是否显示“打印”对话框中其他选项。

(11) 打印样式表：设定、编辑打印样式表，或者创建新的打印样式表。

名称(无标签) 显示指定给当前“模型”选项卡或布局选项卡的打印样式表，并提供当前可用的打印样式表的列表。如果选择“新建”，将显示“添加打印样式表”向导，可用来创建新的打印样式表。显示的向导取决于当前图形是处于颜色相关模式还是处于命名模式。

编辑 显示打印样式表编辑器，从中可以查看或修改当前指定的打印样式表中的打印样式。

(12) 着色视口选项：指定着色和渲染视口的打印方式，并确定它们的分辨率大小和每英寸点数(DPI)。

着色打印　指定视图的打印方式。要为布局选项卡上的视口指定此设置，请选择该视口，然后在“工具”菜单中单击“特性”。

质量　指定着色和渲染视口的打印分辨率，通常有以下几种样式：

草稿，将渲染和着色模型空间视图设定为线框打印。

预览，将渲染模型和着色模型空间视图的打印分辨率设定为当前设备分辨率的四分之一，最大值为 150 DPI。

普通，将渲染模型和着色模型空间视图的打印分辨率设定为当前设备分辨率的二分之一，最大值为 300 DPI。

演示，将渲染模型和着色模型空间视图的打印分辨率设定为当前设备的分辨率，最大值为 600 DPI。

最大，将渲染模型和着色模型空间视图的打印分辨率设定为当前设备的分辨率，无最大值。

自定义，将渲染模型和着色模型空间视图的打印分辨率设定为“DPI”框中指定的分辨率设置，最大可为当前设备的分辨率。

DPI　指定渲染和着色视图的每英寸点数，最大可为当前打印设备的最大分辨率。只有在“质量”框中选择了“自定义”后，此选项才可用。

(13) 打印选项：指定线宽、透明度、打印样式、着色打印和对象的打印次序等选项。

后台打印　指定在后台处理打印。

打印对象线宽　指定是否打印指定给对象和图层的线宽。

使用透明度打印　指定是否打印对象透明度。

按样式打印　指定是否打印应用于对象和图层的打印样式。如果选择该选项，也将自动选择“打印对象线宽”。

最后打印图纸空间　首先打印模型空间几何图形。通常先打印图纸空间几何图形，然后再打印模型空间几何图形。

隐藏图纸空间对象　指定 HIDE 操作是否应用于图纸空间视口中的对象。此选项仅在布局选项卡中可用。此设置的效果反映在打印预览中，而不反映在布局中。

打开打印戳记　打开打印戳记。在每个图形的指定角点处放置打印戳记并/或将戳记记录到文件中。

“打印戳记设置”按钮　选中“打印”对话框中的“打开打印戳记”选项时，将显示“打印戳记”对话框。

将修改保存到布局　将在“打印”对话框中所做的修改保存到布局。

(14) 图形方向：为支持纵向或横向的绘图仪指定图形在图纸上的打印方向。图纸图标代表所选图纸的介质方向。字母图标代表图形在图纸上的方向。

纵向　放置并打印图形，使图纸的短边位于图形页面的顶部。

横向 放置并打印图形，使图纸的长边位于图形页面的顶部。

上下颠倒打印 上下颠倒地放置并打印图形。

图标 指示选定图纸的介质方向并用图纸上的字母表示页面上的图形方向。

11.3.2 打印样式表编辑

操 作 卡

菜单："文件"→"打印样式管理器"

工具："打印按钮" → "打印样式表"→"新建"

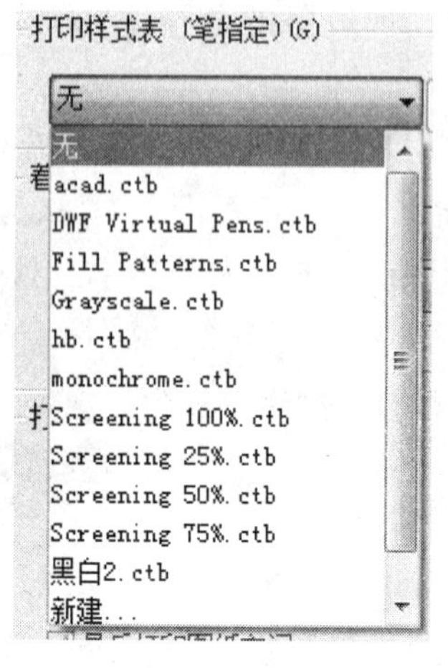

图 11.9 新建打印样式

如果打印样式被附着到布局或"模型"选项卡，并且更改了打印样式，那么，使用该打印样式的所有对象都将受影响，如图 11.9 所示。

（1）常规：列出打印样式表文件名、说明、版本号、位置（路径名）和表类型。

打印样式表文件名 显示正在编辑的打印样式表文件的名称。

说明 为打印样式表提供说明区域。

文件信息 显示有关编辑的打印样式表的信息：打印样式编号、路径和"打印样式表编辑器"的版本号。

向非 ISO 线型应用全局比例因子 缩放由该打印样式表控制的对象打印样式中的所有非 ISO 线型和填充图案。

比例因子 指定要缩放的非 ISO 线型和填充图案的数量。

（2）"表视图"和"表格视图"：按列从左到右显示出打印样式表中的所有打印样式及其设置。如果打印样式的数量较少，通常使用"表视图"选项卡比较方便。如果打印样式的数目较大，则"表格视图"将更加方便，这样打印样式名将列在左边而选定的样式将显示在右边。命名打印样式表中的第一个打印样式为"普通"，它表示对象的默认特性（未应用打印样式）。用户不能修改或删除"普通"打印样式，如图 11.10、图 11.11 所示。

名称 显示命名打印样式表中的打印样式名。打印样式表中的打印样式可以更改命名，但颜色相关打印样式表中的打印样式与对象颜色绑定在一起，不能更改。

说明 提供每个打印样式的说明。

特性 指定添加到当前打印样式表的新打印样式的设置。

颜色 指定对象的打印颜色。打印样式颜色的默认设置是"使用对象颜色"。如果指定了打印样式颜色，则打印时该颜色将替代对象的颜色，如果要打印黑白的话，主要选择所有颜色改成 7 号黑色即可。

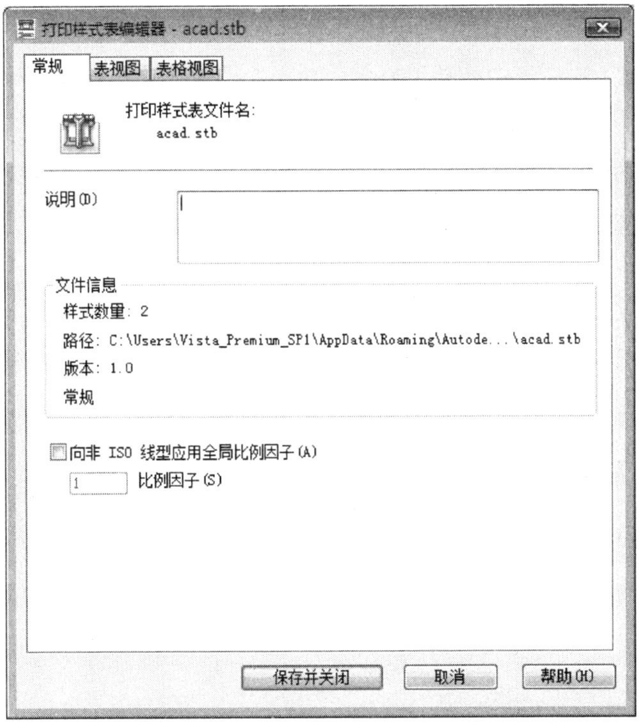

打印样式表编辑器 - acad.stb

常规　表视图　表格视图

打印样式表文件名:
acad.stb

说明(D)

文件信息
样式数量: 2
路径: C:\Users\Vista_Premium_SP1\AppData\Roaming\Autode...\acad.stb
版本: 1.0
常规

向非 ISO 线型应用全局比例因子(A)
1　比例因子(S)

保存并关闭　取消　帮助(H)

图 11.10　打印样式编辑器对话框

打印样式表编辑器 - acad.stb

常规　表视图　表格视图

打印样式(P):
普通
Style 1

说明(R):

添加样式(A)　删除样式(Y)

特性
颜色(C): 使用对象颜色
抖动(D): 开
灰度(G): 关
笔号(#): 自动
虚拟笔号(U): 自动
淡显(I): 100
线型(T): 使用对象线型
自适应(V): 开
线宽(W): 使用对象线宽
端点(E): 使用对象端点样式
连接(J): 使用对象连接样式
填充(F): 使用对象填充样式

编辑线宽(L)...　另存为(S)...

保存并关闭　取消　帮助(H)

图 11.11　表格视图选项卡

启用抖动 启用抖动。打印机采用抖动来靠近点图案的颜色，使打印颜色看起来似乎比 AutoCAD 颜色索引(ACI)中的颜色要多。如果绘图仪不支持抖动，将忽略抖动设置。

转换为灰度 如果绘图仪支持灰度，则将对象颜色转换为灰度。清除“转换为灰度”时，RGB 值将用于对象颜色。无论使用对象颜色还是指定打印样式颜色，都可以使用抖动。

使用指定的笔号 指定打印使用该打印样式的对象时要使用的笔，仅限于笔式绘图仪。可用笔的范围为 1 到 32。如果打印样式颜色设定为“使用对象颜色”，或者您正在编辑颜色相关打印样式表中的打印样式，则该值设定为“自动”。如果指定 0，字段将更新为“自动”。程序将通过用户在对象配置编辑器的“物理笔特性”中提供的信息来确定最接近打印对象的颜色的笔。

虚拟笔号 在 1 到 255 之间指定一个虚拟笔号。许多非笔式绘图仪都可以使用虚拟笔模仿笔式绘图仪。对于许多设备，都可以在绘图仪的前面板上对笔的宽度、填充图案、端点样式、合并样式和颜色/淡显进行编程。

淡显 指定颜色强度设置，该设置用于确定打印时在纸上使用的墨水量。选择 0 可将颜色降为白色，选择 100 则按照真实颜色强度显示颜色。要启用淡显，则必须选择“启用抖动”选项。

线型 用样例和说明显示每种线型的列表。如果指定了打印样式线型，则打印时该线型将替代对象的线型。

自适应调整 调整线型比例以完成线型图案。如果未选择“自适应调整”，直线可能会在图案的中间结束。如果线型缩放比例更重要，请关闭“自适应调整”。如果完整的线型图案比正确的线型比例更重要，请打开“自适应调整”。

线宽 显示线宽及其数字值的样例。可以以毫米为单位指定每个线宽的数字值。如果指定了打印样式线宽，则打印时该线宽将替代对象的线宽，可以根据出图的图纸尺寸来设定打印的线宽。

线条端点样式 如果指定了线条端点样式，则打印时该线条端点样式将替代对象的线条端点样式。

线条连接样式 如果指定了线条连接样式，则打印时该线条连接样式将替代对象的线条连接样式。

填充样式 如果指定了填充样式，则打印时该填充样式将替代对象的填充样式。

添加样式 向命名打印样式表添加新的打印样式。

打印样式的基本样式为“普通”，默认情况下，它使用对象的特性且不使用任何替代样式。创建新的打印样式后必须指定要应用的替代样式。不能向颜色相关打印样式表中添加新的打印样式；颜色相关打印样式表包含 255 种映射到颜色的打印样式。也不能向包含转换表的命名打印样式表添加打印样式。

删除样式 从打印样式表中删除选定样式。被指定了这种打印样式的对象将保留打印样式指定,但以“普通”样式打印,因为该打印样式已不再存在于打印样式表中。不能从包含转换表的命名打印样式表中删除打印样式,也不能从颜色相关打印样式中删除打印样式。

编辑线宽　显示“编辑线宽”对话框。共有 28 种线宽可以应用于打印样式表中的打印样式。如果存储在打印样式表中的线宽列表中不包含所需的线宽,可以对现有线宽进行编辑。不能在打印样式表的列表中添加或删除线宽。

另存为　显示“另存为”对话框,并以新名称保存打印样式表。

练习思考题

(1) 模型空间和布局空间有什么区别?如何设置布局空间?

(2) 在园林设计图中,打印样式中主要设置哪些参数?

第12章　园林设计实例

Auto CAD软件基本操作掌握以后，要不断强化有针对性的训练，要能够在园林设计中发挥其高效、便捷作用，本章通过对校园小广场综合设计实例，分解设计步骤，理清设计思路。把以前所学的基本绘图工具、修改工具、文字、标注等运用起来。

12.1　绘制校园小广场主体基本框架

12.1.1　数据输入

首先仔细研究设计范围和要求，输入原始地形图。如果有AutoCAD地形图，直接打开，若是非数字化的底图，一般采用以下几种方法创建CAD底图：

(1) 现场测量：现场勘测数据，将数据输入AutoCAD中绘成图形。

(2) 工程扫描矢量化：在原有的纸质图纸基础上，通过大型的工程扫描仪扫描后保存矢量化文件(*.DWG文件)，然后输入电脑，作为底图。

(3) 将纸质图纸用普通扫描仪小块扫描再拼贴成大图，插入AutoCAD中，用线条描绘出需要轮廓图或地形图，如图12.1所示。

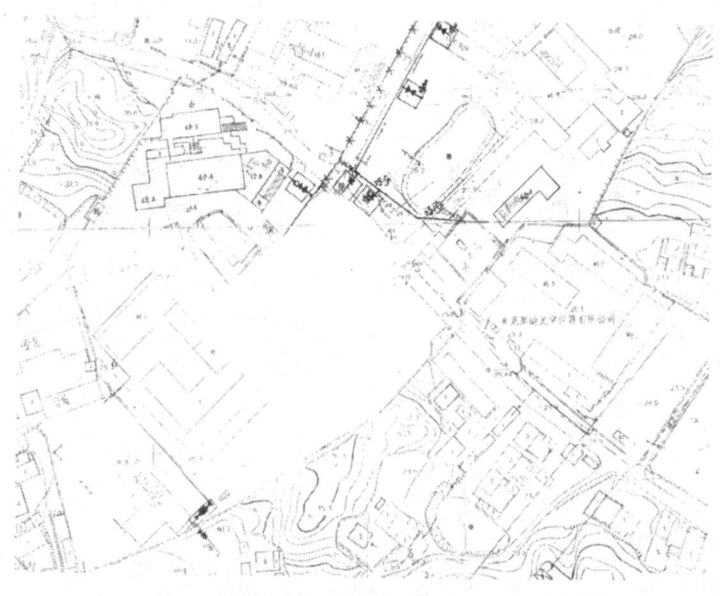

图12.1　扫描底图

(4) 通过网络地图软件进行小块的抓图，用 photoshop 软件合成拼贴成完整图片，然后插入 AutoCAD 中，用线条描绘出需要的轮廓图或地形图，最后删除拼贴的图片。此种方法现在非常实用，也较常用，如图 12.2 所示。

图 12.2　网络软件截图

12.1.2　设置单位和新建图层

(1) 图形单位为毫米，绘图的时候按 1∶1 比例绘制。

(2) 建立必要的图层，图层可以通过 CAD 设计中心把以前保存过的道路、休闲铺装、绿地、植物图例、文字注释、尺寸标注等导入到此文件里。随着设计内容的增加，平面上的各种内容越来越多，后面也可以再追加必要图层，用图层属性工具进行管理，并学会根据图层内容归类，在绘图过程中根据需要将不同属性的内容放置在不同的图层上，便于后期的整体管理，如图 12.3 所示。

12.1.3　总图设计

(1) 把需要设计校园广场轮廓描绘出来，必要尺寸不详细通过对广场现状进行测量后，将数据休整得到比较完整。教学楼东广场地形环境相对简单，呈一个四边形，前面道路的宽度已经知道，只要在 AutoCAD 的绘图区域中用线的直接距离输入方式便可完成。

(2) 首先将极轴模式打开，在屏幕上任意选取一点 A(园林设计中一般采用相对坐标绘制比较好)，向右确定一个方向后直接输入 30500 得到 B 点，从 A 点向下直接输入 35000 得到 D 点。为确定 C 点，以 D 点向右绘制 27300 得到 C，C、B 连接即可 D 点。这样广场的四个角点(A、B、C、D)便很快确定，然后用偏移命令将 AB 线段向下偏移 1500，得到一人行道；将 CD 线段向下偏移 12000 得到站前路；最后，将广场周边的环境用填充工具填充成表示现有建筑的图案，表现出广场的位置。如图 12.4 所示。

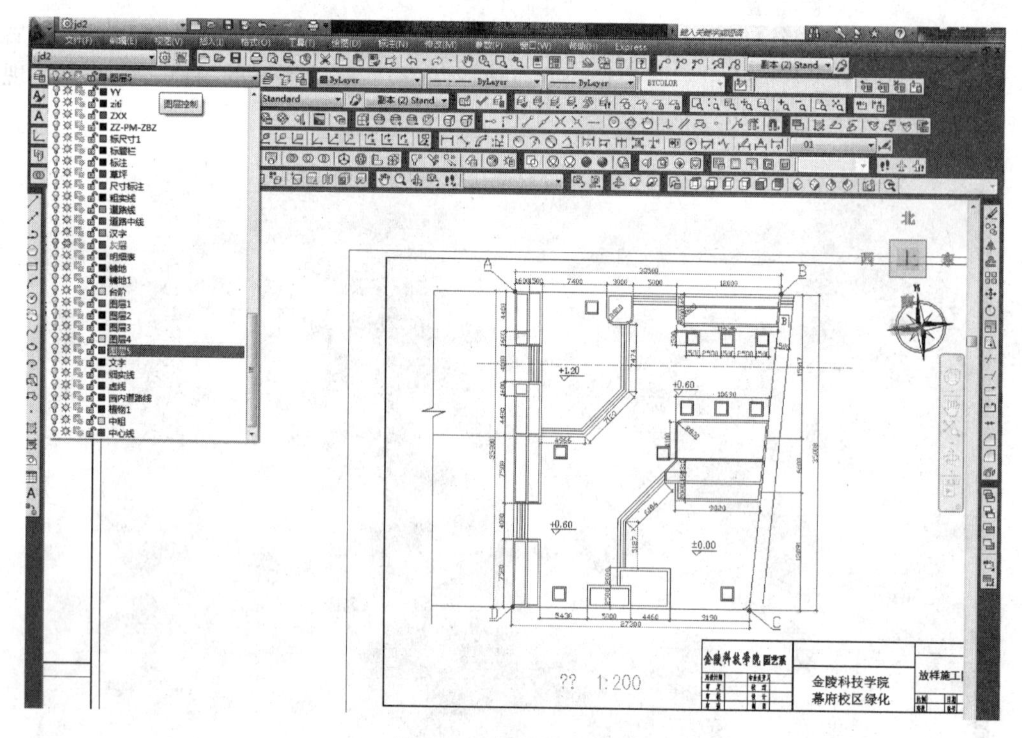

图 12.3 新建基本图层

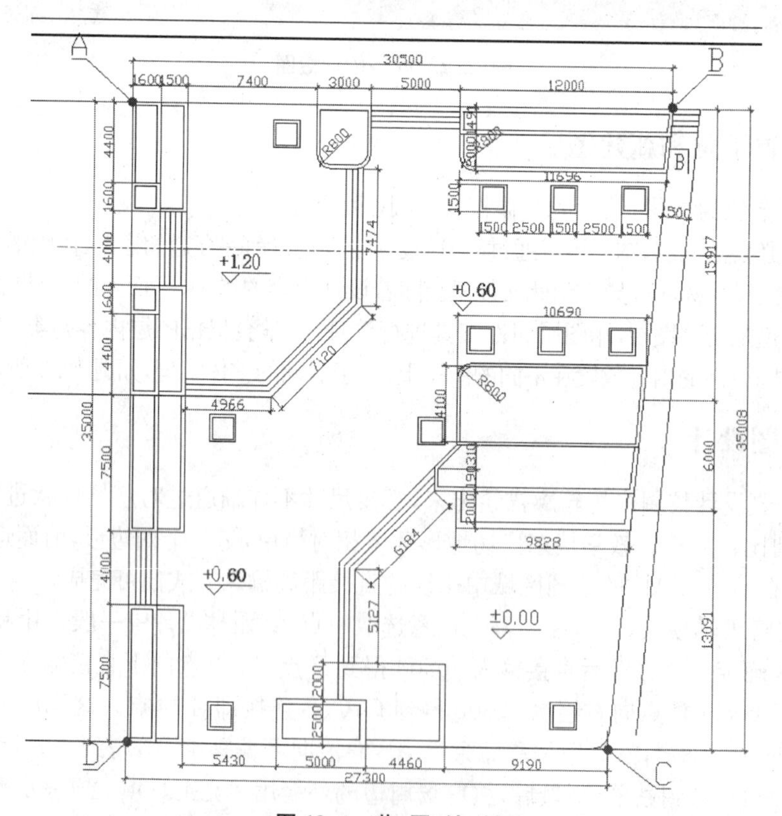

图 12.4 范 围 绘 制

12.2　绘制广场的三层地形、设施与环境

(1) 此广场设计主要依据是遵循广场的原有斜坡地形、学生下课后活动规律及广场面积，设计三个高度相差0.6米的广场平台各有4踏台阶，中主广场为轴线对准教学楼东门的轴线，上4踏台阶到上广场平台进入教学楼，如图12.5所示。利用捕捉工具及偏移命令确定轴线和两个小广场香樟树的位置。中心线的线型设置为点划线。

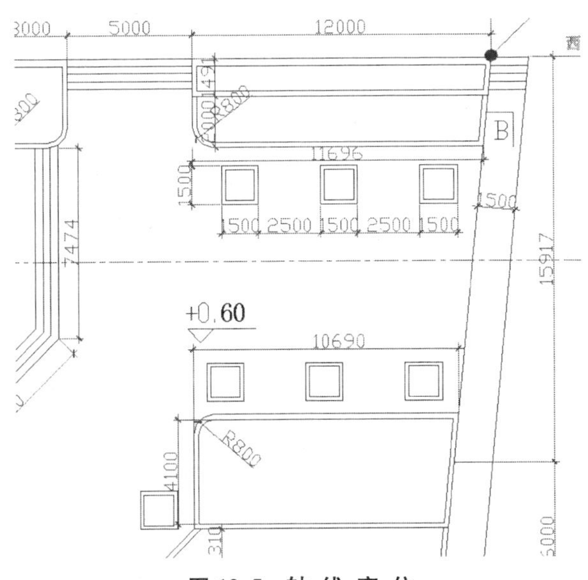

图12.5　轴线定位

(2) 树池合理布置在广场周边，较好遮阴，以不挡住学生下课前进的视线为主，利用自由疏密和对称平衡原则选择11颗大香樟树，采用复制多个对象的方法完成。花坛利用原地形错落有致分布，适当体现一定艺术构成关系，用多线或多段线结合偏移也可以绘制，如图12.6所示。

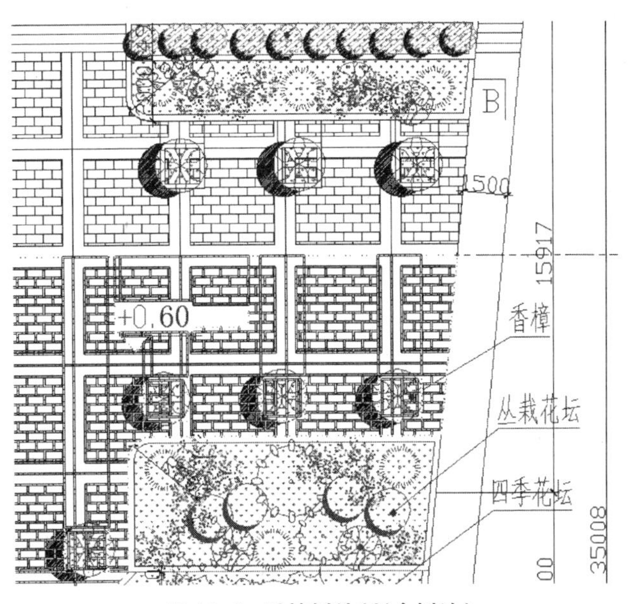

图12.6　香樟树绘制(含树池)

(3) 整体绘制广场立面图，精确掌握高度，可以利用偏移和镜像工具使用。如图 12.7 所示。

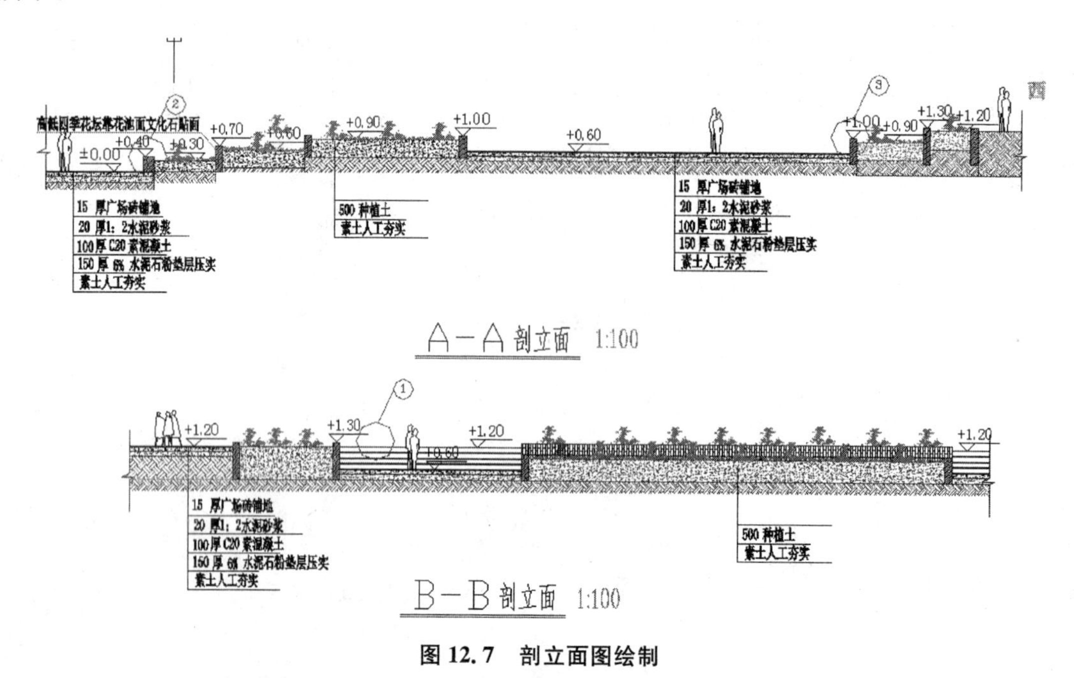

图 12.7　剖立面图绘制

12.3　绘制广场铺装

(1) 上、中广场铺装采用毛面花岗岩嵌面包砖进行铺设，主要是考虑防滑和耐用性，绘制是用直线绘制规格为 3600＊3600，里面填充图例即可。如图 12.8 所示。

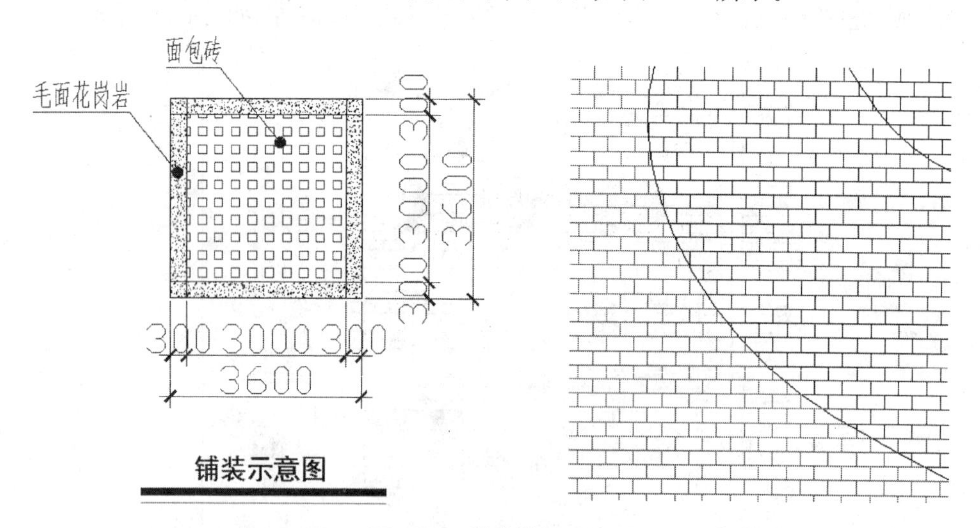

图 12.8　铺装详细设计

(2) 下广场铺装采用三种不同颜色面包砖进行铺设，绘制是用样条曲线分割，填充不同颜色的图案即可。如图 12.9 所示。

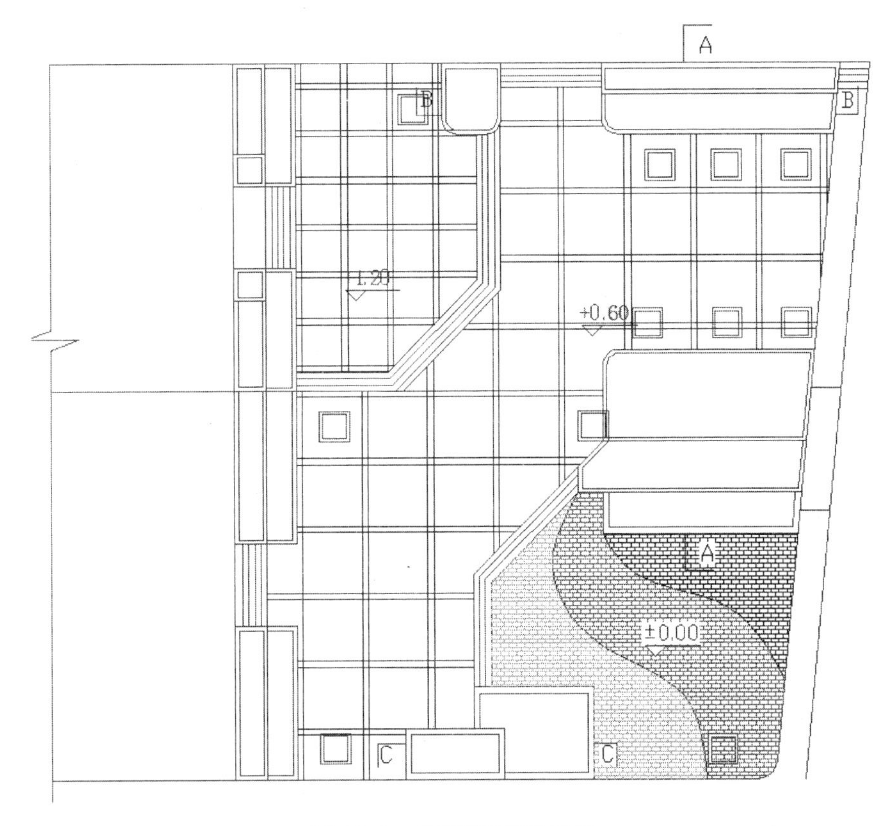

图 12.9　广场铺装整体设计

12.4　绘制植物

(1) 首先用云线绘制灌木丛和绿篱外轮廓线，为了区分不同属性的物体，植物图案一般在完成主要设计后，采用不同的颜色、图案来对物体进行填充，效果。

(2) 然后进行植物配置，可以调用素材库中的植物图例。根据植物的种类和要达到的设计表现效果，利用 CAD 设计中心插入对应的乔灌木图块，并且对图块增加投影，如图 12.10 所示。

12.5　设置文字、引线、标注

(1) 首先把文字图层设置为当前，打开“文字样式”命令，弹出文字式样对话框，针对文字的类型、字体名称、字高、字宽比进行设置。也可以利用其他设计 CAD 图中已经设置完成的文字、标注、引线式样内容，通过 CAD 设计中心直接拖拽到 CAD 文件内即可用，图纸图框内文字在定义属性块里面设置好以后可以直接修改即可，如图 12.11、图 12.12所示。

(2) 字体设置好后，用引线标注文本在图面上方便快捷地标注，若有篇幅比较长的文字说明可用多行文本命令进行标注，如图 12.13 所示。

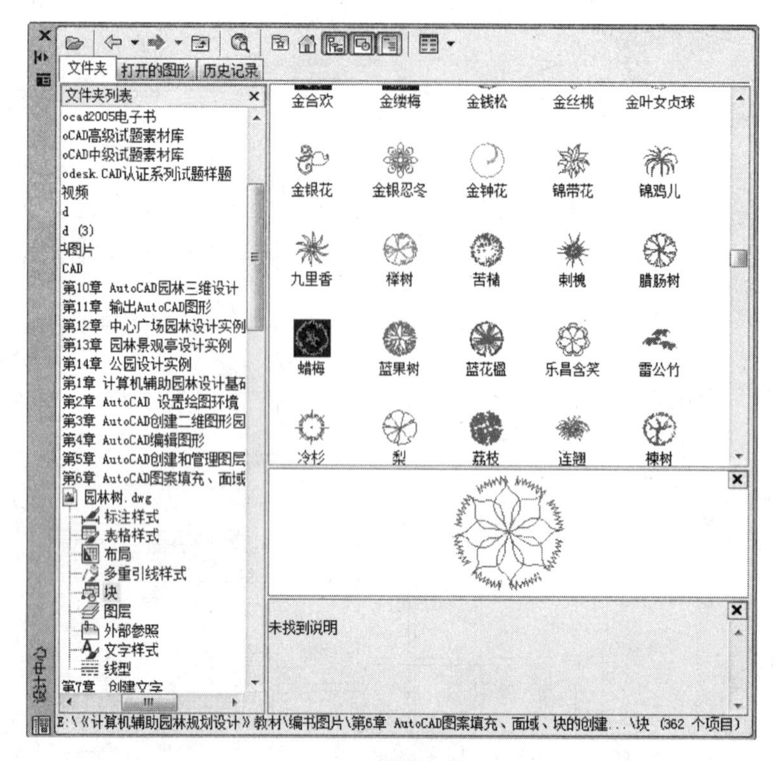

图 12.10 利用 CAD 设计中心插入植物图例

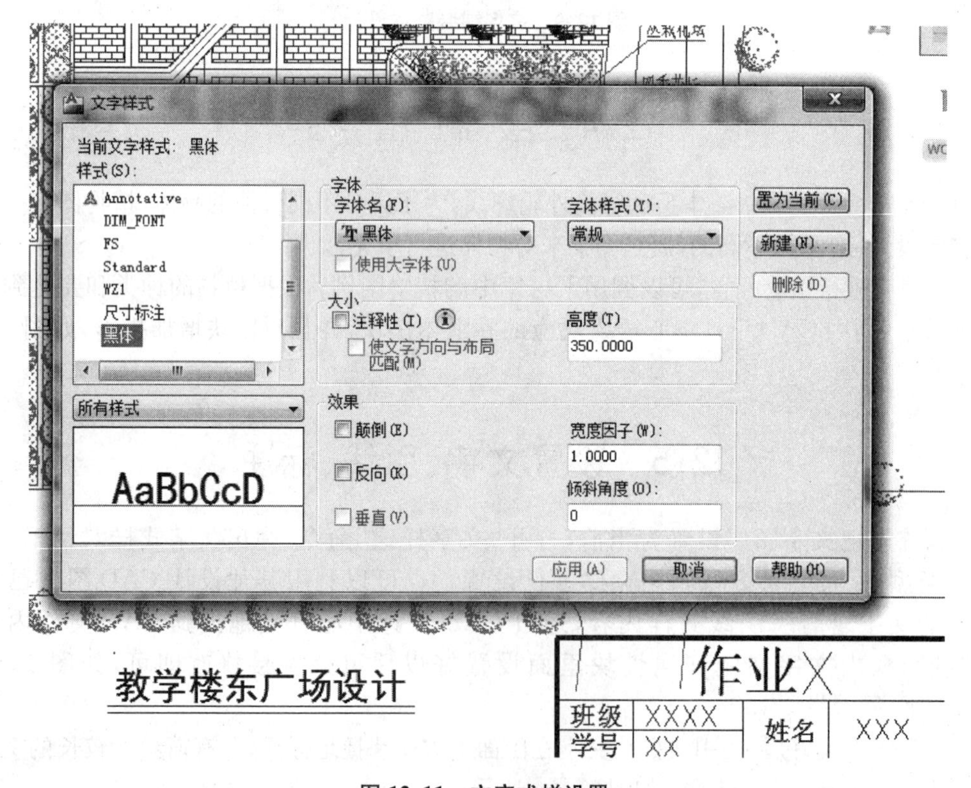

图 12.11 文字式样设置

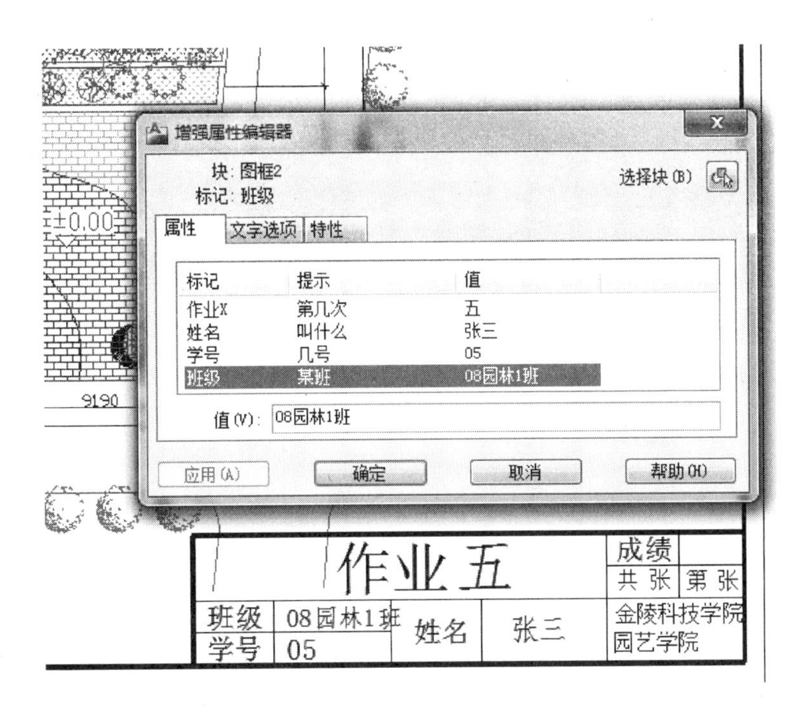

图 12.12　运用定义属性块

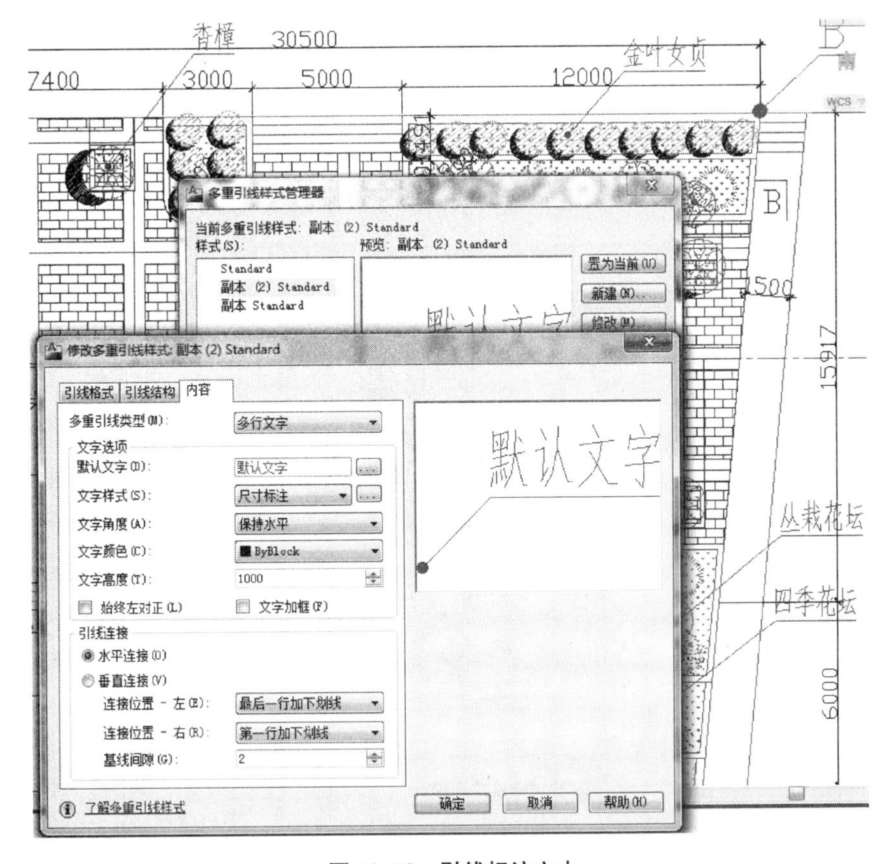

图 12.13　引线标注文本

(3) 在尺寸标注前必须进行标注样式的设置。在命令行中输入"D"命令，AutoCAD 弹出"标注样式管理器"对话框，然后对标注格式进行设置，如图 12.14 所示。

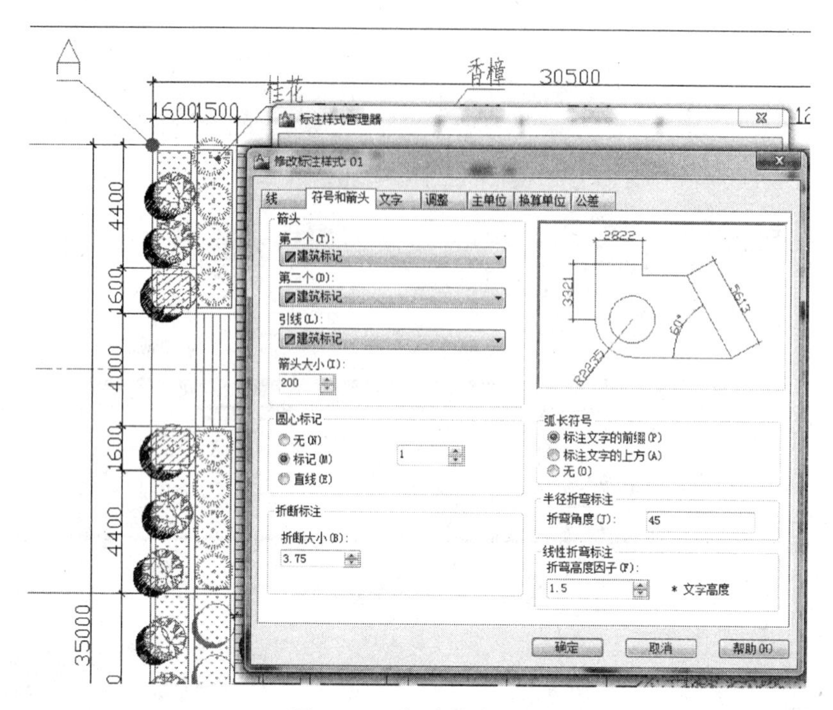

图 12.14 标注样式设置

(4) 为了能说明整体规划设计，需要进行一些控制性的尺寸标注，如广场的边长、道路宽、中心小广场的控制性尺寸及其他相关尺寸，可以设置有针对性的标注式样，如图 12.15 所示。

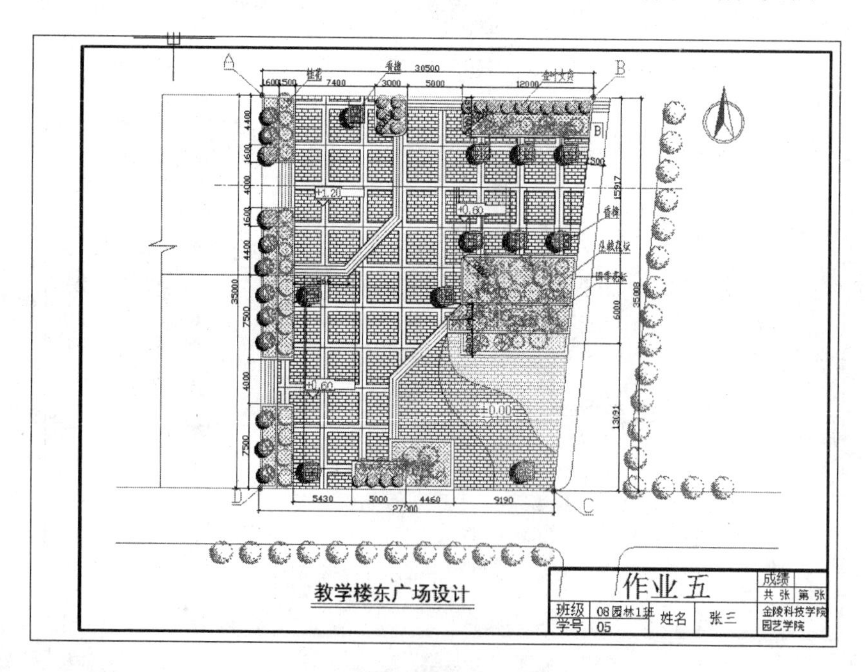

图 12.15 控制性的尺寸标准

参考文献

[1] 麓山文化. 中文版 AutoCAD2012 园林设计与施工图绘制实例教程[M]. 北京：机械工业出版社，2011.
[2] 杜娟，王沛，杨文豪. 景观工程计算机辅助制图[M]. 北京：化学工业出版社，2009.
[3] 王子崇. 园林计算机辅助设计[M]. 北京：中国农业大学出版社，2007.
[4] 宋玉. 计算机辅助园林景观设计[M]. 北京：机械工业出版社，2007.
[5] [日] 三桥一夫. 都市小庭园设计实例[M]. 南京：江苏科学技术出版社，2003.
[6] 高成广. 风景园林计算机辅助设计[M]. 北京：化学工业出版社，2010.
[7] 肖华，胡基才. Auto CAD 上机实验指导及实训[M]. 北京：清华大学出版社，2006.
[8] 张静，刘岩编. 园林工程 CAD 设计必读[M]. 天津：天津大学出版社，2011.
[9] 黄和平. 中文版 AutoCAD 2007 实用教程[M]. 北京：清华大学出版社，2008.
[10] Autodesk. AutoCAD 2011 [EB/OL]. http：//docs. autodesk. com/ACD/2011/CHS/landing. html
[11] Autodesk. AutoCAD 2011 中文版 [EB/OL]. http：//www. autodesk. com. cn